电脑横机实用手册

DIANNAO HENGJI SHIYONG SHOUCE

宋广礼 主编

中国纺织出版社

内 容 提 要

本书主要介绍了电脑横机的基础知识，包括横机生产毛衫的原料、组织工艺等；电脑横机的基本结构、工作原理和设备的使用、维护、保养和操作方法；电脑横机程序的使用方法。

本书可供毛衫行业的工程技术人员、管理人员、技术工人、操作人员和产品开发人员阅读，也可作为职业培训教材，供电脑横机的使用、维修和编程人员使用，同时可供相关专业的师生参考。

图书在版编目（CIP）数据

电脑横机实用手册/宋广礼主编. —北京：中国纺织出版社，2010.1

ISBN 978-7-5064-6037-8

Ⅰ.电… Ⅱ.宋… Ⅲ.横机—技术手册 Ⅳ.TS183.4-62

中国版本图书馆 CIP 数据核字（2009）第 198802 号

策划编辑：孔会云　　责任编辑：王军锋　　责任校对：楼旭红

责任设计：李　然　　责任印制：何　艳

中国纺织出版社出版发行

地址：北京东直门南大街 6 号　邮政编码：100027

邮购电话：010—64168110　传真：010—64168231

http://www.c-textilep.com

E-mail:faxing@c-textilep.com

中国纺织出版社印刷厂印刷　三河市永成装订厂装订

各地新华书店经销

2010 年 1 月第 1 版第 1 次印刷

开本：880×1230　1/32　印张：10.5

字数：223 千字　定价：35.00 元

前 言

随着毛针织行业的技术进步和产业发展，电脑横机作为一种最先进、自动化程度最高的编织机械，在行业中应用越来越广泛，已经出现了取代传统手动横机的趋势。但是，目前国内完整和系统地介绍电脑横机的书籍还不多，特别是详细介绍机器结构、维护、保养和程序设计的书籍就更少了。为此，我们编写了这本书，旨在满足广大专业人员的需求，提升行业的技术水平，为行业的发展服务。

为了使读者比较系统地学习相关知识，本书共分三篇。在基础篇中，讲述了针织原料、产品和设计的一些基础知识。在设备篇和程序篇中，由于篇幅所限，本书根据选针方式的不同，在国内外众多机型中挑选了两种，分别详细地介绍了机器的结构、使用、维护、保养、操作和程序设计系统及程序的设计方法。

本书共分八章，由天津工业大学宋广礼、陈莉和常熟市金龙机械有限公司张和中、周万群、李崎渊、付洪平、兰先川、海港、赵建生、石祖良、李彦山负责编写，由宋广礼统稿。

在本书编写中，得到了常熟市金龙机械有限公司和国内外一些相关公司的大力支持，提供了翔实的技术资料，在此表示感谢。

在本书的编写中还参考了很多专家教授出版的著作和发表的论文，主要参考文献附于书后，以示感谢。

由于编著者的水平所限，难免存在不足和错误，敬请读者批评指正。

编著者

2009 年 10 月

目　录

基础篇

设备篇

程序篇

基础篇

电脑横机是一种机电一体化的针织机械，它以生产羊毛衫类产品为主，所用的纱线越来越广泛，可以编织几乎所有的纬编针织物。熟悉针织用纱的种类和性能，了解针织生产准备的要求，掌握纬编针织物组织结构的特点，并运用它们进行产品设计和开发，指导生产运行和管理，是利用电脑横机高效率地生产出高档毛针织产品的基础。

第一章 概 述

第一节 针织基本概念

一、线圈与针织物

针织物是由纱线弯曲成线圈并相互串套形成。根据织物编织工艺和机器特点不同分为纬编与经编两大类。采用横机编织的产品属于纬编针织物。纬编是将纱线沿纬向喂入织针,通过织针将纱线弯曲成圈并相互串套形成针织物的一种方法。

线圈是组成针织物的基本结构单元,其几何形态呈三维弯曲的空间曲线,图1－1所示是其平面结构形态。在纬编针织物中,线圈由圈柱(1—2,4—5)、针编弧(2—3—4)和沉降弧(5—6—7)组成,圈柱和针编弧统称为圈干。外观上线圈有正反面之分,线圈圈柱覆盖在旧线圈针编弧之上的一面,称为正面线圈;针编弧覆盖在旧线圈圈柱之上的一面,称为反面线圈。在针织物中,线圈沿织物横向组成的一行称为线圈横列,沿纵向相互串套形成的一列称为线圈纵行。在线圈横列方向上,两个相邻线

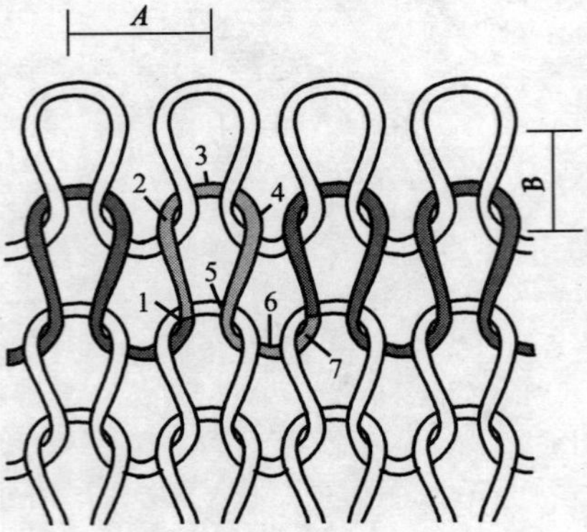

图1－1 纬编线圈结构图

圈对应点之间的距离称为圈距，一般用 A 表示；在线圈纵行方向上，两个相邻线圈对应点之间的距离称为圈高，一般用 B 表示。

二、针织物的物理机械指标与特性

（一）线圈长度 l

线圈长度是指形成一个单元线圈所需要的纱线长度，即图 1-1 中 1—2—3—4—5—6—7 所对应的纱线长度，通常以毫米（mm）为单位。线圈长度可根据线圈在平面上的投影近似地计算得到理论线圈长度；也可用拆散的方法测得组成一只线圈的实际纱线长度；还可以在编织时用仪器直接测量喂入织针的纱线长度。

线圈长度不仅决定了针织物的密度，而且对针织物的脱散性、延伸性、耐磨性、弹性、强力、起毛起球性和勾丝性等也有重大影响，故为针织物的一项重要指标。

（二）密度

密度是指规定长度内的线圈个数。沿线圈横列方向测量的密度称为横密，通常用 P_A 表示，沿线圈纵行方向测量的密度称为纵密，通常用 P_B 表示。在横机生产中规定密度为 10cm 长度内的线圈个数。密度是横机产品设计、生产与品质控制的一项重要指标。由于针织物在加工过程中容易受到拉伸而产生变形，因此对某一针织物来说其状态不是固定不变的，这样就将影响实测密度的客观性，因而在测量针织物密度前，应该将试样进行松弛，使之达到平衡状态，这样测得的密度才具有实际可比性。

横向密度 P_A 与纵向密度 P_B 的比值称为密度对比系数 C，即：

$$C = \frac{B}{A} = \frac{P_A}{P_B}$$

它表示了针织物线圈纵横向的比例关系，在工艺上具有重要意义。对某种特定原料和组织结构的织物，在平衡状态下织物中的线圈都有一个稳定的形态，因此也就有一个稳定状态下的密度对比系数，此时织物的变形最小。密度对比系数与线圈长度、纱线线密度和纱线性质等因素有关。一般单面羊毛衫织物 C 取 0.6 ~ 0.8。在有些地方和企业，也有用 $C = \frac{A}{B}$ 表示密度对比系数。

由于针织物在生产加工中受到各种拉伸极易变形，织物处于不稳定状态，因此，下机后的密度和成品密度往往是不一致的。因此，我们把成品密度和下机密度之间的差异称为密度缩率，可用公式表示为：

$$\mu = \frac{P_C - P_X}{P_C}$$

式中：μ——密度缩率；

P_C——成品密度，线圈数/10cm；

P_X——下机密度，线圈数/10cm。

（三）未充满系数和编织密度系数

不同粗细的纱线，在线圈长度和密度相同的情况下，所编织织物的稀密程度是有差异的，因此引入了未充满系数和编织密度系数的指标。

针织物的未充满系数 f 用线圈长度与纱线直径的比值来表示，即：

$$f = \frac{l}{d}$$

式中：l——线圈长度，mm；

d——纱线直径，mm。

如果将纱线近似地看成圆柱体，纱线的直径 d 与其线密度 Tt 之间的关系是：

$$d = 0.03568\sqrt{\frac{Tt}{\delta}}$$

式中：Tt——纱线线密度，tex；

δ——纱线体积重量，g/cm^3。

未充满系数越大，织物越稀松；未充满系数越小，织物越密实。一般纬平针织物的未充满系数为 20～21。

针织物的编织密度系数 CF 又称覆盖系数，它反映了纱线线密度与线圈长度之间的关系，用公式表示为：

$$CF = \frac{\sqrt{Tt}}{l}$$

式中各符号的含义如上所述。在国际羊毛局制定的纯羊毛标志标准中，纯羊毛纬平针织物的编织密度系数≥1。编织密度系数因原料和织物结构不同而不同，但一般都在 1.5 左右。织物的编织密度系数越大，织物越密实;编织密度系数越小,织物越稀松。

(四)缩率

缩率反映了针织物在加工或使用过程中长度和宽度的变化情况,它可由下式求得:

$$Y = \frac{H_1 - H_2}{H_1} \times 100\%$$

式中:Y——针织物缩率;

H_1——针织物在加工或使用前的尺寸;

H_2——针织物在加工或使用后的尺寸。

缩率可为正值和负值。生产中测定和控制的主要有下机、染整、水洗缩率以及在给定时间内弛缓回复过程的缩率等。

影响针织物缩率的主要因素有织物结构、未充满系数、密度和密度对比系数、加工条件以及放置条件等。

(五)脱散性

针织物中纱线断裂或线圈失去串套联系后,线圈与线圈分离的现象称为织物的脱散性。脱散方向及脱散性与组织结构,纱线和织物结构参数等因素有关。

(六)卷边性

某些针织物在自由状态下,其布边发生包卷的现象称为卷边。这是由线圈中弯曲线段所具有的内应力,力图使线段伸直所引起的。卷边性与针织物的组织结构、纱线弹性、线密度、捻度和线圈长度等因素有关。

(七)延伸性和弹性

织物受到外力拉伸时伸长的特性为延伸性,针织物有横向与纵向、单向与双向延伸的特性。当引起织物变形的外力去除后,针织物形状回复的能力称为弹性。针织物的结构使它具有较大的延伸性与弹性。

(八)断裂强力和断裂伸长率

在连续增加的负荷作用下,至断裂时针织物所能承受的最大负荷为断裂强力,用牛顿(N)表示。布样断裂时的伸长量与原长度之比称为断裂伸长率,用百分数表示。

(九)勾丝与起毛起球

毛衫在穿着、使用和洗涤过程中经常经受摩擦,织物表面的纤维端就会露出织物，使织物表面起毛。若这些起毛的纤维端在以后的穿着中不能及时脱落，就会相互纠缠在一起被揉成许多球状小粒，称之为起球。影响起毛起球的因素主要可归纳为：使用原料的性质，纱线与织物结构，染整加工及毛衫的服用条件等。

第二节　原　料

一、纤维

电脑横机所使用的纤维原料广泛，既有较粗的毛类及毛型化学纤维，也有较细的棉、麻、丝类纤维。电脑横机产品主要为粗厚保暖类服装，以秋冬和春季服用为主，过去所用的原料主要是羊毛纤维，因此习惯上将它们统称为羊毛衫。但是，随着科技发展和产品品种的不断更新，新型原料层出不穷，各种纤维的复合渐成趋势，甚至毛纤维、丝纤维、纤维素纤维和合成纤维可以混合在一起以形成特殊风格的纤维材料，用于毛针织产品的生产也成为一种时尚。

(一)毛类纤维

毛类纤维是毛针织生产的主要原料。除传统的羊毛纤维外，羊绒、驼绒、牦牛绒、兔毛等纤维也都在生产中得到了应用。羊毛纤维是羊毛衫生产的主要原料。我们通常所说的羊毛纤维就是绵羊毛纤维。绵羊毛具有弹性好、吸湿性强、保暖性好、不易沾污、光泽柔和的特点，用它制作的产品手感滑糯、蓬松、身骨丰厚。在毛针织生产中所用的羊毛有纯羊毛和羊毛与其他原料混纺的纱线，使用最多的是羊毛与腈纶混纺的纱线。羊毛纱以精纺纱为主，可以制作细特高档产品。近年来开发的丝光羊毛使用化学方法去除羊毛表面鳞片，使纱线变得光滑柔软，用于编织凉爽、机可洗的毛针织品，也可以减少羊毛的刺扎感。通过羊毛拉细工艺可以降低羊毛纤维的细度，使其具有羊绒的手感和风格。羊仔毛又称羔羊毛，主要是绵羊羔毛，也包括一些精纺羊毛梳下来的短毛。羊仔毛纤维长度较短，纤维直径较细，以粗纺纱为主，可以纯纺，也可与羊绒或锦纶混纺。羊仔毛产品经缩绒后毛感强、柔软、蓬松、弹性好、保暖性好。

除绵羊毛外，雪兰毛、马海毛和兔毛也在毛针织中使用。雪兰毛原产于英国的舍特兰群岛，产量不大，多以新西兰半细羊毛代用。雪兰毛纤维细软有光，含少量粗毛，制成的粗纺雪兰毛衫产品手感柔软、富有弹性、光泽好、风格粗犷时尚。马海毛为安哥拉山羊毛的商品名，具有天然白色、光泽明亮，毛丛整齐、松散，呈螺旋或波浪形卷曲，纤维表面平滑，具有蚕丝的光泽，弹性与强伸性好，洗后不易毡缩。马海毛衫产品一般经缩绒、拉绒、拉毛整理以显示表面较长的光亮纤维，外观华丽、手感滑爽、挺括而富有弹性。毛针织中使用的兔毛是长毛绒兔毛，又叫安哥拉兔毛。安哥拉兔毛像安哥拉羊毛一样雪白且长，纤维蓬松、吸湿性好，具有轻、暖、软的特点。但因其抱合力差，强度较低，单独纺纱比较困难，多和羊毛等混纺。

近年来，随着人们生活水平的提高，各种绒类毛纤维也成为毛针织产品生产的重要原料，其中以羊绒最为流行。羊绒主要是指从绒用山羊身上或皮上获取的绒毛，纤维细长均匀、柔软、弹性好、拉力强、光泽柔和，具有白、青、紫等天然颜色，其中白色最为珍贵。羊绒价格昂贵，被称为软黄金。在毛针织中所使用的羊绒纱以粗纺纱为主，经缩绒整理后手感柔软、滑糯、轻薄、保暖性好，因其绒质柔软没有羊毛的刺扎感，可以贴身服用。牦牛绒也是一种精细的特种动物纤维，手感柔软，保暖性良好，具有天然颜色。牦牛绒直径一般在35μm及以下，平均19.3～20.2μm。含粗率在2.5%以下的牦牛绒具有类似山羊绒的风格。驼绒是指骆驼毛中由细短纤维构成的内层保暖被毛。其平均细度为14～23μm，长度为40～135mm。驼绒卷曲数和卷曲弹性仅次于澳毛，纺纱性好，宜于加工手感丰满、柔软、弹性好、保暖性好的粗纺驼绒衫裤。

（二）其他天然纤维

棉纤维是使用最广泛的天然纤维原料。除了纯棉产品外，它还常与其他化学纤维混纺或与氨纶等交织，以改变其强度、尺寸稳定性和弹性。在我国，以前棉纤维在毛针织行业应用较少，近年来，特别是在出口产品中大量采用。作为一种新型纤维原料，彩棉纤维在电脑横机上编织的高档衫裤，已经成为一种时尚的新品种。

天然蚕丝纤维是高档纺织纤维原料，具有强伸度好、纤维细而柔软、平滑、富有弹性、光泽好、吸湿性好等特点。在针织生产中所用的天然蚕丝包括柞蚕丝和桑蚕丝，以绢丝为多，可以纯纺，也可以与其他原料混纺生产丝绒、丝棉和丝麻类产品。丝针织品具有轻薄柔软、手感丰满、吸湿透气等优点，由于它含有多种氨基酸，也是一种天然的护肤保健纤维原料。蚕丝产品还以其独特的“丝鸣”效果为国外的消费者所青睐。

麻纤维作为一种韧皮纤维，其种类很多，在针织中应用较多的是苎麻和亚麻，近年来大麻和罗布麻也得到了开发和应用。麻类产品具有滑爽、挺括、吸湿放湿快、穿着凉爽等特点，大麻和罗布麻还具有一定的保健和卫生功能。但因麻纤维一般刚度较大，不易弯曲，纱线需要进行改性和柔软处理，或与其他纤维混纺，否则不仅不易编织，在编织某些结构时线圈歪斜也较大，贴身服用时会有刺痒的感觉。

（三）再生纤维

近几年，再生纤维新品种不断涌现，在针织生产中也得到了广泛的应用，很多已经成为新产品开发的首选。再生纤维包括再生纤维素纤维和再生蛋白纤维。一些新型的再生纤维素纤维如天丝、莫代尔、竹纤维等因其具有优良的服用性能，如吸湿性、透气性或抗菌性等，经常被用于与传统的针织原料混纺生产高附加值的产品。新型再生蛋白质纤维如大豆蛋白纤维、牛奶纤维和蛹蛋白纤维等也因其良好的功能性在针织产品中得到应用。

（四）化学纤维

在毛针织中应用较多的化学纤维是腈纶纤维、锦纶纤维和氨纶纤维。腈纶纤维手感柔软蓬松，特别是经过膨体加工成的膨体纱，性质与天然羊毛相近并具有优良的保暖性能，故有合成羊毛的美誉，可作为纯纺和混纺原料。锦纶纤维具有很好的耐磨性、弹性和吸湿性，可以与羊绒混纺生产羊绒类产品。氨纶具有很好的弹性和延伸性，作为产品的添加剂，在针织产品中得到广泛应用，以提高产品的弹性和保型性。

二、纱线

纱线按其形态或加工方法可分为短纤维纱线和长丝。短纤维纱线主要是天然纤维及其混纺纱，根据纤维长度不同，混纺纱可分为棉型纤维混纺纱、毛型纤维混纺纱和中长型纤维混纺纱。长丝有直丝和变形丝两大类，变形丝比直丝有更好的编织性能和服用性能，因此在针织生产中大量使用,如高弹锦纶变形丝、低弹涤纶变形丝和腈纶膨体纱等。

毛针织绒线是电脑横机使用的主要纱线品种,根据加工方法不同可分为精纺针织绒线和粗纺针织绒线。

精纺针织绒线使用纤维平均长度在75mm左右的毛纤维或毛型化学纤维,经精梳纺纱系统加工而成。纱线较细、强度高、光滑、条干均匀、洁净,常用的有55.6tex×2~20.8tex×2(18/2~48/2公支)等。生产的产品一般不缩绒,布面平整、光滑、挺括、纹路清晰、手感柔软,是高档毛针织品。粗纺针织绒线使用纤维平均长度在50mm左右的毛纤维或毛型化学纤维,经粗梳纺纱系统加工而成的绒线。粗纺绒线含有较多偏短纤维,强力较低,产品经缩绒整理后蓬松、柔软、丰满、厚实保暖。

近年来,又兴起了半精纺纱线。半精纺与传统毛精纺、粗纺工艺的最大区别在于,它将棉纺技术与毛纺技术融为一体,形成了一种新型的多组分混合工艺,其前道为粗纺和毛设备加上棉纺的梳棉机、并条机、粗纱机、细纱机;后道为精纺的络筒、并线、倍捻设备。半精纺可实现棉、毛、丝、麻等天然原料与其他新型再生纤维、化学纤维的混纺。毛纺半精纺的原料涵盖了羊绒、羊毛、绢丝、兔绒、棉、苎麻等天然纤维,大豆蛋白纤维、牛奶蛋白纤维、天丝、莫代尔、竹纤维、粘胶纤维等再生纤维以及腈纶、涤纶、锦纶等化学纤维的混纺,产品结构异常丰富。“半精纺”针织产品的物理性能及外观、质感、舒适度等都有很大的改善,既有精纺产品细腻、挺括、悬垂性好的特点,又有粗纺面料弹性好、绒毛丰厚的特点,产品适合于春、夏、秋、冬任何一个季节选用。

(一)纱线的线密度

纱线的线密度是表示纱线粗细的指标,法定计量单位为特克斯(tex)。但在实际生产中,棉及其混纺纱的粗细常用英制支数(N_e)表示,毛及其混纺纱的粗细常用公制支数(N_m)表示,而蚕丝及各种长丝的粗细常用旦尼尔(D)表示。它们的定义是:

线密度(Tt):指在公定回潮率下1000m纱线重多少克,单位是特克斯(tex)。对于较细的长丝产品,还常用分特(dtex)表示。1特(tex)等于10分特(dtex)。

线密度与其他表示方法之间的关系是:

$$\mathrm{Tt}=\frac{1000}{N_m}$$

$$\mathrm{Tt}=\frac{583}{N_e}\text{（纯棉）}$$

$$\mathrm{Tt}=\frac{D}{9}$$

针织用纱线的线密度要求较为严格，因为它不仅影响到产品的品质、用途和成本，而且还直接影响到编织的可靠性。一定机号的针织机只能编织一定粗细范围的纱线。它所能加工的最粗纱线线密度取决于针钩的大小和针与针槽的间隙，所能加工的最细纱线在机器上不受限制，而取决于织物的品质。

1. 用加工系数估算机号和所能加工的纱线线密度

根据推导，任一机号的针织机所能加工的纱线线密度与机号之间存在着这样一种关系：

$$\mathrm{Tt}=\frac{K_t}{G^2}$$

式中：Tt——纱线线密度，tex；

K_t——加工系数；

G——机号，针/25.4cm。

一般纬平针织物的加工系数 K_t 可取 7000～11000。当已知某一机号所能加工的纱线线密度或已知某一纱线线密度可在某种机号的机器上加工时，也可以根据上述公式推算出其他的机号或纱线线密度。

2. 用织物密度估算针织机机号

在实际生产中，还经常要通过一块布样来确定加工它所采用的针织机机号。对于常规产品，可以用下面的经验公式来估算：

$$G=\frac{1}{3}P_A$$

式中：G——机号，针数/25.4mm；

P_A——织物横密，线圈纵行数/10cm。

（二）纱线的捻度和捻向

纱线单位长度内的捻回数称为捻度。特数制捻度以 10cm 纱线长度内的捻回数表示;英制支数制捻度以1英寸纱线长度内的捻回数表示;公制支数制捻度以1m或10cm纱线长度内的捻回数表示。我国棉型纱线采用特数制捻度,精梳毛纱和化纤长丝采用公制支数制捻度。纱线加捻后,单纱中的纤维或股线中的单纱呈现的倾斜方向为捻向,分Z捻和S捻两种,如图1-2所示。加捻后,纱线的捻向从右下角倾向左上角,倾斜方向与字母S的中部相一致的称S捻或顺手捻;纱线的捻向从左下角倾向右上角,倾斜方向与字母Z的中部相一致的称Z捻或反手捻。一般单纱常采用Z捻,股线采用S捻。

图1-2 捻向

捻度对针织生产加工和织物性能和风格都有很大影响。对于短纤纱,加捻可以使纱线强度增加,毛羽减少,不易断头和产生破洞。但过高的捻度会使纱线变硬,在加工时容易扭结,不易弯曲成圈,所形成的织物手感发硬,单面织物线圈歪斜严重,卷边加剧。变形长丝理论上可以不用加捻,但没有捻度时,织物容易起毛起球和钩丝,因此,最好稍加捻度。

(三)纱线的细度不匀

纱线的细度不匀,是指沿纱线长度方向的粗细不匀。细度不匀是评定纱线质量的重要指标,它不仅会使纱线强度下降,在织造过程中增加断头、停台,而且影响针织物的外观,降低其耐穿耐用性。

(四)纱线的毛羽

在纱条加捻过程中,大多数纤维端都伸出在纱身的外面,形成毛羽。它不仅影响纱线的外观和织物的滑爽,而且会影响织造。

(五)吸湿性

纺织材料的吸湿性是关系到材料性能和工艺加工的一项重要指标。纺织材料吸湿的多少对它的力学性质影响很大,绝大多数纤维随着回潮率的增加强力有所下降,其中粘胶纤维表现尤为突出,但棉、麻等天然纤维素纤维的强力则随着回潮率的增加而增加。所有纤维的断裂伸长率都是随回潮率的增加而增加。

温湿度对纺织加工的影响很大,主要就是由于纤维吸湿后机械性能发生变化引起的。总的情况是:如回潮太低,则纤维或纱线的刚性变大而发脆,加工中易于断裂;如回潮太高则纤维中的杂质难于清除,同时易于相互纠缠成结或缠绕在机件上,影响加工的正常进行。另外,在加工过程中,由于纤维与纤维或纤维与机件间的密切接触和摩擦,产生静电,使得纱线粘缠机件,也会影响织造,适当增加纱线的回潮会减少静电。

(六)针织用纱的基本要求

为了保证针织过程的顺利进行以及产品的质量,对针织用纱有下列基本要求。

(1)具有一定的强度和延伸性,以便能够弯纱成圈。

(2)捻度均匀且偏低。捻度高易导致编织时纱线扭结,影响成圈,而且纱线变硬,使线圈产生歪斜。

(3)细度均匀,纱疵少。粗节和细节会造成编织时断纱或影响到布面的线圈均匀度。

(4)抗弯刚度低,柔软性好。抗弯刚度高,即硬挺的纱线难以弯曲成线圈,或弯纱成圈后线圈易变形。

(5)表面光滑,摩擦因数小。表面粗糙的纱线会在经过成圈机件时产生较高的纱线张力,易造成成圈过程纱线断裂。

(七)毛纱的品种代号

在我国纺织行业标准中用四位阿拉伯数字来表示毛纱的品种代号(简称品号或货号)。它们分别表示毛纱所用纤维的种类、纱线的种类和纱线的粗细。

货号的第一位数字表示纱线的种类,如上所述共分四类,分别为:

0—精纺绒线(常省略)

1—粗纺绒线

2—精纺针织绒

3—粗纺针织绒

第二位数字代表所用纤维的种类,分为十类,分别是:

0—山羊绒及其混纺

1—异质毛(又称国毛)

2—同质毛(又称外毛)

3—同质毛与粘胶混纺

4—同质毛与异质毛混纺

5—异质毛与粘胶纤维混纺

6—同质毛与合成纤维混纺

7—异质毛与合成纤维混纺

8—纯化学纤维(如纯腈纶)

9—其他

第三、第四位数字代表组成该纱线的单股纱线线密度,以公支数表示。当单纱支数为整数时,它就表示其公支数,如支数代号为16,表示其单纱支数为16公支;当单纱支数为一位整数和一位小数时,支数代号略去其小数点,即第三位数字代表支数的整数部分,第四位数字代表小数部分,如支数代号为68就表示其公制支数为6.8。

例如,某纱线的货号为2826,则表示该纱线是纯化纤(腈纶)精纺针织绒,单纱支数为26公支。而纱线货号为368,则表示该纱线是同质毛(外毛)与粘胶纤维混纺的精纺绒线,单根纱线支数为6.8公支。

第三节 织前准备

进入针织厂的纱线一般有绞纱和筒子纱两种。绞纱需要先卷绕在筒管上变成筒子纱才能上机编织。而筒子纱有些可直接上机编织,有些则需要重新进行卷绕即络纱(打毛),这就是编织前的准备。

一、络纱的目的

络纱的目的主要在于:一是使纱线卷绕成一定形式和一定容量的卷装,满足编织时纱线退绕的要求。采用大卷装可以减少针织生产中的换筒,为减轻工人劳动强度,提高机器的生产效率创造良好条件;二是去除纱疵和粗细节,提高针织机生产效率和产品质量;三是可以对纱线进行必要的辅助处理,如上蜡、上油、上柔软剂、上抗静电剂等,以改善纱线的编织性能。

二、卷装形式

筒子的卷装形式很多,针织生产中常用的卷装形式如图1-3所示。

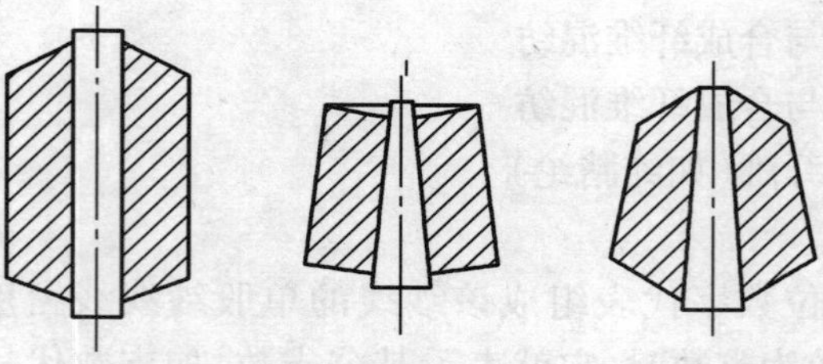

图1-3 卷装形式

圆柱形筒子主要来源于化纤厂,原料多为化纤长丝。其优点是卷装容量大,但筒子形状不太理想,退绕时纱线张力波动较大。在不少场合,圆柱形筒子可以不经络丝而直接上机编织。

圆锥形筒子是针织生产中广泛采用的一种卷装形式。它的退绕条件好,容纱量较大,生产率较高,适用于各种短纤纱,如棉纱、毛纱和各种混纺纱等。

三截头圆锥形筒子俗称菠萝形筒子,其退绕条件好,退绕张力波动小,适用于各种长丝,如化纤长丝、真丝等。

三、络纱设备与工艺

络纱机种类较多,其中槽筒式络纱机和菠萝锭络丝机在针织厂中使用较多。前者主要用于络取棉、毛及混纺等纱线,而后者用于络取长丝。菠萝锭络丝机的络丝速度及卷装容量都不如槽筒络纱机。有些生产色织产品的针织厂还配备松式络筒机,用于将纱线络成密度较松和均匀的筒子,以便进行筒子染色。

络纱机的主要机构和作用如下：

1. 卷绕机构

它使筒子回转以卷绕纱线。

2. 导纱机构

它引导纱线有规律地复布于筒子表面。

3. 张力装置

它给纱线以一定张力，使纱筒成型良好，纱线张力适度。

4. 清纱装置

它检查纱线的粗细，清除附在纱线上的杂质疵点。

5. 防叠装置

它使层与层之间的纱线产生移位，防止纱线的重叠。

6. 辅助处理装置

它可对纱线进行上蜡和上油等处理。

在上机络纱或络丝时，应根据原料的种类与性能，纱线的细度，以及对筒子硬度等的要求，调整络纱速度，张力装置的张力大小，清纱装置的刀门隔距，上蜡上油的蜡块或乳化油成分等工艺参数，并控制卷装容量，以生产质量合乎要求的筒子。

第四节 电脑横机的一般特征及新进展

电脑横机最早出现在20世纪70年代，随着电子技术的发展，电脑横机的功能越来越完善。新型电脑横机除了具有自动化程度高、生产效率高、花型变换方便、产品质量易于控制的优点外，其广泛的产品适应性也受到生产厂家的青睐。

目前，我国使用的电脑横机，国外品牌主要有德国斯托尔（STOLL）公司的CMS系列，日本岛精（SHIMA SEIKI）公司的SES系列，瑞士事坦格（Steiger）公司的Aries系列，意大利普罗狄（PROTTI）公司的PV系列等。近些年，国内生产的电脑横机发展势头强劲，已经在市场上占据了相当份额，有力地推动了电脑横机的普及和毛针织企业的技术改造和设备更新，解决了毛针织企业劳动力短缺等问题。

一、新型电脑横机的一般结构特点

新型电脑横机所有与编织有关的动作都由预先编制的程序控制实现,主要的控制功能有:

1. 电脑控制机头往复运行

它包括变速运行和根据编织衣片宽度变动程运行;最大机速一般在1.2m/s;岛精公司的最新型横机的最高机速可达1.6m/s。

2. 电脑控制选针编织

电脑控制3位选针编织和前后针床相互移圈。

3. 电脑控制密度调节

现在的电脑横机弯纱三角都是由电脑程序控制,通过步进电动机来调节弯纱深度,从而改变织物密度。电脑横机密度调节有3种形式:静态调节、动态调节和两段密度调节。

静态调节在每一横列只有一种弯纱深度,在机头运行到机器的两端时进行变换。动态调节可以使弯纱深度在一个横列中根据程序变化,即在机头运行的过程中变换。它们都是通过步进电动机来改变。但是,在机头运行时通过步进电动机改变弯纱深度不能实现相邻两针之间的突然变化,而只能是在一定针数范围里的渐变,因此很多电脑横机就采取用不同厚度的三角结构通过机械的方式实现相邻线圈之间的大小剧变,通常被称为两段度目。如图1-4所示,在弯纱阶段,如果某枚针被向下压,它就够不着外层三角2,只能沿里层三角1通过,形成小线圈,如果不被向下压,它就会沿外层压针三角2下降,形成大线圈。两层压针三角之间的差值有固定式和可变式两种,在可变式中,两层弯纱三角都可以由程序控制,通过步进电动机改变弯纱深度和它们之间的差值。

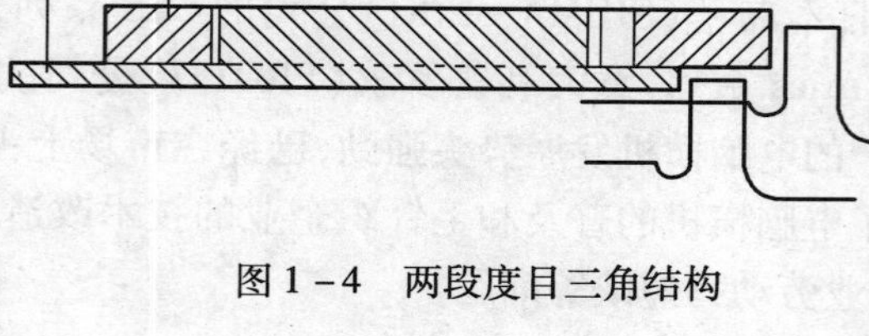

图1-4 两段度目三角结构

4. 程序控制导纱器变换

可以根据需要选择不同的导纱器工作，从而采用不同颜色、不同性能、不同粗细的纱线进行编织。

电脑横机的喂纱系统常规设置为 4 条导纱器（纱嘴）轨道，标准配置为 8 把或 16 把导纱器，可在此基础上增加。嵌花机型可配置到 32 把。个别经济型横机只配备 3 条导纱器轨道，标准配置为 6 把导纱器。

为了更有效地编织比较复杂的嵌花组织，大多数电脑横机还可配置专门的嵌花导纱器，一般嵌花导纱器都不是标准配置，需要单独购买。该导纱器可以由程序控制向左或向右摆动。在不配置嵌花导纱器时，可以编织一些花形不是很复杂的嵌花织物，编织复杂的嵌花花形时，就需要嵌花导纱器，以保证垫纱的可靠。

为了编织添纱组织，机器还可配置添纱导纱器。

5. 程序控制针床横移

针床最大横移距离为 50.8 ~ 101.6cm（2 ~ 4 英寸）。

6. 程序控制牵拉值的大小

电脑横机牵拉机构主要包括程序控制主牵拉辊和辅助牵拉辊牵拉，程序控制起底板起头，沉降片和压脚辅助牵拉等。如图 1 – 5 所示，主牵拉辊 3、4 起主要的牵拉作用，它由牵拉电动机驱动，通过程序控制改变电动机的转动速度从而改变牵拉力的大小。它可以根据所编织的织物结构和织物宽度来改变机器的牵拉值。由于在编织时，机器两端和中间的牵拉力要求有所不同，为了使沿针床宽度方向各部段的牵拉都合适，一般采用分段式牵拉辊，每段牵拉辊一般只有 5cm 左右，各部段的压辊都可以独立调节。

辅助牵拉辊 1、2 一般比主牵拉辊直径小，离针床口比较近。它可以由程序控制进入工作或退出工作，主要用于编织特殊结构和成形编织时协助主牵拉辊牵拉，如多次集圈、局部编织、放针等，以达到主牵拉辊所不能达到的牵拉作用。

起底板又称牵拉针梳，它也是一种牵拉机构，主要用于织物的起头。在起头时，它由程序控制上升到针间，钩住所形成的起口纱线，直至织物达到牵拉辊时才退出工作。它对成形衣片的编织非常有用。带有起底板

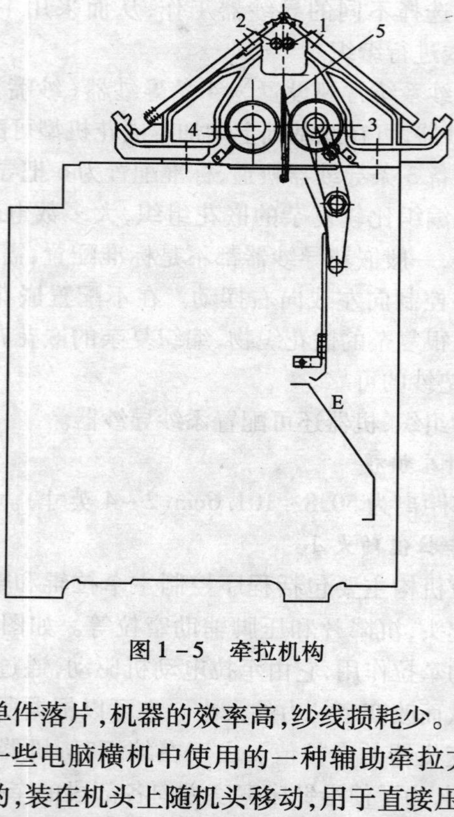

图 1-5 牵拉机构

的机器可以实现单件落片，机器的效率高，纱线损耗少。

压脚也是在一些电脑横机中使用的一种辅助牵拉方式，它是一种由钢丝或钢片制成的，装在机头上随机头移动，用于直接压在刚刚形成的旧线圈上以协助织针退圈的装置。在电脑横机中压脚可以由程序控制进入或退出工作。

沉降片配置在两枚织针中间，位于针床齿口部分的沉降片槽中。两个针床上的沉降片相对排列，当织针上升退圈时，前后针床中的沉降片闭合，握持住旧线圈的沉降弧，防止旧线圈随针上升；当织针下降弯纱成圈时，前后沉降片打开，以不妨碍织针成圈；在弯纱结束后，沉降片关闭，对织物进行牵拉。和压脚相比，沉降片可以实现单个线圈的牵拉和握持，且可以作用在成圈的整个过程，对在空针上起头、成形产品编织、连续多次集圈和局部编织十分有效。

7. 其他一些辅助控制装置

如断纱自停、掉布自停等。

二、电脑横机的主要结构参数

(一)针床数

电脑横机和手动横机一样,基本上都是双针床,两个针床呈倒"V"字形配置。一些特殊横机可以在两个针床基础上增加一个或两个针床。大多数的3针床或4针床横机所附加的针床主要用作移圈,通常不能进行编织。四针床电脑横机如图1-6所示,只有1、2针床可以配备织针进行编织,3、4针床只能配备移圈钩子进行移圈。日本岛精公司也推出了一种"真正四针床"的电脑横机,在这里四个针床都可以配备织针进行编织。

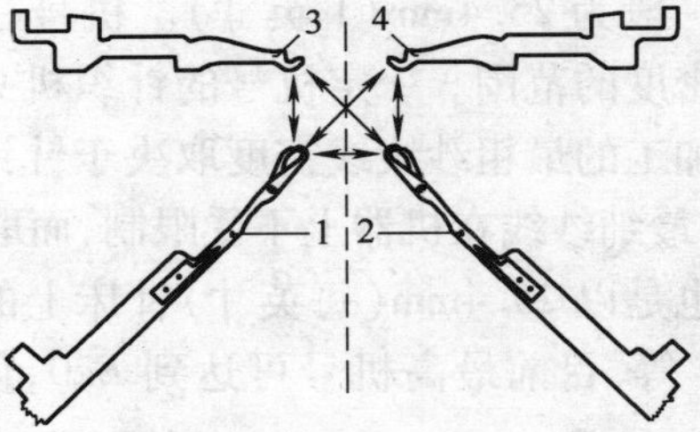

图1-6　带有两个移圈针床的四针床电脑横机

(二)针床宽度

针床宽度是指横机公称宽度,又称针床幅宽或有效长度,是最大排针区宽度。电脑横机针床宽度主要有三种:

第一种是窄幅横机,机宽在127cm(50英寸)左右,主要用于单件全成形衣片的生产,这是我国使用电脑横机的主导机型。

第二种是宽幅横机,机宽在203cm(80英寸)以上,可以同时编织两片衣片,一般适合于裁剪衣片或附件的生产。

介于两者之间的机宽是178cm(70英寸)左右,主要用于单件"织可穿"(全成衣)产品的编织(在编织"织可穿"产品时,一般窄幅横机宽度不够)。

（三）系统数

系统数是指机头中三角系统的组数，有一个系统就可以完成一个完整的编织动作，如进行一次编织或移圈，编织一个横列的线圈。系统数越多效率越高。手动横机只有一个系统。电脑横机的系统数与机宽有关，窄幅横机以双系统和3系统为主；宽幅横机一般为4系统，在双机头时可以分开为两个双系统使用；也有6系统甚至8系统的机器；“织可穿”的机器一般为3系统。

（四）机号

机号（G）是表示针距（T）大小和针的粗细的指标，用针床上规定长度（E）内所具有的针数表示，关系式如下：

$$G=\frac{E}{T}$$

这里规定长度一般为25.4mm（1英寸）。机号在一定程度上确定了机器可加工纱线线密度的范围。一定机号的针织机只能编织一定粗细范围的纱线。它所能加工的最粗纱线线密度取决于针钩的大小和针与针槽的间隙，所能加工的最细纱线在机器上不受限制，而取决于织物的品质。

电脑横机机号也是以25.4mm（每英寸）针床上的针数表示。通常可写成$E7$、$E12$和$E14$等，目前最高机号可达到$E20$，但使用较多的为$E14$以下。

为了拓宽机器所能加工的纱线线密度范围，近几年出现了多针距电脑横机。多针距机器的机号有的写成3，5.2、5.2、6.2、7.2等，这时机器的隔距其实是7针/英寸、10针/英寸、12针/英寸和14针/英寸，只是采用的织针和三角结构有些变化，从而使机器可以满针编织或隔针编织，使编织的纱线范围宽泛一些。如7.2针的机器理论上可以编织7~14针的产品，满针编织时为14针/25.4mm，隔针编织时为7针/25.4mm。一般它比较适合编织9~12针产品，编织14针产品时最好更换成14针的织针，相应的也要更换某些三角。

三、电脑横机的一些新技术

（一）“织可穿”技术

“织可穿（knit and wear）”就是在机器上一次就编织出整件衣服，下机

图 1-7 “织可穿”产品

后无需缝合或只需少许缝合就可服用，如图 1-7 所示。该技术可减少生产工序和节约劳动力成本，特别适合于劳动力成本昂贵的发达国家。由于“织可穿”产品的程序设计复杂，对设计人员要求较高，所能编织的产品受到一定的限制，机器生产效率低等原因，目前在我国应用很少。不过，随着我国劳动力成本的提高和成熟劳动工人的短缺以及“织可穿”技术的进步，相信这种技术会逐渐被国内企业采用。

从原理上讲，任何一台电脑横机都可以编织“织可穿”产品，只是由于机宽和针钩结构的限制，产品不能满足服用要求。因此，一般的“织可穿”电脑横机都采用双针床多针距机器编织技术或多针床编织技术，在 178cm(70 英寸)左右机宽的机器上编织。和双针床多针距机器相比，多针床机器在编织“织可穿”产品时有更大的优势。在双针床的机器上编织“织可穿”产品只能隔针编织，因此，目前一般还不能编织 8 针以上的轻薄产品，而四针床的机器可以编织 8 针、12 针甚至 15 针的产品。

(二)数字式测纱送纱装置

电脑横机在生产中的衣片密度控制直接影响到下机衣片长度的一致性。由于横机属于非连续送纱针织机，所以不能像圆机那样采用积极送纱装置送纱，这也增加了线圈长度控制的难度。为了解决这一问题，岛精公司在原 DSCS 测纱装置的基础上进行了改进，推出了 i-DSCS 数控式测纱装置，它可以按照需要控制送出的纱线量，如图 1-8 所示。斯托尔公司的电脑横机也可配备 STIXXX 线圈校准装置。据介绍，这些装置都可以有

图 1-8 i-DSCS 数控式测纱装置

效地控制线圈长度，降低衣片的长度不匀率。

（三）嵌花编织技术

手动横机编织嵌花（无虚线提花）织物操作复杂，生产效率低，因此，很多电脑横机都配备了嵌花导纱器。特别是事坦格公司、意大利普罗迪公司和我国南通天元公司、江苏雪亮公司等都开发了前后机头分开传动的直接上给纱装置（图1－9）。它与传统的侧给纱相比，给纱路径更短，纱线所受张力更小。导纱器由单独的驱动装置驱动，机上可配备24～32把导纱器，更有利于嵌花产品的编织。

图1－9　直接上给纱装置

第二章　电脑横机织物组织

电脑横机所能编织的织物组织很多,几乎包括了所有的纬编组织。纬编组织通常被分为三大类,即基本组织、花色组织和复合组织。基本组织又包括原组织和变化组织。纬编原组织有纬平针组织、罗纹组织和双反面组织三种,其他组织都是以它们为基础形成的。主要的变化组织有变化平针和变化罗纹组织,它们是由两个或两个以上的原组织复合而成。其中变化罗纹又称双罗纹和棉毛组织。纬编的花色组织主要有提花组织、集圈组织、衬垫组织、毛圈组织、添纱组织、移圈组织、波纹组织、衬纬组织等。在横机上用得较多的是提花组织、集圈组织、添纱组织、移圈组织和波纹组织。复合组织是由上述基本组织和花色组织复合而成,在生产中应用非常广泛。

第一节　纬编针织物组织的表示方法

针织物组织的表示方法就是用专业化的图形或语言来描述织物内线圈的结构形态及其相互关系或它们的编织方法。纬编针织物组织通常用线圈图、意匠图和编织图表示。

一、线圈图

用图形描绘出线圈在织物内的形态称为线圈图或线圈结构图。它可根据需要描绘织物的正面或反面,如图 2－1(1)所示。从线圈图中,可直观地看出针织物结构单元的形态及其在织物内的连接与分布情况,有利于研究织物的结构和编织方法。但这种方法仅适用于较为简单的织物组织,较复杂的结构和大型花纹一方面绘制比较困难,另一方面也不容易表示清楚。

二、意匠图

意匠图是把针织结构单元组合的规律,用特定的符号在小方格纸上

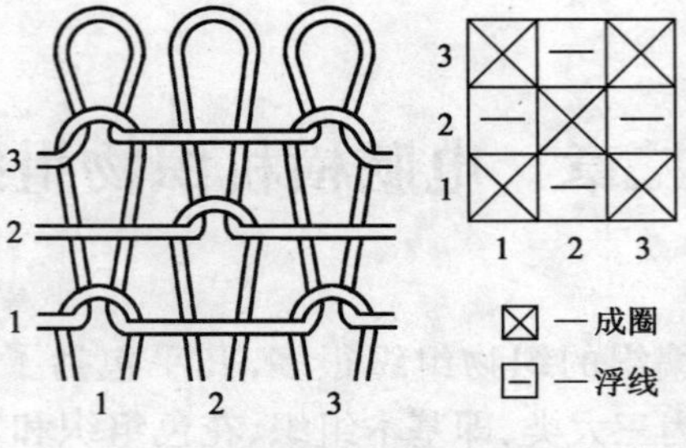

(1) 线圈图　　(2) 结构意匠图

图 2-1　线圈图与结构意匠图

表示的一种图形。意匠图中的行和列分别代表织物的横列和纵行。尽管国际上有一些个人、组织或国家对意匠格中的符号及其含义做了一些规定，有些也被一些国家和地区采用，但我们国家还没有这样一个标准，国际上也没有一个统一的标准。因此，在绘制时通常要标明所用符号的含义。这些符号可以代表不同结构的线圈，如正面线圈、反面线圈、集圈、浮线或移圈等，也可以代表不同原料或不同色彩的线圈。图 2-1(2) 表示的就是与图 2-1(1) 所示的线圈图相对应的结构意匠图。图 2-2(2) 则是图 2-2(1) 所示的色彩提花组织的意匠图。

意匠图特别适合于表示花形较大的织物组织，尤其是色彩提花织物。由于意匠图通常只能表示织物一面的信息，因此，如果要表示织物两面的信息，就要用两个意匠图分别表示出来。但是，对于结构复杂的双面织物，它很难表示出前后针床线圈结构之间的关系。

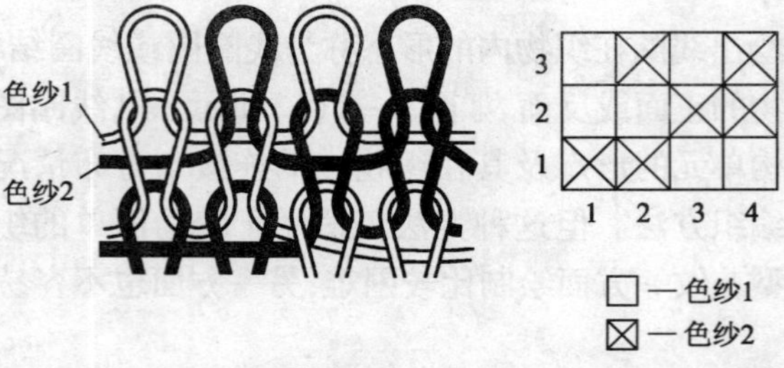

(1) 线圈图　　(2) 色彩意匠图

图 2-2　线圈图与色彩意匠图

三、编织图

编织图是将针织物的横断面形态按编织顺序和织针的工作情况，用图形表示的一种方法。它由织针和在织针上编织的纱线组成。织针通常用“|”或“·”表示，当采用的织针踵高不同时，还可以用不同长度的竖道表示不同踵高的织针。根据编织情况不同，织针上所编织的纱线分别用“ɣ”、“V”和“—”表示成圈、集圈和浮线。下表列出了编织图中常用的符号。

成圈、集圈、浮线和抽针符号表示法

编织情况	下 针	上 针	上下针
成圈	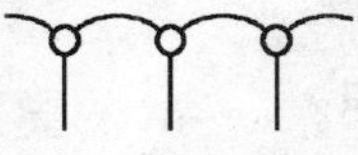	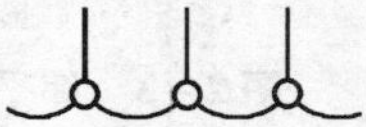	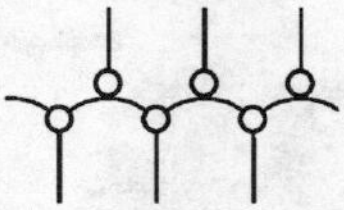
集圈		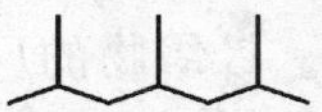	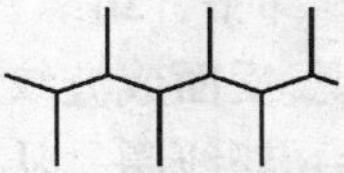
浮线（不编织）	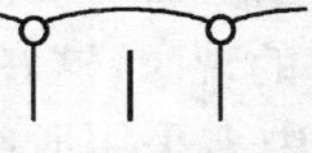		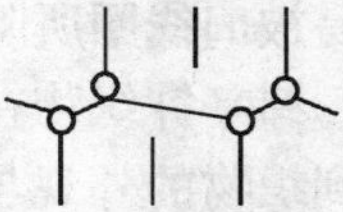
抽针	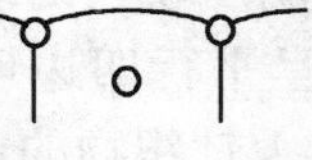		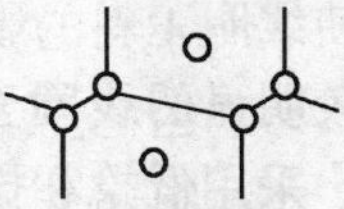

编织图不仅表示了每一枚针所编织的结构单元，而且还表示了织针的配置与排列。在用于双面纬编针织物时还可以同时表示出前后（上下）针床织针的编织情况。这种方法适用于大多数纬编针织物，尤其适合于结构花型织物。但在表示色织提花织物时花型的直观性差，花型较大时绘制起来也比较麻烦。

第二节 纬编基本组织在横机上的编织

一、纬平针组织

纬平针组织又称平针组织，是单面纬编针织物中的基本组织，其正反面结构如图 2－3 所示。

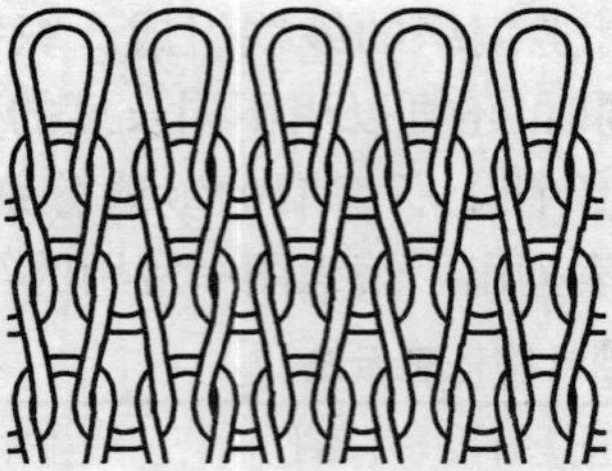

(1)正面

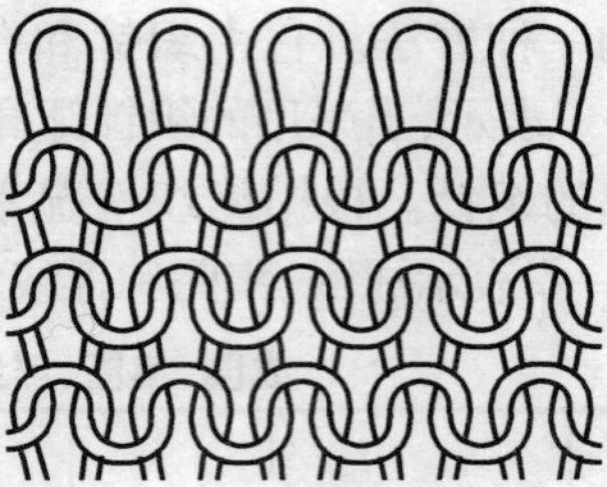

(2)反面

图2－3 纬平针组织

纬平针组织在织物的两面具有不同的几何形态,正面成纵向小辫状外观,反面成波纹状外观。针织物的反面较正面阴暗。又由于在成圈过程中,新线圈是从旧线圈的反面穿向正面,因而纱线上的结头、棉结杂质容易被旧线圈所阻挡而停留在织物的反面,所以正面一般较为光洁。

纬平针织物在自由状态下,会有线圈歪斜的现象,这在一定程度上影响到织物的外观与使用。由于在羊毛衫生产中多采用股线进行编织,可以使线圈歪斜的影响降低。但在加工麻类等刚度较大的纱线时,还会产生较明显的线圈歪斜现象,使下机后的衣片呈平行四边形,严重影响使用。采用低捻和捻度稳定的纱线,适当增加机上针织物的密度,都可减小线圈的歪斜。

纬平针织物的边缘具有显著的卷边现象,卷边不利于缝合加工。

纬平针织物的脱散性可能有两种情况:一是纱线无断裂,抽拉织物边缘的纱线可使整个边缘横列线圈脱散。纬平针织物顺编织和逆编织方向均可脱散;二是织物中某处纱线断裂,线圈沿着纵行从断纱处分解脱散,特别是在使用摩擦因数较小、较光滑的纱线编织时,这种现象更加明显。

纬平针组织横向比纵向有更大的延伸性。

由于纬平针组织结构简单,用纱量少,是横机毛衫产品使用最多的一种组织,主要用作衣片的大身部段。在双针床横机上,纬平针组织可以用其中的一个针床进行编织,也可以在两个针床上轮流编织,形成如同圆机所编织的筒状结构。筒状结构纬平针组织常用作衣片的下摆,这样可以避免在单层结构时所产生的卷边现象和脱散现象，也可以使下摆厚实挺括。

二、罗纹组织

罗纹组织系双面纬编针织物的基本组织，它是由正面线圈纵行和反面线圈纵行以一定组合相间配置而成。图 2-4 为由一个正面线圈纵行和一个反面线圈纵行相间配置而形成的 1+1 罗纹组织。

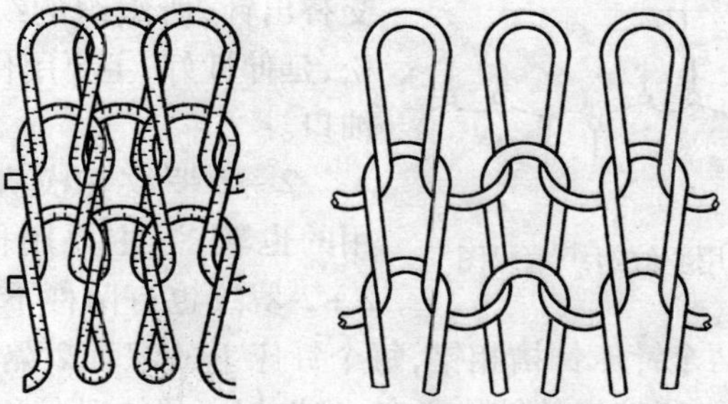

(1)自由状态时的结构　(2)横向拉伸时的结构

图 2-4　罗纹组织

罗纹组织通常用正反面线圈纵行数的组合来命名，如 1+1，2+2 或 5+3 罗纹等。

在横向拉伸时，罗纹组织具有较大的弹性和较好的延伸性，这与沉降弧较大的弯曲与扭转有关。1+1 罗纹组织在织物边缘沿横列方向只能逆编织方向脱散，顺编织方向不脱散。在正反面线圈纵行数相同的罗纹组织中，不出现卷边现象。在正反面线圈纵行数不同的罗纹组织中，虽有卷边现象但不严重。罗纹组织线圈不发生歪斜。

罗纹组织也是在横机中使用较多的一种组织。由于它具有较好的弹性、延伸性、不卷边和顺编织方向不脱散并且厚实、挺括、平整，除了可以作大身之外，还大量的用作衣片的下摆、袖口、领口和门襟等。

1+1 罗纹是使用较多的一种。在横机上，它有两种编织方式，一种是满针编织，另一种是隔针编织。满针编织的 1+1 罗纹又叫四平组织，如

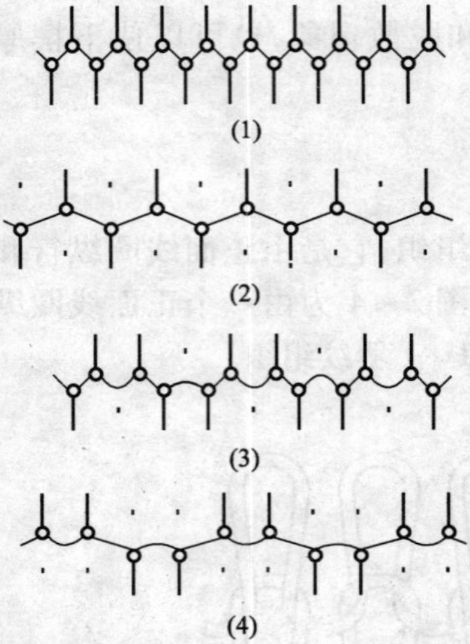

图2－5 常用罗纹组织编织图

图2－5(1)所示，在编织时两个针床针槽相错，所有的针都出针编织，所编织的结构比较紧密，常用作大身、领口、袋边和门襟等。在羊毛衫中所称的1＋1罗纹一般是指一隔一出针的罗纹，又被称为单罗纹，如图2－5(2)所示。单罗纹在编织时，前后针床的针槽是相对的，前后针床织针一隔一交替出针，所编织的织物比满针罗纹松，延伸性好，主要用作衣片的下摆和袖口。

2＋2罗纹在横机衣片的生产中用的也较多，主要用作下摆和袖口。2＋2罗纹也有两种不同的编织方法，一种在编织时两个针床针槽相错，每个针床上的织针2隔1出针编织，如图2－5(3)所示，所编织的结构紧密，弹性好。另一种编织方法如图2－5(4)所示，前后针床针槽相对，每个针床2隔2出针编织，所编织的织物松软，延伸性好。

另外，在横机上也可以很容易地编织5＋2、6＋3等宽罗纹，作为衣片的大身。

三、双反面组织

双反面组织也是双面纬编组织中的一种基本组织。它是由正面线圈横列和反面线圈横列相互交替配置而成，图2－6所示为由一个横列正面线圈和一个横列反面线圈交替编织的1＋1双反面组织的线圈结构图。双反面组织织物不受外力作用时，在织物两面，看上去都呈现出圈弧状外观，类似于纬平针组织的反面，故称双反面组织。双反面组织织物纵向收缩，因而增加了织物的厚度与纵向密度，且在纵向具有很大的弹性和延伸性，使织物纵横向延伸性相近。与纬平针组织一样，双反面组织可以在边缘横列顺、逆编织方向脱散。

双反面组织过去是用带有双头舌针的双反面机来编织，在普通横机上一般很少编织，因为通过手工方式编织比较困难。但在电脑横机上通过前后针床织针上的线圈相互转移，可以很容易地编织双反面组织。双反面组织在横机产品中很少单独使用，但如按照花纹要求，在织物中混合配置正反面线圈区域，可形成凹凸花纹，因此它的一些变化和利用它的形成原理所编织的一些花式组织在羊毛衫中应用较多，如桂花针（图 2 －7）和席纹织物（图 2 －8）。

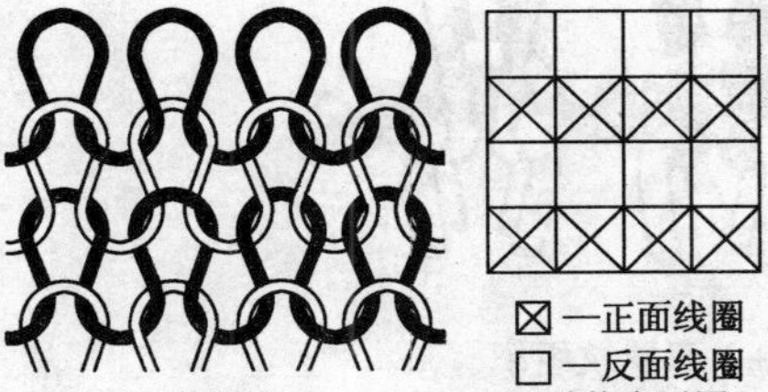

(1)线圈图　(2)结构意匠图

图 2 －6　双反面组织

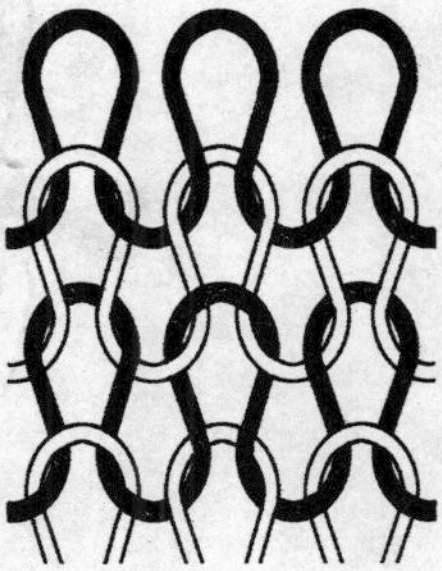

图 2 －7　桂花针

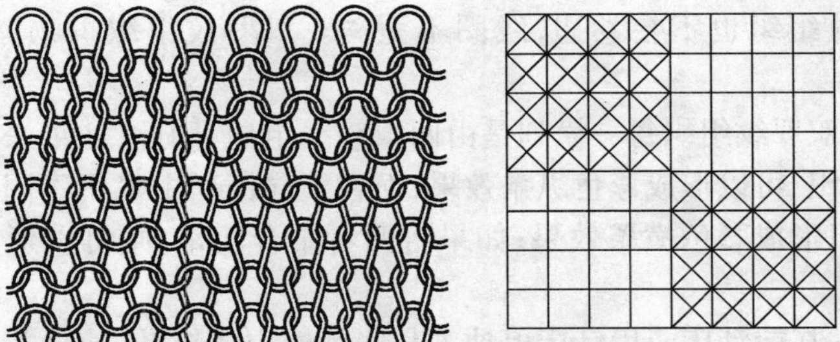

(1)线圈图　(2)结构意匠图

图 2 －8　席纹织物

四、双罗纹组织

在横编产品中，通常将 2 +2 罗纹称作双罗纹。这里所说的双罗纹组织又称棉毛组织，是由两个罗纹组织彼此复合而成，即在一个罗纹组织的反面线圈纵行上配置另一个罗纹组织的正面线圈纵行，其结构如图2－9所示，纱线1和纱线2分别各编织一个1＋1罗纹横列。这样，在织物的两面都只能看到正面线圈，即使在拉伸时，也不会显露出反面线圈纵行，因此亦被称为双正面组织。

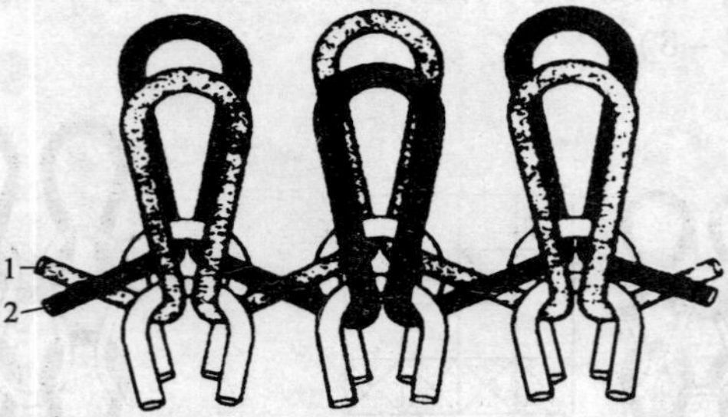

图2－9　1＋1双罗纹组织

双罗纹组织是由两个罗纹组织复合而成，其延伸性较罗纹组织小，尺寸稳定性好。同时边缘横列只可逆编织方向脱散。当个别线圈断裂时，不易发生线圈沿着纵行从断纱处分解脱散的梯脱现象。与罗纹组织一样，双罗纹组织也不会卷边，线圈不歪斜。双罗纹组织织物厚实，保暖性好。

由于双罗纹组织每一横列是由两根纱线组成，因此，如果采用两种不同色纱编织，可以形成彩色纵条效果；而在不同横列中采用不同色纱进行编织，可以形成彩色横条效果；如果将两者结合起来，则可以形成彩色方格布。

另外，在前针床或后针床上抽去某些针槽中的织针，使这些地方形成单面的线圈结构，可得到各种纵向凹凸条纹。由于单面织物部分的卷边特性，会使得织物的凹凸效果更加明显，形成一种褶裥效应。

在手动横机上编织双罗纹组织需要对机器进行改造，所以使用较少。但在电脑横机上，由于可以进行单针选针，使得这种产品的编织非常简单，只是由于单位面积重量太大，用的不是很多。现在它主要用于废纱起头阶段，因为此时要保证每枚针上都能够垫上新纱线，又便于成圈，只有采用这种结构最为合适。

第三节　纬编花式织物在横机上的编织

一、空气层类织物

空气层织物是一种复合组织织物。用于羊毛衫生产中的两个最常见的结构是四平空转和三平。

四平空转学名叫米拉诺罗纹或罗纹空气层组织。它是由一个横列的满针罗纹(四平)和一个横列前后针床轮流编织的平针(空转)组成,如图2-10所示。该织物厚实、挺括、横向延伸性小,尺寸稳定性好,表面有横向隐条。

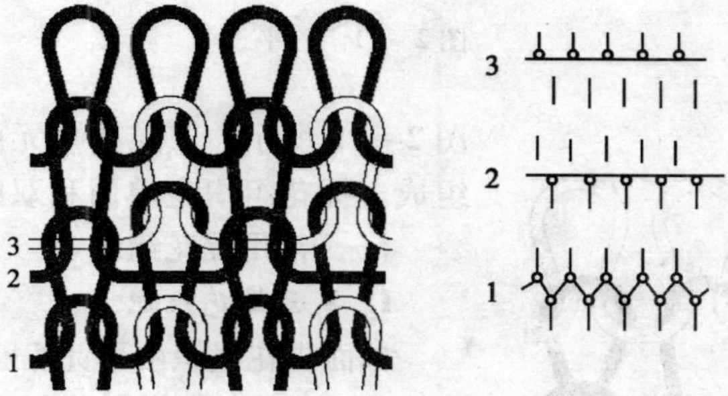

(1)线圈图　(2)编织图

图2-10　四平空转

在手动横机上编织四平空转需要频繁变换三角的工作状态。在电脑横机上通过选针可以很容易编织。四平空转织物应无卷边,否则要进行调整。

三平又叫罗纹半空气层,由一个横列的四平和一个横列的平针组成,如图2-11所示。该组织织物两面具有不同的密度和外观。三平织物的延伸性比四平空转大,手感柔软,坯布较厚实。

二、提花类

提花组织是按照花纹要求,有选择地在某些针上编织成圈,在不成圈的织针上纱线以浮线的形式处于织针后面所形成的一种花色组织,如

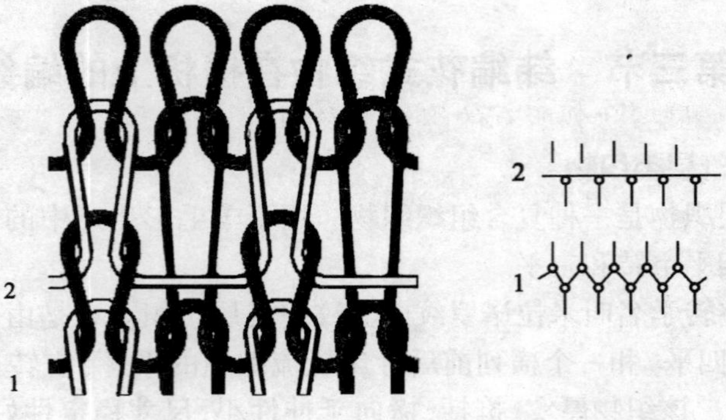

(1)线圈图　　(2)编织图

图 2 - 11　三平

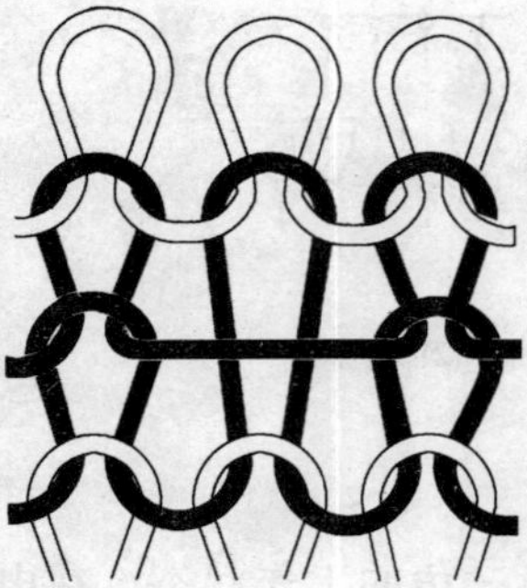

图 2 - 12　提花组织

图 2 - 12 所示。其结构单元由线圈和浮线组成。提花组织有单面和双面之分。

(一)常用提花组织

1. 单面提花组织

单面提花组织由平针线圈和浮线组成。有均匀和不均匀两种结构形式。

单面均匀提花组织一般采用不同颜色或不同种类的纱线进行编织,每一纵行上的线圈个数相同,大小基本一致,由于织物反面有浮线,又被称为浮线提花或虚线提花。图 2 - 13 所示为一双色单面均匀提花组织。在单面均匀提花织物中,连续浮线的次数不宜太多,一般不超过 4 ~ 5 针。一方面在编织时,过长的浮线将会改变垫纱的角度,可能使纱线垫不到针钩里去,另一方面,在织物反面过长的浮线也容易引起勾丝和断纱,影响服用。为了解决这个问题,在花纹较大时,可以在长浮线的地方按照一定的间隔编织集圈线圈,以保证垫纱的可靠和减少浮线的长度,而集圈线圈也不会影响到织物的花纹效应,只可能使织物的平整度受到些影响。

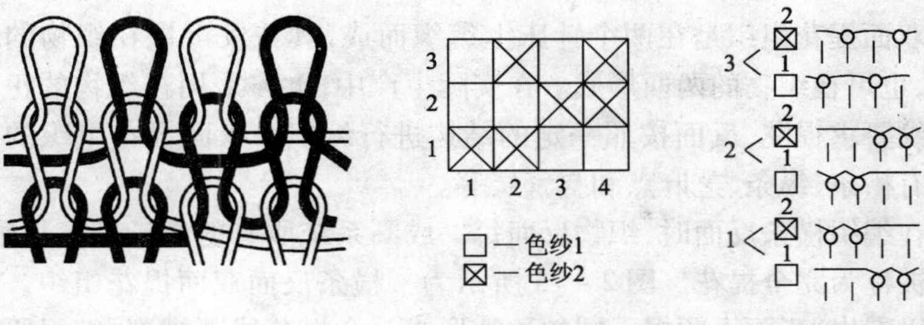

(1) 线圈图　(2) 意匠图　(3) 编织图

图 2 – 13　双色单面均匀提花组织

不均匀提花组织更多采用单色纱线。图 2 – 14 所示为一单色单面不均匀提花组织。在这类组织中，由于某些织针连续几个横列不编织，这样就形成了拉长的线圈，这些拉长的线圈抽紧与之相连的平针线圈，使平针线圈凸出在织物的表面，从而使织物表面产生凹凸效应。某一线圈拉长的程度与连续不编织（即不脱圈）的次数有关。通常用“线圈指数”来表示编织过程中某一线圈连续不脱圈的次数，线圈指数愈大，一般线圈越大，凹凸效应愈明显。如果拉长线圈按花纹要求配置在平针线圈中，就可得到不同效应的凹凸花纹。但在编织这种组织时，织物的牵拉张力和纱线张力应较小而均匀，否则易产生破洞，同时某一针上连续不编织的次数也不能太多。

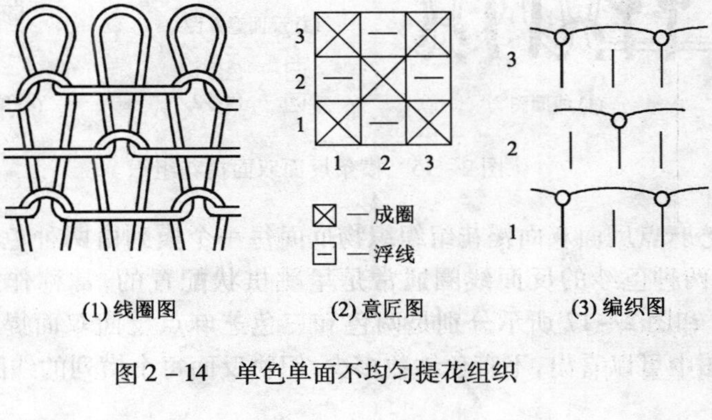

(1) 线圈图　(2) 意匠图　(3) 编织图

图 2 – 14　单色单面不均匀提花组织

2. 双面提花组织

双面提花组织是在两个针床上编织而成,其花纹可以在织物的一面形成,也可在织物的两面形成。在实际生产中,大多采用在织物的正面按照花纹要求提花,反面按照一定的结构进行编织。双面提花组织的反面结构有横条、纵条、芝麻点和空气层等。

在编织横条反面时,织物反面每一成圈系统所有的织针都参加编织,故又被称为完全提花。图2-15所示为一横条反面双面提花组织。从图中可以看出,正面由两根不同的色纱形成一个提花线圈横列,编织所要求花纹;反面一种色纱编织一个线圈横列,形成横条效应。在这种组织中,由于反面织针每个横列都编织,反面线圈的纵密总是比正面线圈纵密大,其差异取决于色纱数,如色纱数为2,正反面纵密比为1∶2,如色纱数为3,正反面纵密比为1∶3。色纱数愈多,正反面纵密的差异就愈大,从而会影响正面花纹的清晰及牢度。因此,设计与编织横条反面双面提花组织时,色纱数不宜过多,一般以2~3色为宜。

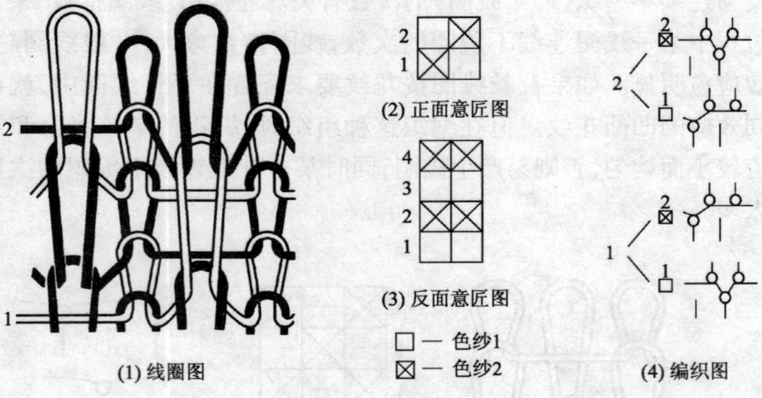

图2-15 横条反面双面提花组织

芝麻点反面双面提花组织织物反面每一个横列由两种色纱交替编织而成,两种色纱的反面线圈通常是呈跳棋状配置的,常称作芝麻点。图2-16和图2-17所示分别是两色和三色芝麻点反面双面提花组织。从这些图中可以看出,不管色纱数多少,织物反面每个横列的线圈都是由两

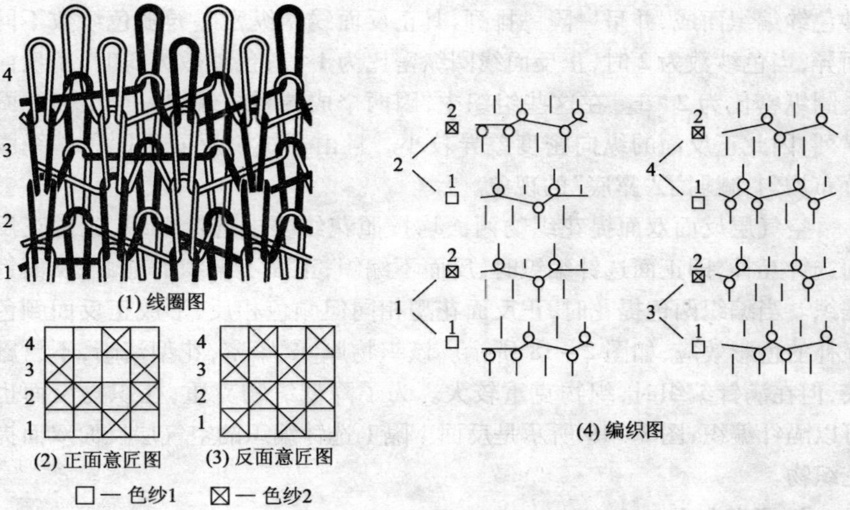

图 2－16　两色芝麻点反面双面提花

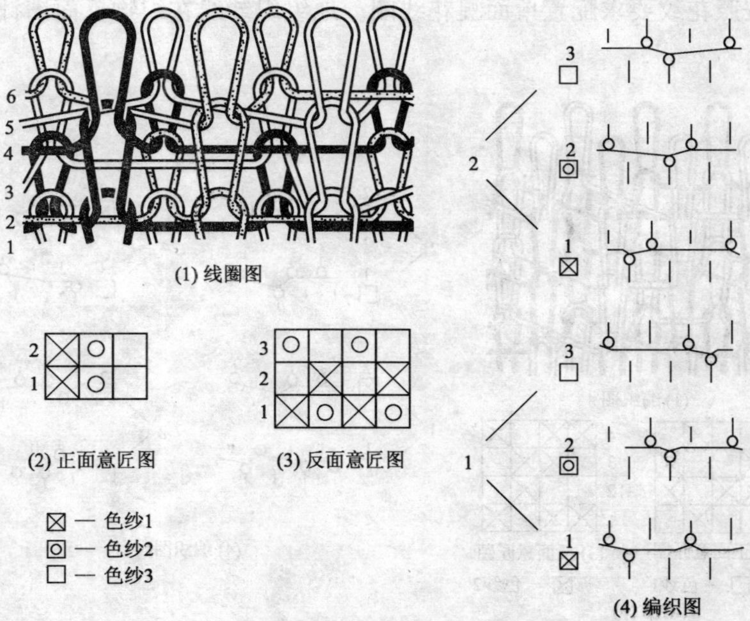

图 2－17　三色芝麻点反面双面提花

种色纱编织而成，并呈一隔一排列，其正反面线圈纵密差异随色纱数不同而异，当色纱数为 2 时，正反面线圈纵密比为 1∶1；色纱数为 3 时，正反面线圈纵密比为 2∶3。在这些组织中，因两个成圈系统编织一个反面线圈横列，因此正反面的纵向密度差异较小。且由于织物反面不同色纱线圈分布均匀，减弱了“露底”的现象。

空气层反面双面提花织物两面均按照花纹要求选针编织，通常正反面选针互补，即正面选针编织时，反面不编织；正面不编织的地方，反面针编织。当编织两色提花时，正反面花型相同但颜色相反，形成正反面颜色互补的色彩效应，如图 2－18 所示。该织物厚实、紧密，花型清晰，不易露底，但在满针编织时，织物克重较大。为了降低织物克重，在织物反面也可以隔针编织，图 2－19 所示是反面 1 隔 1 选针编织的空气层反面双面提花织物。

3. 胖花组织

胖花组织由单面提花和双面提花复合而成。在双面提花地组织基础上，按照花纹要求配置单面提花线圈。地组织纱线在织物反面满针或隔

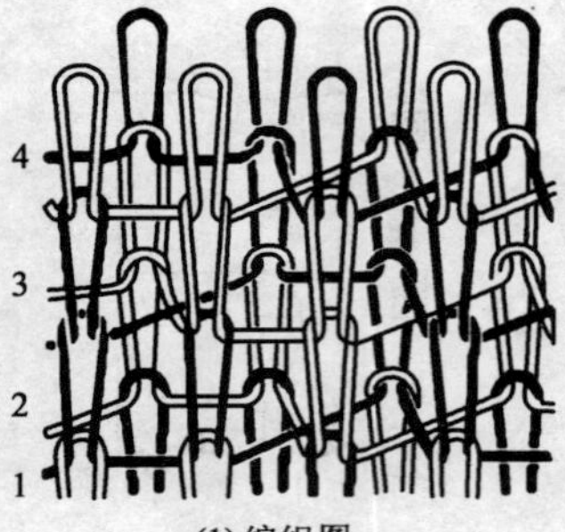

(1) 编织图

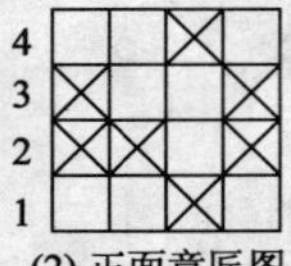

(2) 正面意匠图

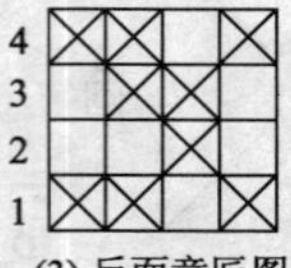

(3) 反面意匠图

□—色纱1　⊠—色纱2

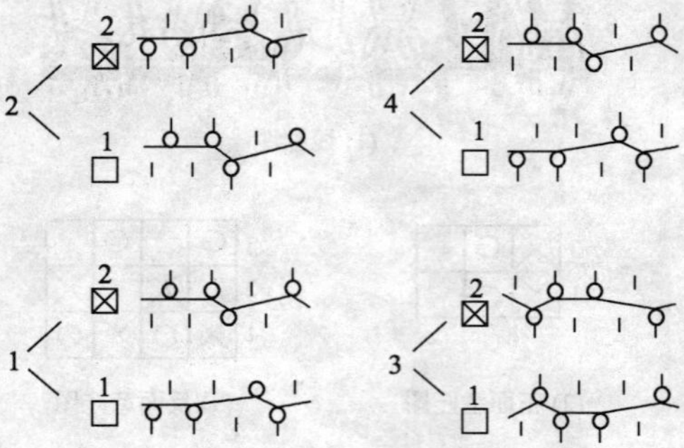

(4) 编织图

图 2－18　空气层反面双面提花组织

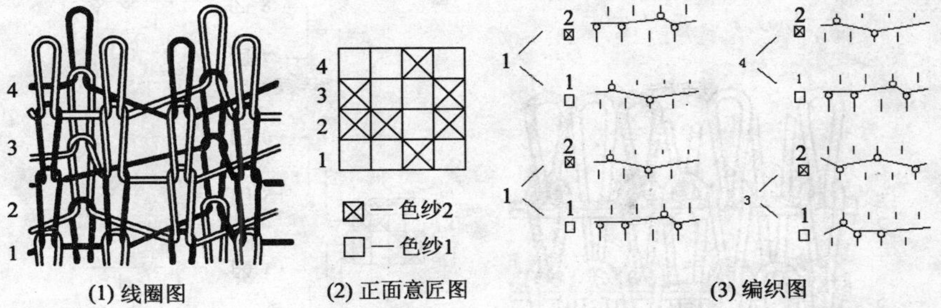

图 2－19　1 隔 1 抽针空气层反面双面提花组织

针成圈，在织物正面选针成圈；胖花纱线在织物反面不成圈，在织物正面，在地组织纱线不成圈处成圈。由于胖花线圈附着在地组织之上，且线圈长度小于反面线圈，下机后拉长的反面线圈收缩将使胖花线圈被挤压而凸出于织物表面形成凸出的花纹效应，故被称为胖花。

胖花组织可分为单胖和双胖。如果在一个正面线圈横列中，胖花线圈只编织一次，其大小与地组织线圈一致，为单胖；如果在一个正面线圈横列中，胖花线圈在同一枚针上连续编织两次，其大小是地组织线圈的一半，为双胖。在一个正面线圈横列中，胖花线圈在同一枚针上连续编织的次数越多，凹凸效应越明显。

图 2－20 所示为两色单胖组织。从图中可以看出，正反面线圈高度之比为 1∶2，反面线圈被拉长，织物下机后，被拉长的反面线圈力图收缩，因而单面的胖花线圈就呈架空状凸出在织物的表面，形成胖花效应。由于在单胖组织中，胖花线圈在一个正面横列只进行一次编织，所以凹凸效果不够突出。

图 2－21 所示为两色双胖组织。从图中可以看出，正面胖花线圈与地组织反面线圈的高度之比为 1∶4，两者差异较大，使架空状的单面胖花线圈更加突出在织物表面。

和双面提花一样，胖花组织的反面也可以形成不同的效果。

胖花组织不仅可以形成色彩花纹，还具有凹凸效应，因此，也常常采用同一种颜色的纱线分别编织地组织线圈和胖花线圈，形成素色凹凸花

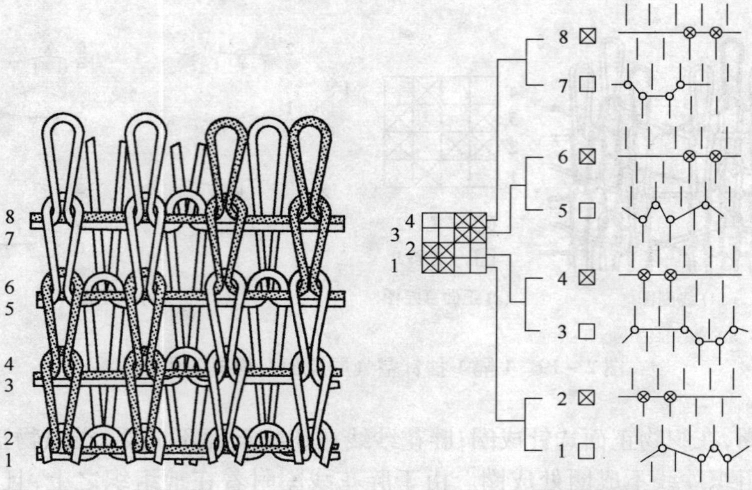

(1) 线圈图　　(2) 意匠图和编织图

图 2－20　两色单胖组织

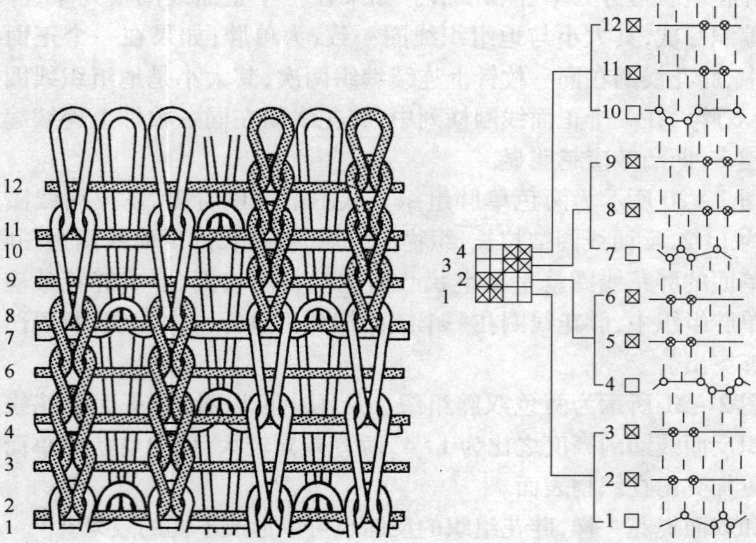

(1) 线圈图　　(2) 意匠图和编织图

图 2－21　两色双胖组织

纹效应，形成双面斜纹、人字纹等产品。

双胖组织由于单面编织次数增多，所以其厚度、单位面积重量都大于单胖组织，且容易起毛起球和勾丝。此外，由于线圈结构的不均匀，使双胖织物的强力降低。

（二）提花类织物的特性

由于提花组织中存在有浮线，因此延伸性较小，单面提花组织的反面浮线不能太长，以免产生抽丝疵点。在双面提花组织中，浮线被夹在织物两面的线圈之间，对服用影响不大。此外，由于提花组织的线圈纵行和横列是由几根纱线形成的，因此它的脱散性较小，织物较厚，单位面积重量较大。

（三）提花类织物在横机上的编织

这里以单面提花组织为例来说明它的编织方法。如图 2－22 所示，其中图 2－22(1)表示织针 1 和 3 被选上后上升退圈并垫上新纱线 a，织针 2 未被选上不上升退圈，也不能钩取新纱线，旧线圈仍在针钩内；图 2－22(2)表示织针 1 和 3 下降，新纱线编织成新线圈。而挂在针 2 针钩内的旧线圈在牵拉力的作用下被拉长，未垫入针钩内的新纱线呈浮线状处在拉长的旧线圈后面。

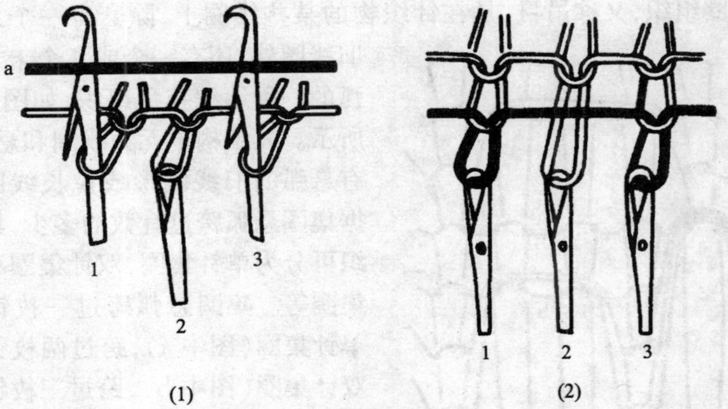

图 2－22　单面提花组织的编织方法

由于在提花过程中织针处于编织和不编织两种状态，因此具有两种走针轨迹，如图 2－23 所示。图 2－23(1)中轨迹 1 为编织时的走针轨迹，表示被选中参加编织的织针上升到退圈高度[图 2 - 23(2)],旧线圈被退到针舌之下,然后织针下降垫纱形成新线圈。轨迹 2 是未选中的织针的走针轨迹,它未上升到退圈的高度[图 2 - 23(3)],所以不编织。

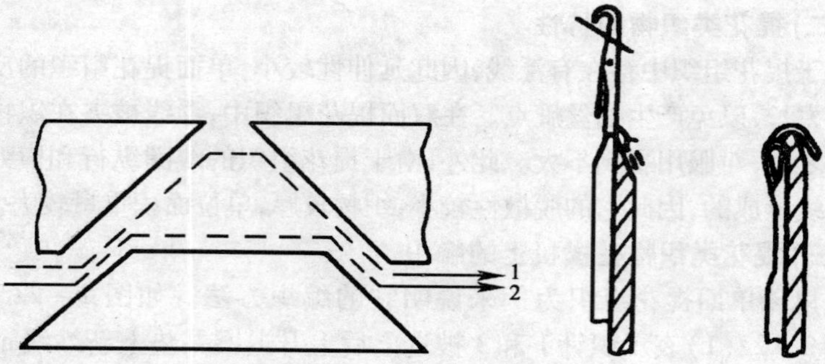

图 2 - 23　编织提花组织的走针轨迹

三、集圈类织物

集圈组织,又称吊目,是在针织物的某些线圈上,除套有一个封闭的旧线圈外,还有一个或几个未封闭悬弧的一种纬编花色组织,如图 2 - 24 所示。其结构单元为线圈和悬弧,具有悬弧的旧线圈形成拉长线圈。根据集圈悬弧跨过针数的多少,集圈组织可分为单针集圈,双针集圈和三针集圈等。集圈悬弧跨过一枚针的称单针集圈(图中 a),跨过两枚针的称双针集圈(图中 b),跨过三枚针的称三针集圈(图中 c),以此类推。根据某一针上连续集圈的次数,集圈组织又可分为单列、双列和三列集圈等。针上有一个悬弧的称单列集圈(图中

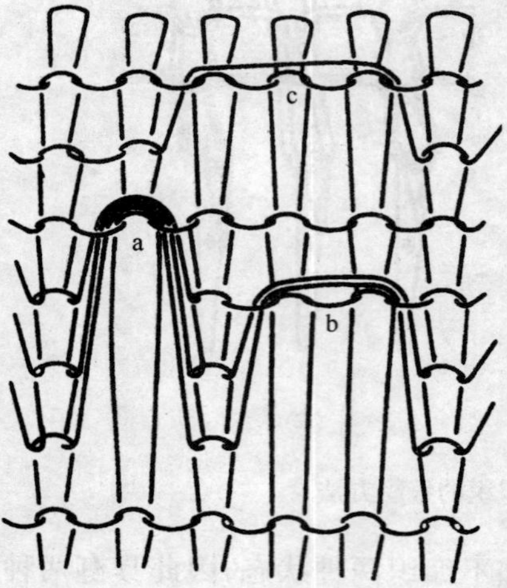

图 2 - 24　集圈组织结构

c)，两个悬弧的称双列集圈(图中b)，三个悬弧的称三列集圈(图中a)，在一枚针上连续集圈的次数一般可达到7~8次。集圈次数愈多，旧线圈承受的张力愈大，容易造成断纱和针钩的损坏。通常把集圈针数和列数连在一起称呼，将图中a称为单针三列集圈，b称为双针双列集圈，c称为三针单列集圈。

(一)集圈组织种类

1. 单面集圈组织

单面集圈组织是在平针组织的基础上进行集圈编织形成的，因其结构具有凸起的悬弧效果，在羊毛衫生产中又被称为胖花。单面集圈组织花纹变化繁多，利用集圈单元在平针中的排列可形成各种结构花色效应，如凹凸效应和网孔效应。采用色纱编织可形成彩色花纹效应。另外，还可以利用集圈悬弧来减少单面提花组织中浮线的长度。

图2-25所示为采用单针单列集圈单元在平针线圈中有规律排列形成的一种斜纹效应。如集圈单元采用单针双列集圈，效果更为明显。

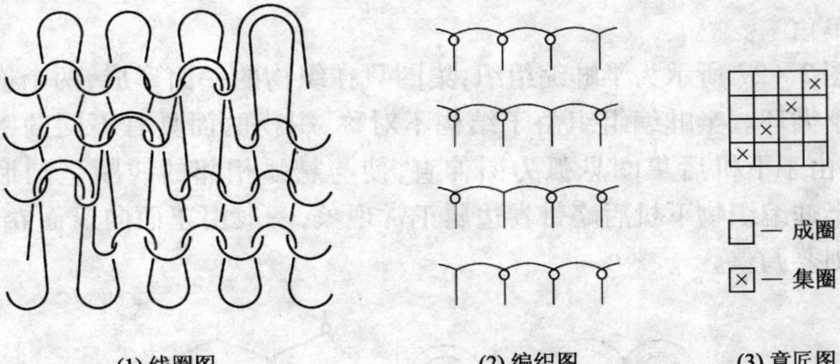

图2-25　具有斜纹效应的集圈组织

图2-26所示为采用两种色纱和集圈单元组合形成的彩色花纹效应。在集圈组织中，由于悬弧被正面拉长线圈遮盖，因此不能在织物正面看见悬弧，只能显示在反面。因此，当采用色纱编织时，在织物正面只显示出拉长线圈色纱的色彩效应。图中由双针单列和三针单列的集圈组成，在1、2、6、7纵行，由于黑纱形成的悬弧被白纱形成的拉长线圈所覆盖，故在正面形成白色的纵条纹。同样，在3、4、5纵行，由于白纱形成的

悬弧被黑纱形成的拉长线圈所覆盖，故形成黑色的纵条纹。

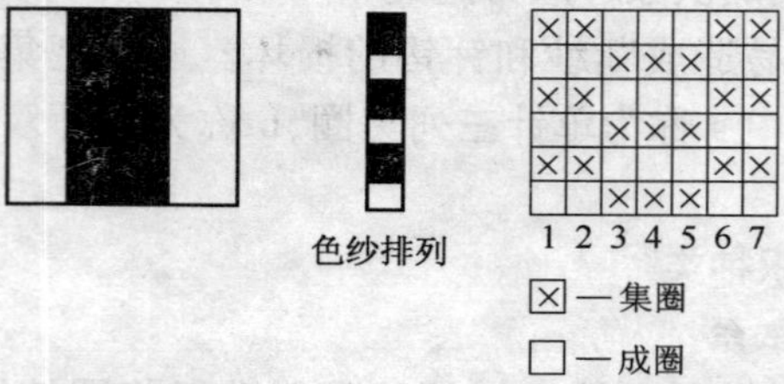

(1)正面外观效应　　(2) 意匠图

图 2－26　具有彩色花纹效应的集圈组织

2. 双面集圈组织

双面集圈组织可以在一个针床上集圈，也可以同时在两个针床上集圈。双面集圈不仅可以生产带有集圈效应的针织物，还可以利用集圈单元来连接两个针床分别编织的平针线圈，得到具有特殊风格的织物。

常用的双面集圈为畦编和半畦编组织，又称双元宝和单元宝，或双鱼鳞和单鱼鳞。

图 2－27 所示为半畦编组织，集圈只在织物的一面形成，两个横列完成一个循环。半畦编组织由于结构不对称，织物两面具有不同的密度和外观，由于下机后集圈悬弧力图伸直，使与悬弧相邻的线圈呈圆形鱼鳞状。半畦编织物下机后略带卷边属正常现象，一般由正面向反面卷，卷边严重则要调整。

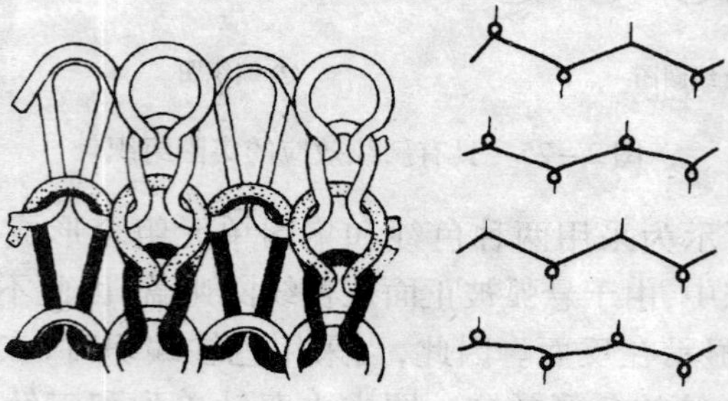

(1) 线圈图　　(2) 编织图

图 2－27　半畦编组织

图2－28所示为畦编组织，集圈在织物的两面交替形成，两个横列完成一个循环。畦编组织结构对称，正反面线圈结构相同，大小一致。由于悬弧的存在，织物丰满、厚实、保暖、手感柔软、蓬松，织物宽度增加，保型性差。

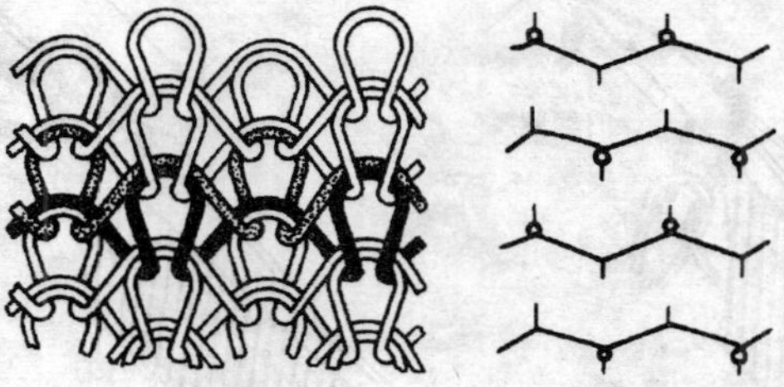

(1) 线圈图　(2) 编织图

图2－28　畦编组织

集圈组织的脱散性较平针组织小，但容易抽丝。由于集圈的后面有悬弧，所以其厚度较平针与罗纹组织大。集圈组织的横向延伸较平针与罗纹小。由于悬弧的存在，织物宽度增加，长度缩短。集圈组织上的线圈大小不均，因此强力较平针组织和罗纹组织小。

（二）集圈类织物在横机上的编织

在横机上，集圈组织可以用不完全退圈法和不完全脱圈法进行编织。

1. 不完全退圈法

在不完全退圈法中，退圈时，织针只上升到集圈高度，旧线圈仍然挂在针舌上。垫纱后，织针下降，新纱线和旧线圈一起进入针钩里，新纱线形成悬弧，旧线圈形成拉长线圈，如图2－29所示。图2－29(1)中织针在退圈时没有上升到退圈最高点，只上升到集圈高度，旧线圈仍挂在针舌上，随后垫入新纱线。在脱圈时，如图2－29(2)所示，针上的旧线圈仍然在针钩里，不能从针头上脱下来，使其针钩内的新纱线不能形成封闭的线圈，只能形成未封闭的悬弧，旧线圈被拉长形成拉长线圈。

由于编织时织针分别处于成圈和集圈两种状态，因此需要有两种走针轨迹。如图2－30所示，图2－30(1)的轨迹1为成圈时的走针轨迹，其

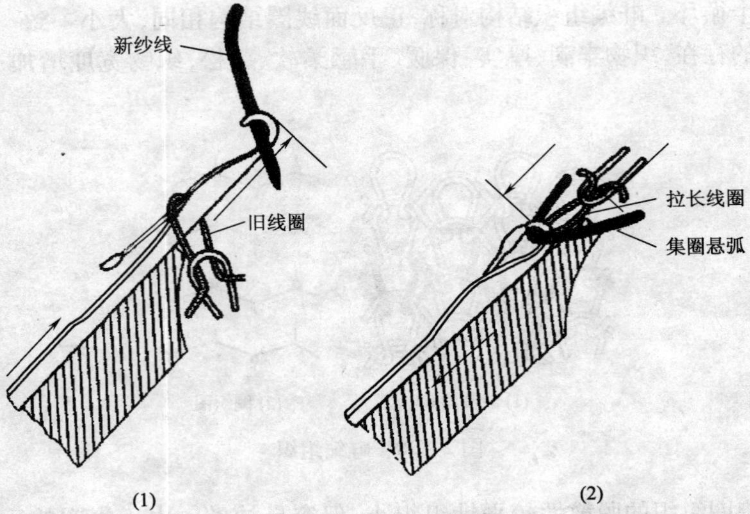

图 2－29　不完全退圈法集圈

最高点为织针完全退圈高度，此时旧线圈处于针杆上[图 2－30(2)]。轨迹 2 为编织集圈的走针轨迹，其最高点为集圈高度，旧线圈不能够从针舌上退下来，但可以钩取新纱线[图 2－30(3)]。

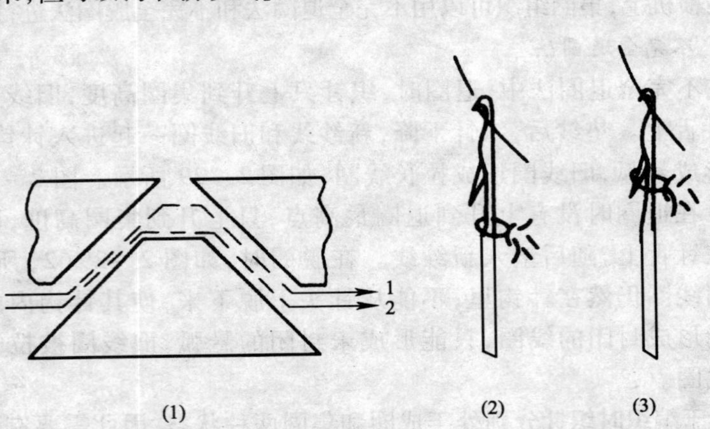

图 2－30　不完全退圈法集圈的走针轨迹

2. 不完全脱圈法

在不完全脱圈法的集圈中，在退圈时，集圈针和成圈针一样，都要上升到退圈最高点，旧线圈也要从针钩里退到针杆上，在垫纱时，织针垫上新纱线，如图 2－31(1)所示。但在下降弯纱时，织针只下降到套圈高度，并不下降到弯纱最深点，旧线圈没有从针头上脱下来，如图 2－31(2)所示。这样，再退圈时旧线圈与新纱线一起退到针杆上，由新纱线形成悬弧，旧线圈形成拉长线圈。

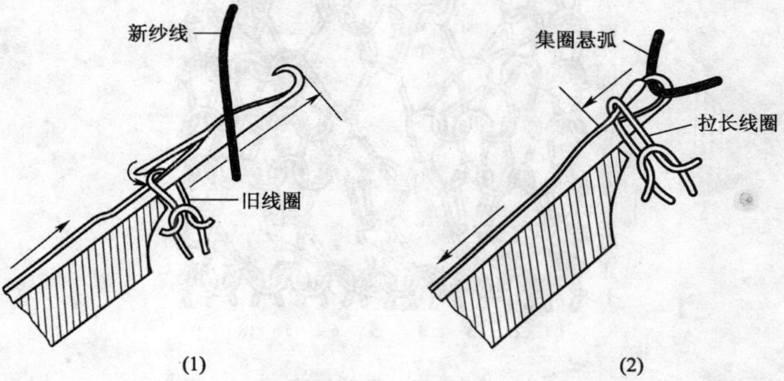

图 2－31　不完全脱圈法集圈

在电脑横机上通常采用不完全退圈法集圈，在手动横机上编织畦编半畦编时常采用不完全脱圈法集圈。不完全退圈法集圈可以通过选针有选择地在某些针上集圈，而目前，不完全脱圈法只能在整个针床的所有针上同时集圈，不能选针集圈。

两种方法所形成的集圈悬弧略有差异，不完全脱圈法形成的悬弧要比不完全退圈法形成的悬弧小些，紧密些。

四、移圈类织物

移圈组织是按照花纹要求，将某些针上的线圈移到与其相邻的针上，从而形成相应的花式效应，如图 2－32 所示。移圈组织是横机编织中一个较有特色的组织结构。在手动横机上一般要通过手工用移圈板来实现，因此只能编织花纹比较简单的织物，否则效率会比较低。在电脑横机上移圈组织可以通过选针移圈自动完成，不仅效率高，花色变化也多。

（一）移圈组织的种类

1. 单面移圈组织

（1）挑花（空花）织物：根据花纹要求，将某些针上的线圈移到相邻针上，使被移处形成孔眼效应，被称为空花或挑花，如图2－32所示。

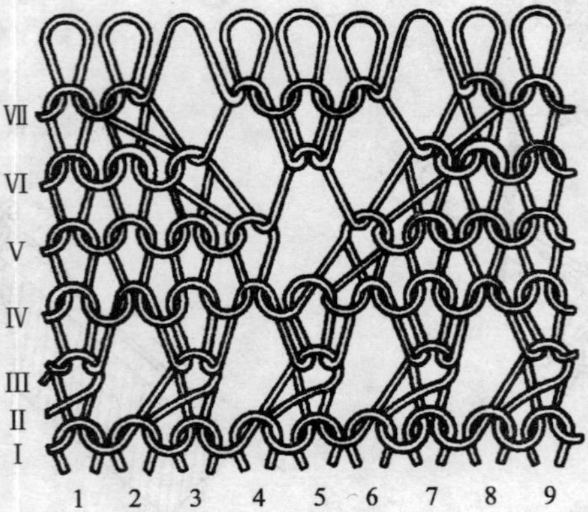

图2－32 挑花织物

（2）绞花织物：如果将两组相邻纵行的线圈相互交换位置，就可以形成绞花效应，俗称拧麻花。根据相互移位的线圈纵行数不同，可编织2×2、3×3等绞花。图2－33所示为2×2绞花的线圈结构图。

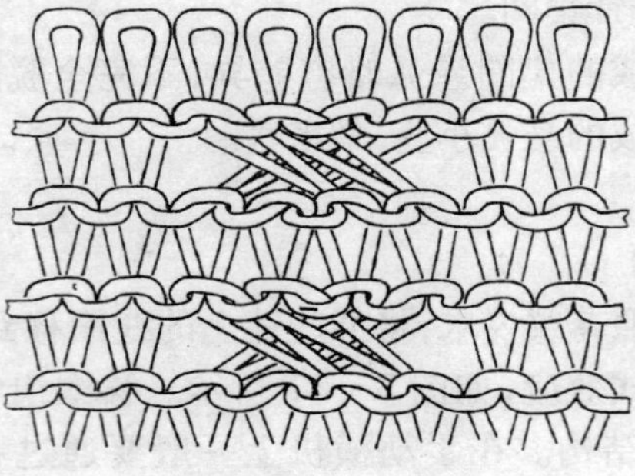

图2－33 绞花织物

（3）阿兰花：利用移圈的方式使两个相邻纵行上的线圈相互交换位置，在织物中形成凸出于织物表面的倾斜线圈纵行，组成菱形、网格等各种结构花型被称为阿兰花，如图 2－34 所示。

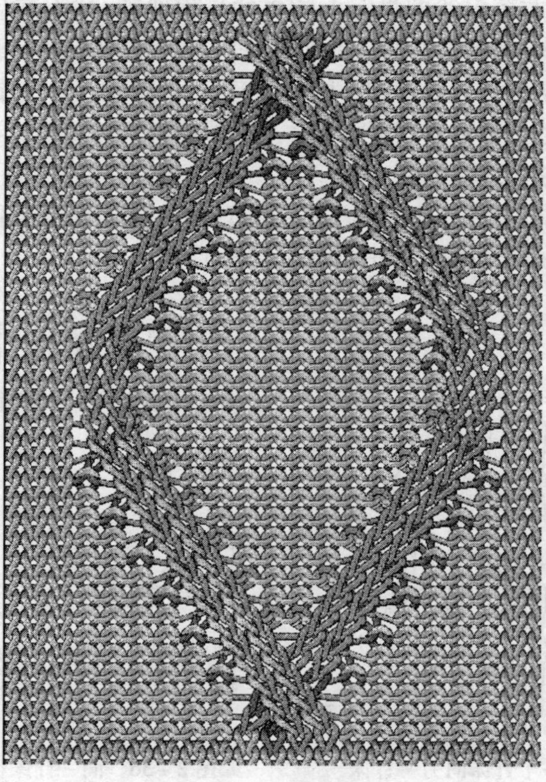

图 2－34　阿兰花

2. 双面移圈组织

双面移圈组织可以在针织物的一面进行移圈，即将一个针床上的某些线圈移到同一针床的相邻针上；也可以在针织物两面进行移圈，即将一个针床上的线圈移到另一个针床与之相邻的针上，或者将两个针床上的线圈分别移到各自针床的相邻针上。

图2－35所示为将一个针床针上的线圈转移到另一个针床的针上所形成的织物结构。正面线圈纵行1上的线圈3被转移到另一个针床相邻的针（反面线圈纵行2）上，从而使正面线圈在此处断开，形成开孔4。在实际织物中，由于罗纹结构的横向收缩，在织物中并不真正形成孔眼，在此处看到的是与正面线圈纵行1相邻的反面线圈，从而产生一种凹凸的效果。图2－36所示为在同一针床上进行移圈的双面纱罗组织。在第Ⅱ横列，同一面两只相邻线圈朝不同方向移到相邻的针上，即针5、7上的线圈移到针3、9上；第Ⅲ横列再将针3上的线圈移到针1上。在以后若干横列中，如果使移去线圈的针3、5、7不参加编织，而后再重新成圈，则在双面针织物上可以看到一块单面平针组织区域。这样在针织物表面就形成凹纹效应，而在两个线圈合并的地方，产生凸起效应。

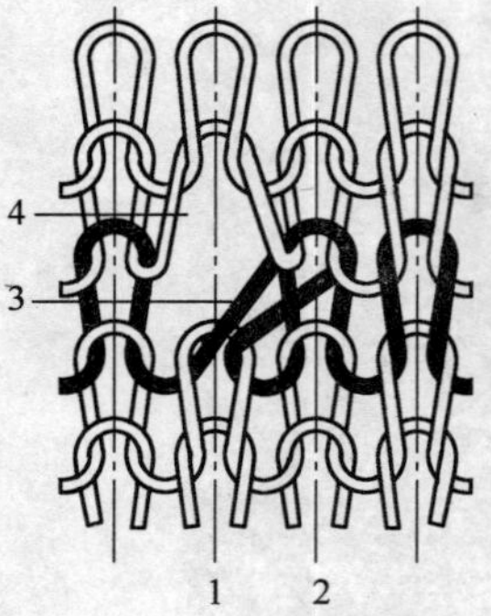

图2－35 一个针床向另一针床移圈的双面纱罗组织

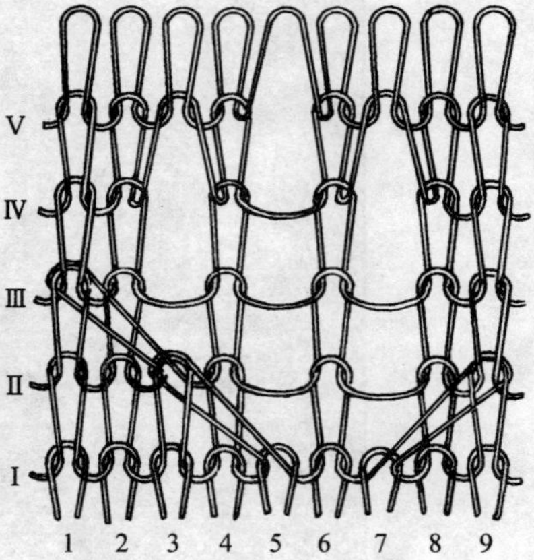

图2－36 同一针床移圈的双面纱罗组织

（二）移圈类织物的特性

移圈组织的基本特性主要取决于形成该组织的基本组织，但在移圈处由于孔眼的存在、线圈的凸起和扭曲，影响到织物的强度、耐磨、起毛起球和钩丝，也使织物的透气性增加。移圈组织可以形成孔眼、凹凸、线圈倾斜或扭曲等效应，如将这些结构按照一定的规律分布在针织物表面，则可形成所需的花纹图案。可以利用移圈组织的移圈原理来增加或减少工作针数，编织成形针织物，或者改变织物的组织结构，使织物由双面编织改为单面编织。

（三）移圈类织物在横机上的编织

编织移圈组织要使用专门的织针，织针上有一个弹性扩圈片，在移圈时接受线圈的织针穿过扩圈片从移圈针上接过被移线圈。现在电脑横机都采用这种织针进行移圈编织。

在电脑横机上的移圈过程如图 2－37 所示。首先，如图 2－37（1）所示，移圈针 1 上升到过退圈高度（移圈高度），旧线圈恰好处于扩圈片位置；在图 2－37（2）中，接圈针 2 上升，将针头插入移圈针的扩圈片中；然后，移圈

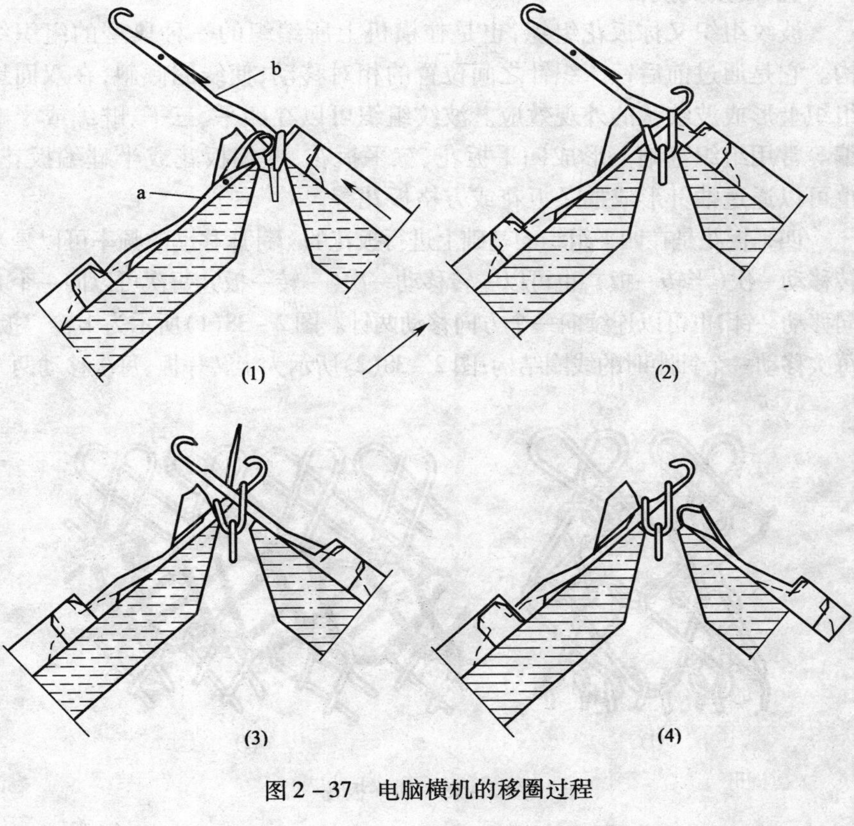

图 2－37　电脑横机的移圈过程

针下降，针上的线圈将针口关闭[图2－37(3)]；最后，随着移圈针继续下降，针上的线圈从针头上脱下来，进入接圈针的针钩里，完成了移圈的动作[2－37(4)]。

在电脑横机上，由于前后针床都可以进行选针编织和移圈，因此两个针床都使用带有移圈片的织针，既可以从前针床向后针床移圈，也可以从后针床向前针床移圈。但是，目前的技术还不能实现同一针床织针之间相互移圈。要想进行这种移圈，必须先将一个针床针上的线圈移到另一个针床的针上，然后横移针床，改变前后针床织针的对位关系后，再将移过去的线圈移回到原来针床的相应织针上，因此，同针床相邻针的移圈在生产中效率较低。

五、波纹类织物

波纹组织又称扳花组织，也是在横机上所编织的一种典型的组织结构。它是通过前后针床织针之间位置的相对移动，使线圈倾斜，在双面地组织上形成波纹状的外观效应。波纹组织可以在四平、三平、畦编或半畦编等常用组织基础上形成四平扳花、三平扳花、畦编扳花或半畦编扳花，也可以通过抽针形成抽条扳花或方格扳花等。

四平扳花是在四平组织的基础上进行扳花的。针床移动的频率可以是半转移动一次(半转一扳)，也可以一转移动一次(一转一扳)，每次可以向一个方向移动一针，也可以连续向一个方向移动两针。图2－38(1)所示为半转一扳，每次移动一个针距时的线圈结构；图2－38(2)所示为半转一扳，每次移动两个

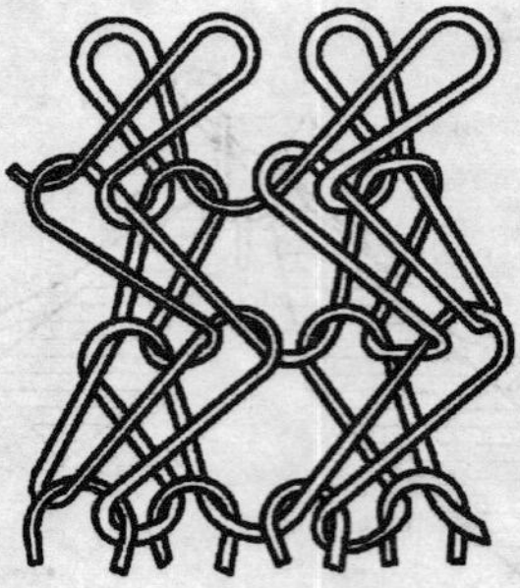
(1)

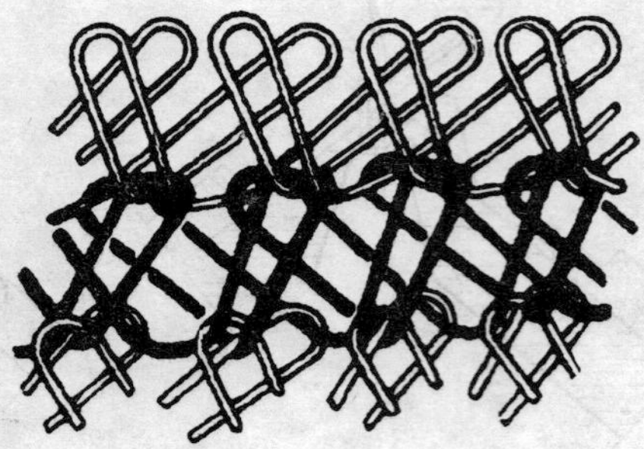
(2)

图2－38　四平扳花

针距时的线圈结构。一般移动一针的效果不明显,移位两针为好。

畦编扳花(图2－39)是在畦编组织的基础上通过移针床形成波纹效应。在畦编扳花织物中,总是没有悬弧的线圈呈倾斜状,倾斜方向同这个针床上针的移动方向一致。因此,要在织物的某一面上得到波纹效果,就要在这一面线圈上没有悬弧的时候移针床。如果一转一扳,织物仅在一面有倾斜效果。如果半转一扳,两面都可以产生波纹效果。

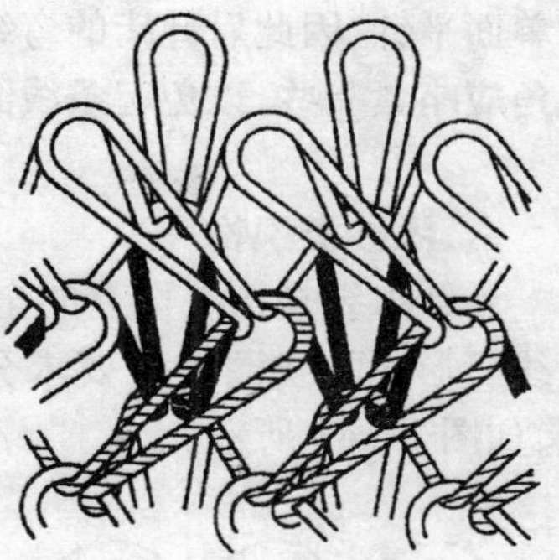

图2－39　畦编扳花

为了增强波纹效果,还可以在罗纹组织中通过抽针进行编织,如图2－40所示。此时在反面有7个线圈纵行,而在正面只有5个线圈纵行,与4′、5′反面线圈纵行对应的正面织针被抽去。前3个横列,正面线圈纵行连续向右移动3次,形成了从左向右的倾斜效果,后3个横列,正面线圈纵行连续向左移动3次,形成了从右向左的倾斜效果。本织物基本组织

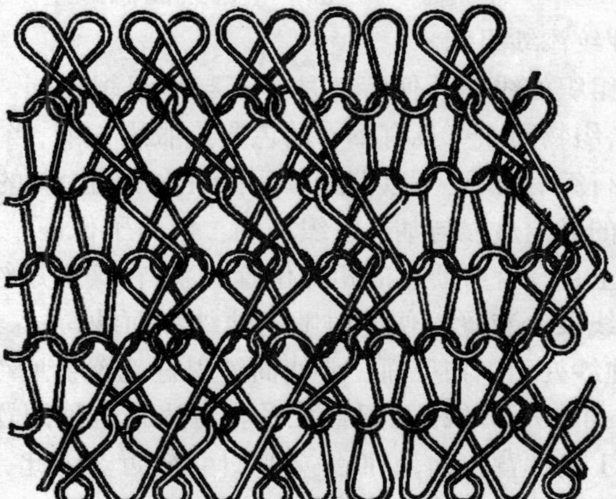

图2－40　四平抽条扳花

为单面平针，因此后针床的弯纱三角应以平针织物为准调节，前针床弯纱三角应略紧一些，以免起条线圈松弛，但也不能太紧，太紧织物会起皱。

六、添纱类织物

添纱组织是指织物上的全部线圈或部分线圈由两根纱线形成，两根纱线所形成的线圈按照要求分别处于织物的正面和反面的一种花色组织，如图 2－41 所示。

图 2－41　添纱组织

全部线圈添纱组织是指织物内所有的线圈都是由两根纱线组成，织物的一面显露一根纱线的线圈，织物的另一面显露另一种纱线的线圈。当采用两种不同色彩和性质的纱线编织时，所得到的织物两面具有不同的色彩和服用性能。图 2－41 所示就是一种平针全部线圈添纱组织，面纱 2 始终显露在织物的正面，地纱 1 始终显露在织物的反面。全部线圈添纱组织还可以罗纹为地组织，形成罗纹添纱组织。

全部添纱组织的线圈几何特性基本上与地组织相同，在用两种不同的纱线编织时，织物两面可具有不同的色彩或服用性能，当采用两根不同捻向的纱线进行编织时，还可以消除单面针织物线圈歪斜的现象。

添纱组织的成圈过程与基本组织相同。但为了保证一个线圈覆盖在另一个线圈之上且具有所要求的相对位置关系，在编织添纱组织时，必须采用特殊的纱线喂入装置以便同时喂入地纱和面纱，并保证使面纱显露在织物正面，地纱处于织物反面。要使面纱很好地覆盖地纱，两种纱线必须保持如图 2－42 所示的相互配置关系。为达到这种配置关系，垫纱时必须保证地纱 1 离针背较远，而面纱 2 离针背较近。因此，在电脑横机上编织面纱组织必须采用特殊的导纱器。

图 2－43 所示为一种电脑横机上编织添纱组织时使用的导纱器。它有两个导纱孔 1 和 2，其中孔 1 用于穿面纱，孔 2 用于穿地纱。从这两个

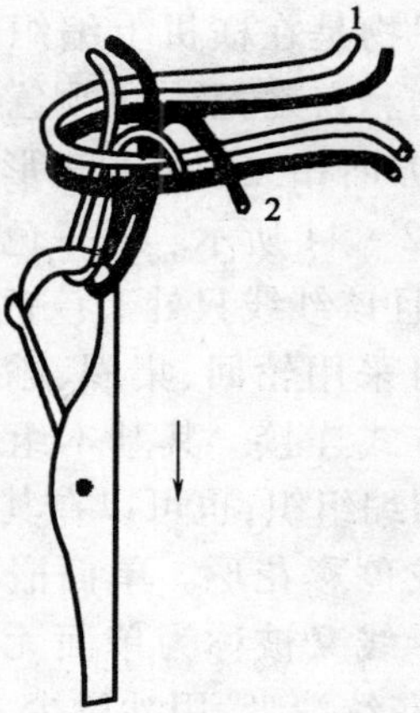

图 2－42　添纱线圈与地纱线圈的配置关系

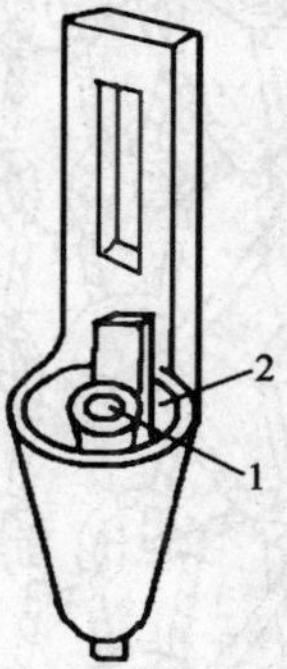

图 2－43　添纱导纱器

孔垫纱至织针上，垫纱角度不同，面纱垫纱横角较小，靠针背，地纱垫纱横角较大，近针钩外侧，从而保证了面纱和地纱的正确配置关系。

在电脑横机上也可以采用在一个成圈系统中带入两把导纱器同时进行编织，形成添纱结构。此时，不管机头向哪个方向运行，必须保证一把导纱器始终在另一把导纱器的前面。为此，有的公司设计出了双导纱器添纱导纱器，即在一个梭箱里有两把导纱器，在运行时一把导纱器始终在前面，一把导纱器始终在后面。这种导纱器与传统的双眼导纱器相比，调节更加灵活方便。

除了垫纱角外，织针和沉降片的外形，纱线本身的性质（线密度、摩擦因数、刚度等）、线圈长度、给纱张力以及牵拉张力等也影响到添纱的位置关系。为了使添纱组织中两种纱线良好的覆盖关系，面纱宜选用较粗的纱线，地纱选用较细的纱线。在电脑横机的编织中，应用最多的是氨纶添纱结构，即在常规纱线编织时加入氨纶纱线进行添纱编织以增加织物的弹性和尺寸稳定性，此时就要保证添纱的可靠性，防止出现反丝。

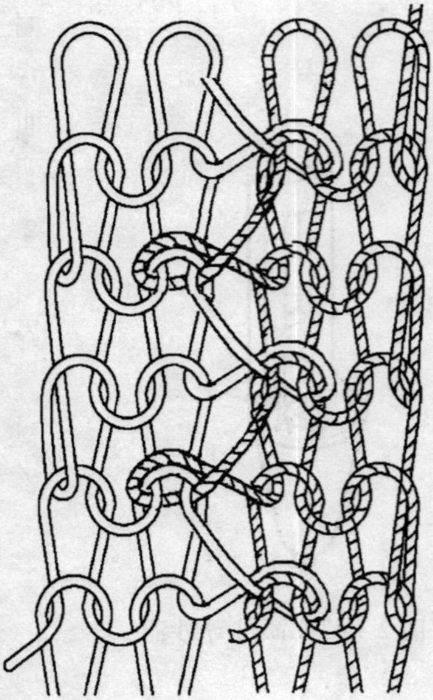

图 2－44　嵌花织物

七、嵌花织物

嵌花织物是在横机上编织的一种色彩花式织物。它是把不同颜色编织的色块,沿纵行方向相互连接起来形成的一种织物,如图 2－44 所示。每一色块由一根纱线编织,且该纱线只处于该色块中。各色块之间可采用轮回、集圈、添纱和双线圈等编织方式连接。其基本组织可为单面或双面纬编组织,也可以在其中再形成各种结构或色彩花形。单面嵌花织物因反面没有浮线又被称为单面无虚线提花织物,因其花纹清晰,用纱量少,为高档的羊毛衫花色织物。该产品可在手动嵌花横机、自动嵌花横机或电脑横机上编织,也可在具有嵌花功能的柯登机上编织。

在电脑横机上编织单面嵌花织物现在都采用集圈连接的方式来连接相邻色块,如图 2－44 所示。

八、楔形编织

楔形编织又称局部编织。在编织时,使有些编织针暂时退出编织,但针上的线圈不从针上退下来,当需要时再重新进入编织,以形成特殊的织物结构。如图 2－45 所示,在第一横列,所有织针都进行编织,然后参加编织的针逐渐减少,但线圈并没有从针上脱掉。到第五横列时,只有两枚针编织,在第六横列,前几横列逐渐退出工作的织针又重新进入工作,参加编织。楔形编织可以在休止横机上编织,也可以在电脑横机上编织。

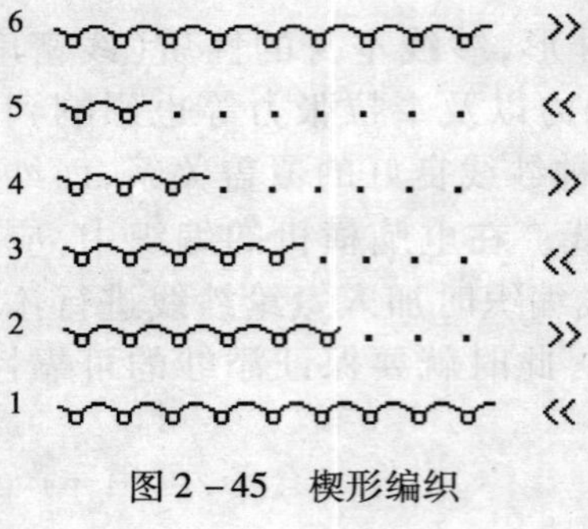

图 2－45　楔形编织

如果采用两种颜色进行楔形编

织，就可以产生图 2 – 46(1) 所示的花形效果。如图 2 – 46(2) 所示，在编织时，先由图中所示的黑色纱线进行编织，参加编织的针逐渐减少；然后再由另一种颜色的纱线逐渐加针进行编织，最后达到所有的织针都参加编织。由于各个纵行两种颜色的纱线所编织的线圈数不同，就形成了图中 2 – 46(1) 所示的楔形色块效果。

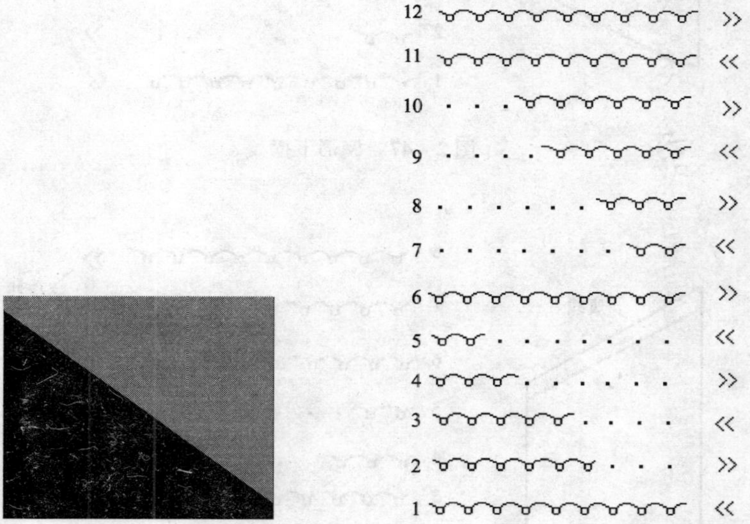

(1)　　(2)

图 2 – 46　两色楔形织物

在衣片起头时，如果在编织若干横列后，将某些针停止工作，然后再逐渐使其进入工作，最后达到衣片所要求的宽度，就可以形成楔形下摆，如图 2 – 47 所示。

如果在肩部采用楔形编织，使参加编织的针逐渐减少处于停止状态，就会形成收肩的效果，如图 2 – 48 所示。这时要在编织完肩部之后，再用废线编织若干横列，以便于缝合和防止脱散。

立体编织又称三维编织，也是利用楔形编织来完成。它可以编织出具有三维结构的成形织物，如弯管、球体、盒体、汽车坐套等，可用作产业

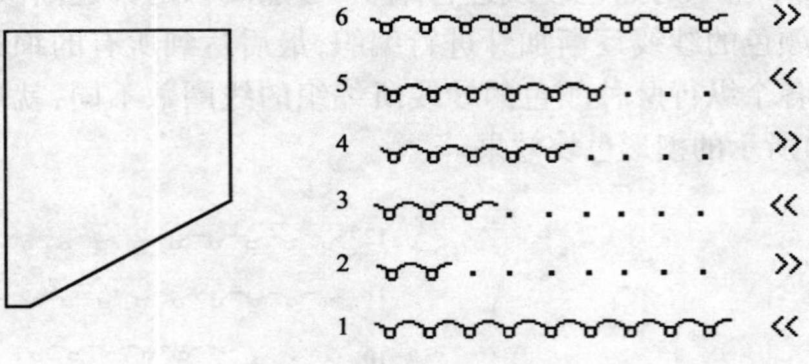

图 2－47　楔形下摆

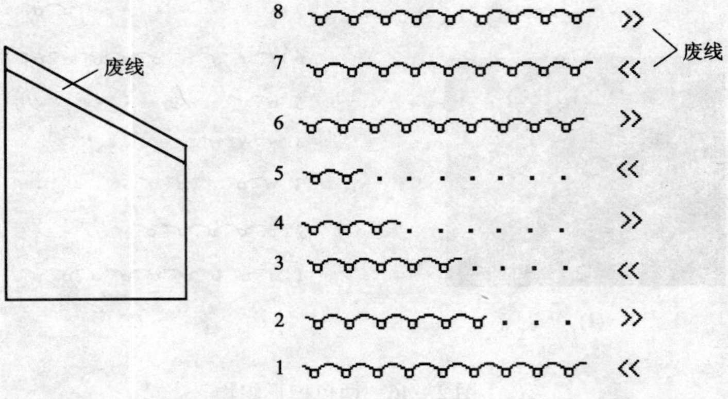

图 2－48　楔形收肩

用复合材料的骨架。贝雷帽是一种常见的三维成形产品。如图 2－49(1)所示，在编织 *DE* 段时，采用持圈式收针，使织针按照所要求的形状逐渐退出工作，但不脱掉线圈，当收到所要求的针数后，所有的针再一起进入工作，编织图中 *DF* 横列，这样就使 *DE* 和 *DF* 连接起来，同理，*AB* 与 *AC* 也是如此。由于纵行之间编织的横列数不同，下机后就形成了图 2－49(2)中所示的形状，由图 2－49(1)中的 *EF* 部分形成帽子的中间尖端，*CB* 部分形成帽子的里圆，*M*—*M* 形成帽子的外圆。

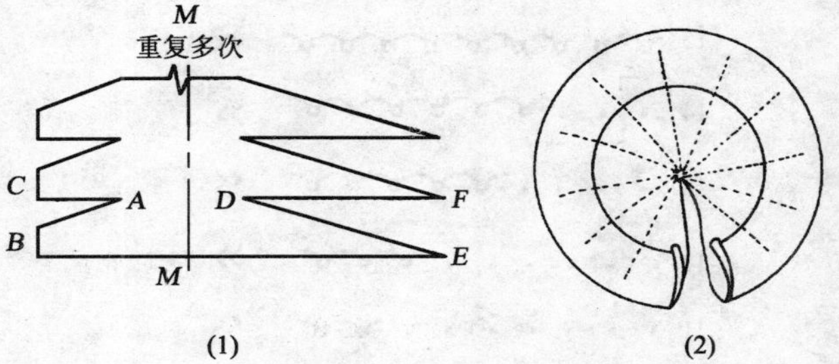

图2-49　贝雷帽的编织方法

九、凸条织物

当一个针床握持线圈，另一个针床连续编织若干横列时，就可以形成凸起的横条效应，如图2-50所示。在图2-50(1)中在第二列编织完一列四平之后，连续在前针床编织 m 横列的单面，然后再编织一个横列的四平。此时，由于在后针床只有两个横列的线圈，而前针床的横列数比后针床多 m 横列，在下机后，这 m 横列的线圈就会凸起，形成凸条。

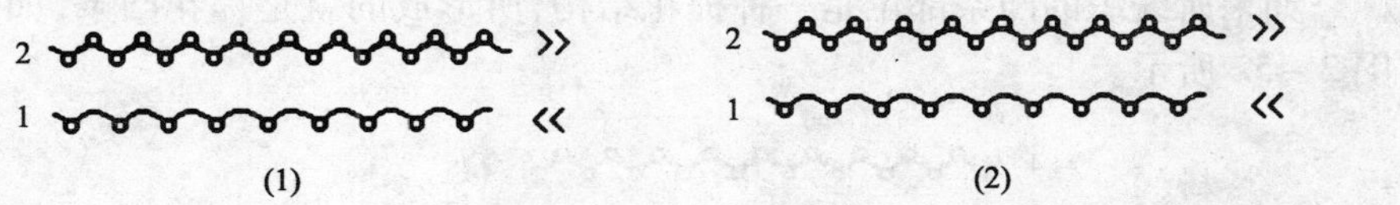

图2-50　凸条

除了可以形成上述整列凸条外，还可以形成局部凸条、斜向凸条和提花凸条等。局部凸条只形成于织物宽度方向上的某个部位，如图2-50(2)所示。斜向凸条是在楔形编织的基础上形成凸条，因此凸条形成倾斜外观，如图2-51所示。

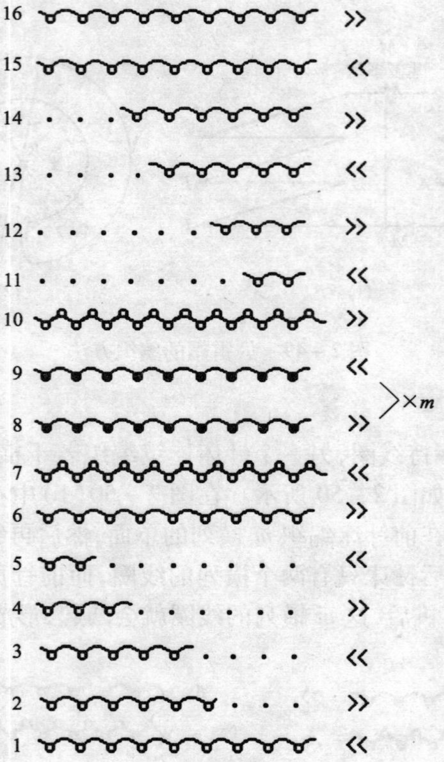

图 2－51　斜向凸条

如果所编织的凸条部位是一种提花结构，所形成的就是提花凸条，如图 2－52 所示。

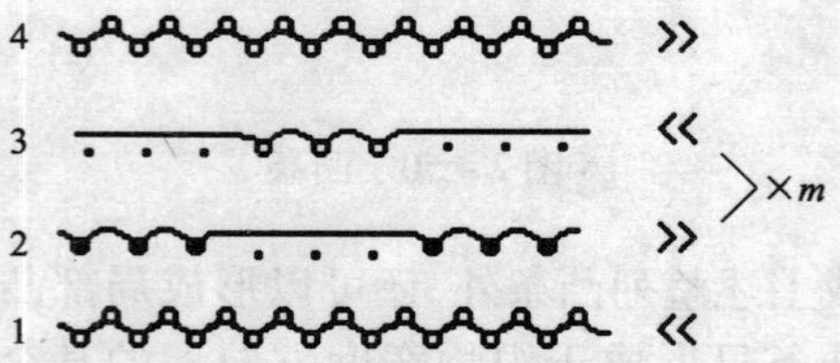

图 2－52　提花凸条

第三章　横机成形编织

横机是一种成形编织机械，它可以在机器上一次性编织出具有一定形状的平面或三维成形衣片，利用新型电脑横机甚至可以在机器上一次性编织出一件完整的衣服，下机后无需缝合或只需少许缝合就可以穿用。

第一节　成形编织方法

一、织物的起口

在计件衣片的编织时，每一件衣片可以在空针上起头编织，也可以分片连续编织。在普通手动横机上，一般都是在空针上起口；在电脑横机上，可以在空针上起头，也可以采取连续计件编织的方式进行编织。

在带有起底板的电脑横机上可以利用起底板在空针上起头编织。在没有起底板的电脑横机上，由于采用了沉降片技术，也可以在空针上起头编织，只是由于牵拉力不够，必须编织一段废纱，直至织物到达牵拉辊时才可正常编织满足质量要求的衣片。在空针上起头的典型编织方法如图3－1所示。

在带有起底板的机器上，首先由弹性纱起底在每个针上挂上纱线后，起底板上升到针间，钩住弹性纱给织物以牵拉，再用废纱编织几个横列的双罗纹或四平，然后用分离纱线编织两横列的分离横列，分离横列一般由线密度较细，但强度较高，表面光滑的纱线编织，以便下机后抽离出去。编织完分离横列之后就可以编织所要求的衣片了。

在没有起底板的机器上通常衣片是连续编织的，这时在衣片和衣片之间也要有一段过渡横列。这段过渡横列与空针起口类似，只是不需要用弹性纱起口，直接用废纱编织。在成形编织时，当衣片的起始横列比衣片的结束横列针数多时，这段过渡横列需要进行加针编织，直至逐渐将针数加至与起始横列相同时再进入下一个衣片的编织。因此，它比带有起

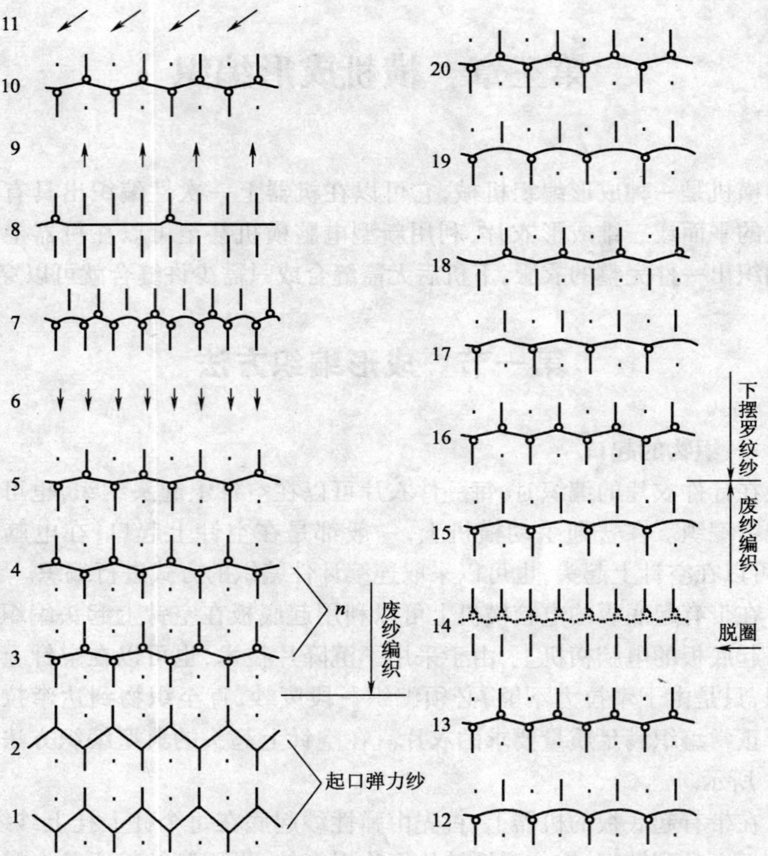

图 3-1 起头编织

底板的机器需要一定的废线损耗。

在编织衣片时,根据要求可以采用 1+1 罗纹(单罗纹)、2+2 罗纹或管状平针(圆筒、空转)等作为织物的下摆。在编织罗纹下摆时,为了防止产生荷叶边,通常要用空转起头,称为起头空转。根据机号和纱线的粗细不同,起头空转一般可选用 1~2.5 转,常用 1.5 转。其中正面编织 1 转,反面编织半转,以使正面向反面略有卷曲,使下摆平顺,如图 3-2 所示。

2+2 罗纹下摆通常采用 2 隔 1 选针,前后针床针槽相错(针对齿)编织，如图3－3第2、第3横列所示。但在空针上起头时，如果采用这种排针，就容易形成大线圈，即相邻两枚针形成一个线圈。为此，一般先将后针床（或前针床）向左（或向右）移动一个针距编织一行1＋1罗纹起头横列，如图3－3第1横列所示，然后再将针床移到正常编织位置编织2＋2罗纹，就可以避免形成大线圈。

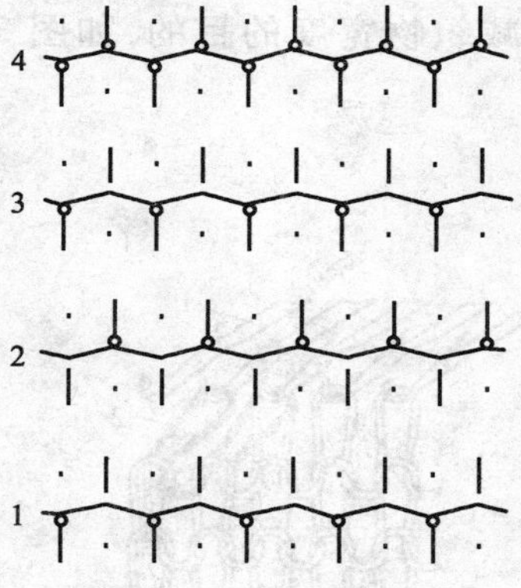

图3－2　起头空转

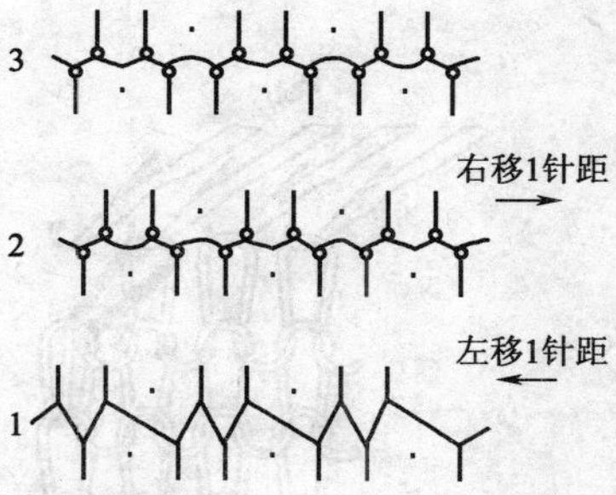

图3－3　2＋2罗纹起口编织

二、翻针

在横机产品的编织时，经常采用双面的罗纹组织编织下摆，而用单面组织编织大身，此时，当编织完下摆之后，通常要将一个针床针上的线圈转移到另一个针床的针上。这一过程称之为翻针。在手动横机中，翻针是用专门的移圈器或翻针器，用手工的方式将线圈进行转移。在电脑横机上可以通过程序控制，用前文所述的带有扩圈片的移圈针，在两个针床针处于移圈对位的情况下，将一个针床上的线圈转移到另一个针床上。

三、成形方法

成形是横机编织的一个重要特点，也是横机能够存在和发展的一个重要原因。横机通过增减参加工作的针数使所编织的产品的宽窄和形状发生变化，从而编织出所要求的形状。

(一)减针

减针是通过各种方式减少参与编织的织针针数,从而达到缩减编织物宽度的目的。减针的方法有收针(移圈式收针)、拷针(脱圈式收针)和握持式收针等。

1. 收针

收针是将要退出工作的针上的线圈转移到相邻针上并使其退出工作,从而达到减少参加工作的针数,缩减织物宽度的目的,如图 3 -4 所示。

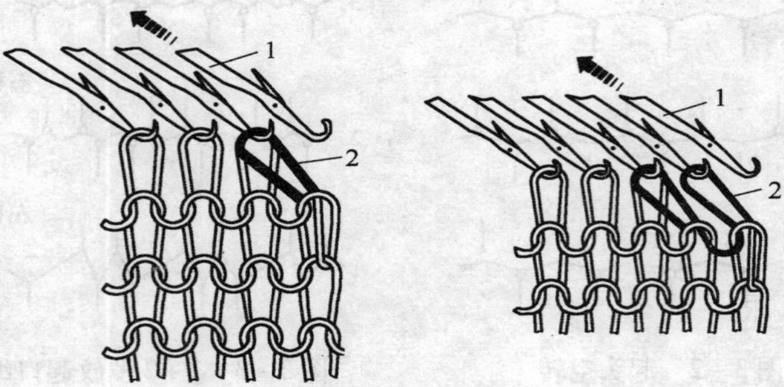

(1) (2)

图 3 -4 收针

根据移圈针数的多少,收针分为明收针和暗收针两种。所谓明收针就是移圈的针数等于要减去的针数,从而在织物边缘形成由退出工作的针 1 上的线圈 2 和原来针上的线圈重叠的效果,如图 3 -4(1)所示。这种重叠的线圈使织物边缘变厚,不利于缝合,也影响缝合处的美观。暗收针移圈的针数多于要减去的针数,从而使织物边缘不形成重叠线圈,而是形成与多移的针数相等的若干纵行单线圈,使织物边缘便于缝合,也使边缘更加美观,如图 3 -4(2)所示。此时要减去的针只有针 1,而被移线圈有两个,最边上的线圈 2 在向里移后并没有产生线圈的重叠。收针可以在织物边缘由移圈线圈形成特殊的外观效果,被称为收针辫子或收针花。收针后织物边缘光滑,线圈不会脱散。在手动横机中,收针是借助于特殊的收针工具由手工直接将一个针上的线圈转移到同针床上的相邻针上；在电脑横机上，一般是先将要转移的针上的线圈移到对面针床的针上，再经移针床之后，将其转回到原针床的另一枚针上。如图 3-5 所示：编织一个横列线圈；将要收去的左右各一枚针上的线圈转移到对面针床的针上；将后针床右移一针，将要收去的线圈再移回到前针床左面第二枚针上，在这枚针上形成重叠线圈（明收针）；将后针床左移一针，将要收去的线圈再移回到前针床右面第二枚针上，在这枚针上也形成重叠线圈。这样就使左右各一枚针成为空针，达到了收针的目的。

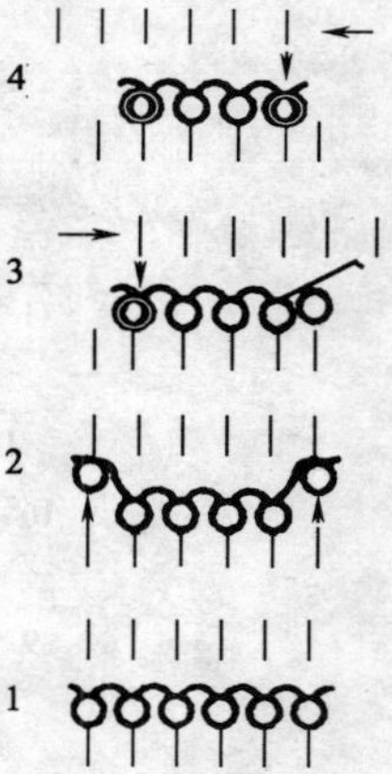

图 3-5　电脑横机收针编织步骤

2. 拷针

在手动横机中，拷针是将要减去的织针上的线圈直接从针上退下来，并使其退出工作，而不进行线圈转移。它比收针简单，效率高，但线圈从针上脱下后可能会沿纵行脱散，因此在缝合前要进行锁边。在电脑横机中，经常将平收针称为拷针，通常用于需要一次收针数较多的情况（如 3 针以上），此时从要收的最外边针逐渐向里边织边收，直至收完所有针为止。这种收针的方法很多，最常用的方法是织 2 针收 1 针，如图 3-6 所示。

（二）放针（加针）

与减针相反，放针是通过各种方式增加参加工作的针数，以达到使编织物加宽的目的。其中明放针和暗放针都是使没有线圈的空针进入工作，而握持式放针则是使前面退出工作但针钩里仍然含有线圈的织针重新进入工作。

如图 3-7(1) 所示，明放针是直接使需要增加的织针 1 进入工作，从空针上开始编织新线圈 2，以使织物宽度增加。如图 3-7(2) 所示，暗放针是在使所增加的针 1 进入工作后，将织物边缘的若干纵行线圈依次向外转移，使空针在编织之前就含有线圈 2，形成较为光滑的织物布边。此时中间的一枚针 3 成为空针。

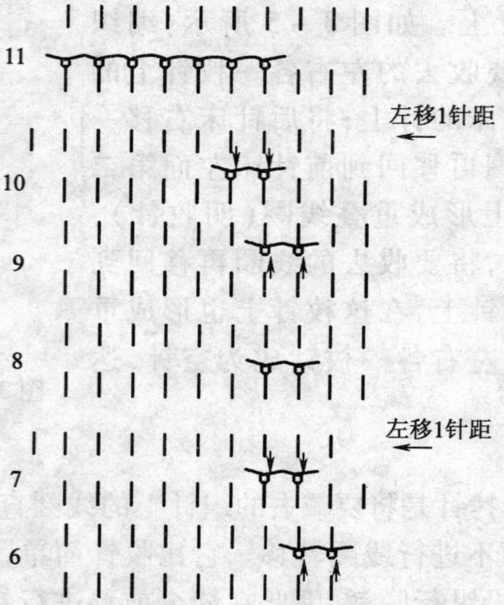

图 3－6　拷针（平收针）

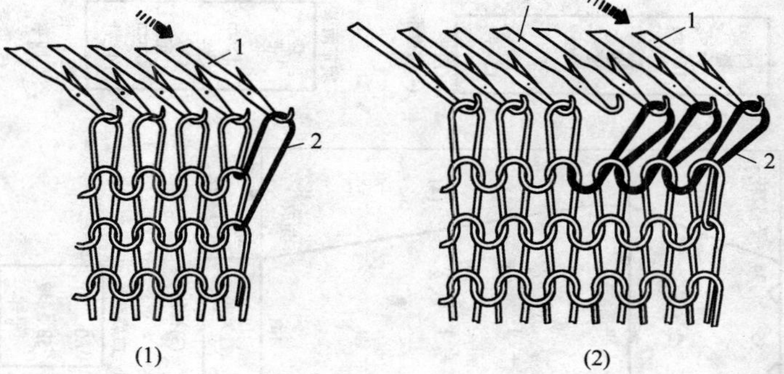

图 3－7　放针

第二节　成形编织工艺

一、平面衣片成形工艺

横机成形编织的最常见方法是平面成形。此时通过翻针和收放针等可以编织出具有一定形状的平面衣片，需经缝合后才能形成最终产品。

图 3－8 为一种男式 V 领开衫的上机工艺单。

在编织时，首先编织衣片的下摆部分，一般衣片的下摆多采用罗纹结构，在编织到所需长度后，进行大身部分的编织。如果大身为平针组织，则要在编织完罗纹下摆之后，将一个针床上的线圈全部转移到另一个针床上。根据所要编织的形状和尺寸要求，大身部分通常由若干块矩形和梯形组成。在编织矩形时，不需要加针或减针，而在梯形部分编织时，就需要根据衣片的形状进行加减针操作。

二、整体服装编织工艺

整体服装的编织方法可以在横机上一次就编织出一件完整的衣服，下机后无需缝合或只需进行少许缝合就可穿用。图 3－9 所示为在电脑横机上编织的带有罗纹领口的长袖套衫。图中 1 为下摆，2 为袖口，3 为大身，4 为袖身，5 为大身与袖子的接缝处，6 为领罗纹。编织时，在针床上

V领平肩男开衫工艺单

客户货号	k001	本厂货号	b001	规格	42	原料	24tex×2	机号	12	成品重	280	设计	1	审核	song	日期	2001.11.12

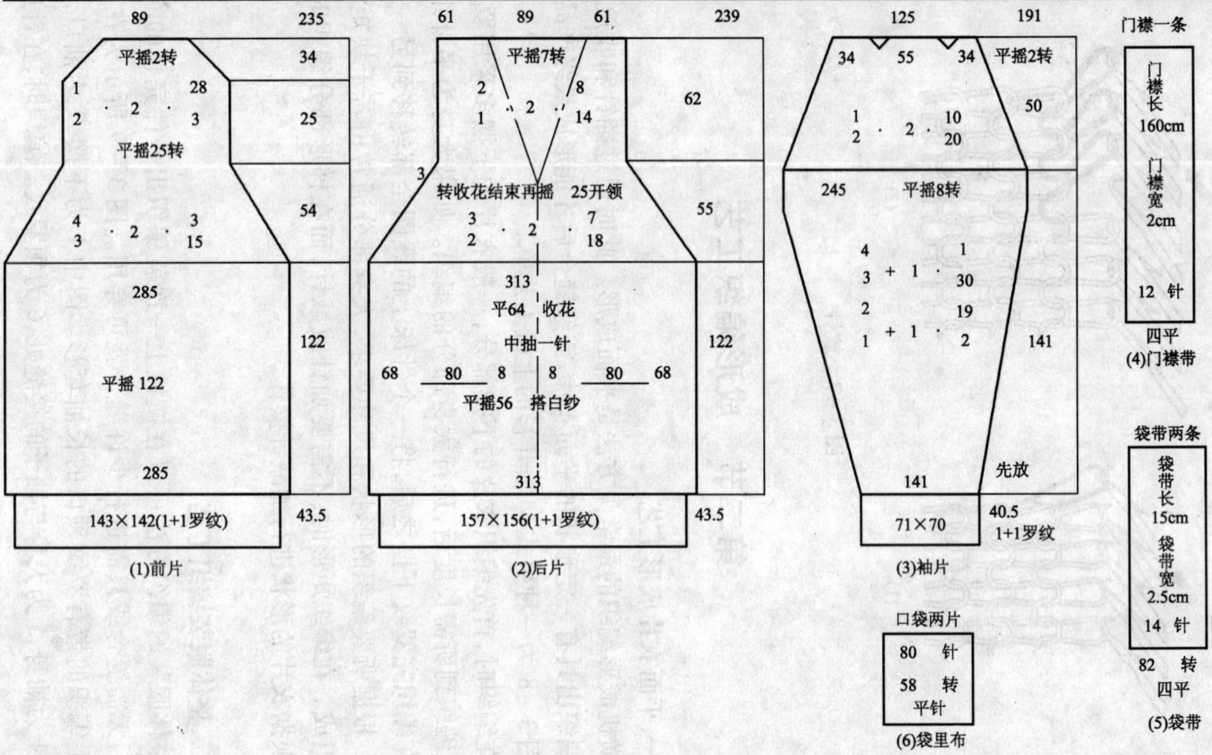

图3-8　男式V领开衫的上机工艺单

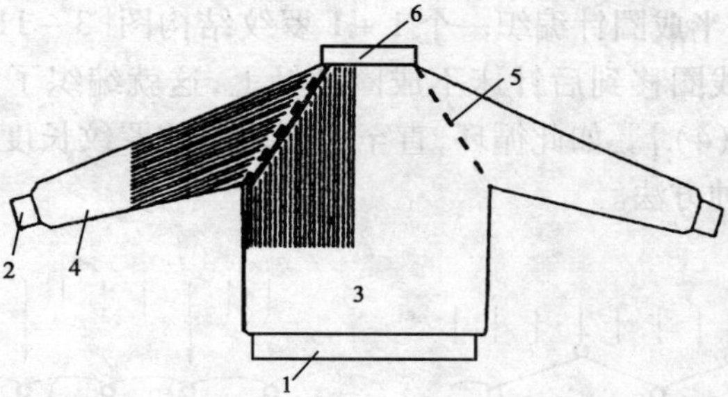

图 3 - 9　整件服装编织顺序

的相应部位同时起口编织袖子和大身，此时袖子和大身编织的都是筒状结构，如图 3 - 10(1)所示。在编织到腋下时，两个袖片和大身合在一起进行筒状编织[图 3 - 10(2)]，直至领口部位，最后编织领口。

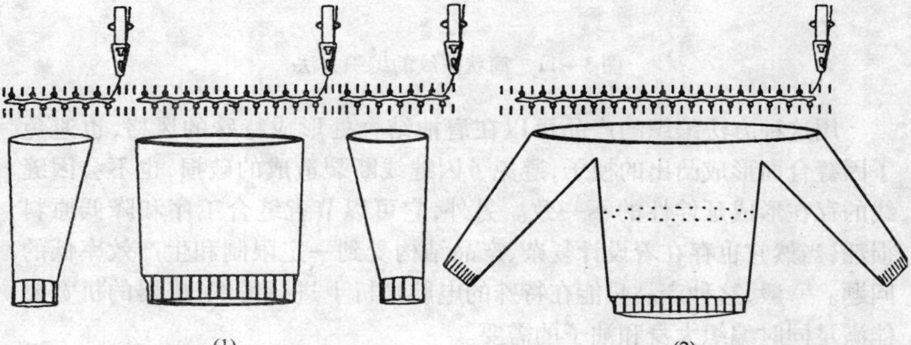

图 3 - 10　整体服装的编织方法

在横机上用两个针床可以很容易地编织筒状平针结构。但是筒状罗纹结构的编织就要复杂得多。图 3 - 11 为筒状罗纹编织的原理图。此时，两个针床针槽相对，每个针床上只有一半针形成线圈，另一半针不形成线圈，只进行接圈和移圈。在编织时，先在两个针床上利用一半的成圈针编织 1 + 1 罗纹结构[图 3 - 11(1)]，并在编织后将后针床上的线圈移到前针床的不成圈针上[图 3 - 11(2)]这样相当于编织了筒状罗纹的一面；再利用另一半成圈针编织一个 1 +1 罗纹结构图［3 -11(3)］，编织后将前针床上的线圈移到后针床不成圈的针上，这就编织了筒状罗纹的另一半［图 3 -11(4)］。如此循环，直至达到所需的罗纹长度。领口罗纹的编织也采取这种方法。

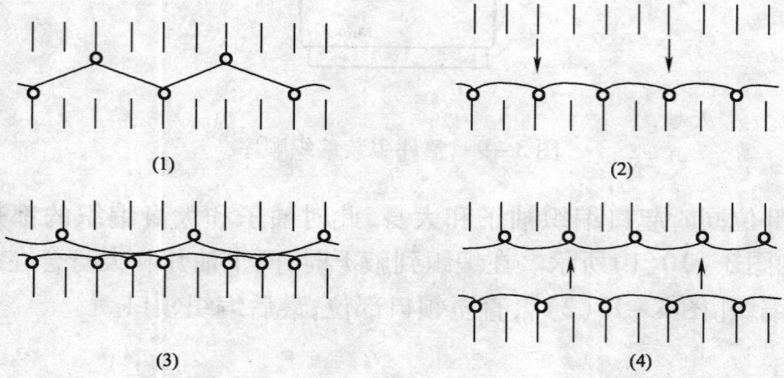

图 3 -11　筒状罗纹的编织方法

用这种方法编织的产品可以在肩袖结合处形成特殊的风格，也避免了因缝合而形成凸出的梗子，避免了因缝线断裂造成的破损，也不会因缝线的存在形成延伸性的不一致。另外，它可以节省缝合工序和降低原料损耗，当然它也存在着设计复杂、产品结构受到一定限制和生产效率低的问题。一般，这种产品只能在特殊的电脑横机上进行编织，机器的机宽要能满足同时编织大身和袖子的需要。

设备篇

电脑横机所有与编织有关的动作(如机头往复横移、变速变动程、选针、三角变换、密度调节、导纱器变换、针床横移、牵拉值调整等)都是由预先编制的程序,通过电脑控制系统向各执行元件(伺服电动机、步进电动机、电子选针器、电磁铁等)发出动作信号,驱动有关机构与机件实现的。因此,电脑横机除了具有自动化程度高,生产效率高,花型变换方便,产品质量易于控制的优点外,其广泛的产品适应性尤其受到生产厂家的青睐。电脑横机的结构因厂家和型号不同各有差异,但按照选针机构来分,主要有多级选针和单级选针两大类,下面分别各选一例进行介绍。

第四章　多级选针电脑横机结构与使用

第一节　基本结构与工作原理

LXC－252SC 型电脑横机是常熟市金龙机械有限公司生产的一种多级选针式电脑横机。该机采用超大规模集成电路和 CMOS 芯片结合 PWM 技术的计算机控制系统、先进的伺服控制技术、步进驱动技术、机械传动技术、光电、脉冲电磁铁技术相结合实现对机器的自动控制和操作。LXC－252SC 型电脑横机的基本结构如图 4－1 所示。

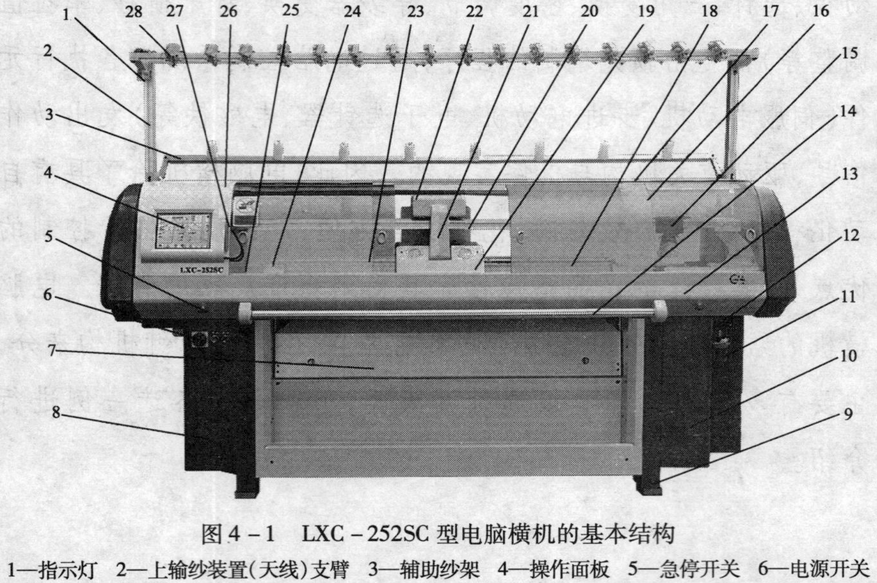

图 4－1　LXC－252SC 型电脑横机的基本结构

1—指示灯　2—上输纱装置(天线)支臂　3—辅助纱架　4—操作面板　5—急停开关　6—电源开关　7—起底板系统　8—左侧电器箱　9—机架　10—装饰箱　11—供油润滑系统　12—主、副电动机　13—前护板　14—操纵杆　15—导纱器(纱嘴、乌斯)组合　16—有机玻璃护罩　17—置纱板　18—针床(针板)　19—机头(三角系统)　20—导纱器轨道(天杠)组合　21—机头桥臂(天桥)　22—换梭系统　23—沉降片(信克片)床　24—剪刀系统　25—针床基座　26—显示器护罩　27—触摸笔　28—上送纱控制装置(电子天线台)

除图中所示组件外，LXC－252SC 型电脑横机还包括副牵拉（拉布）系统、摇床组合、侧送纱张力装置、主传动系统、辅助送纱器、配电盘组合等。

一、针床与三角组件及其配置

（一）织针与选针机件

1. 织针

该机采用的是带有扩圈片的织针，如图 4－2 所示，它由两个单独部件组成：针杆与针舌。它是用优质钢片冲压而成，各部分的名称和作用如下：

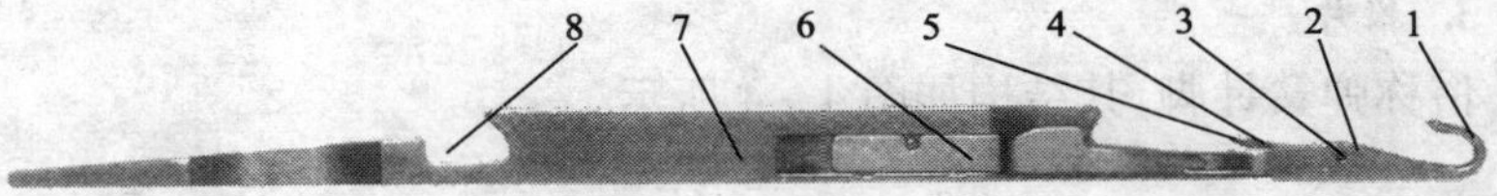

图 4－2　织针图

（1）针钩（针头）1：在成圈过程中钩住纱线。

（2）针舌槽 2：在针杆上铣削加工而成，用于安装针舌。

（3）针舌销 3：针舌转动轴。

（4）针舌 4：在成圈时可以绕针舌销转动用以打开或关闭针口。

（5）针舌勺 5：当针舌向上转动关闭针口时，盖住针钩端部，保证了在脱圈时线圈顺利滑过针头。

（6）扩圈片（移圈推片）6：在移圈时将移圈针上的线圈撑开，以使接圈针插入推片和移圈针体之间，也就是进入线圈之中，当移圈针退下后，将线圈留在接圈针的针钩内。

（7）针杆 7：织针的本体。

（8）联接缺口 8：用于与挺针片连接起来，以使两者共同运动。

2. 挺针片

俗称长针脚，其结构如图 4－3 所示。

挺针片靠其片头（联接头）1 通过织针的联接缺口将挺针片和织针联接在一起。挺针片有两个片踵，分别是移圈片踵 2 和编织、集圈片踵 3，在

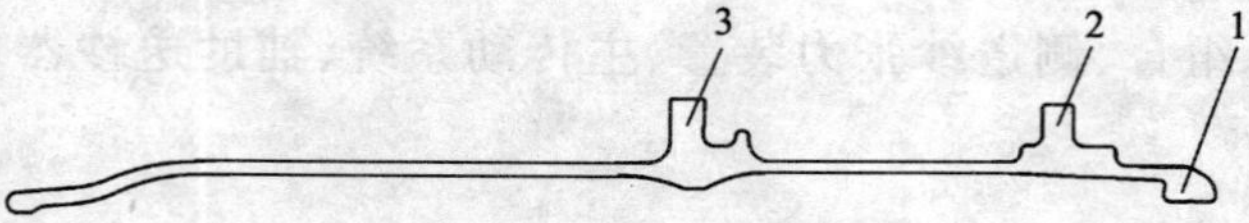

图4-3 挺针片

1—片头(联接头) 2—移圈片踵 3—编织、集圈片踵

机头的挺针片三角轨道中运动,推动挺针片上升或下降。挺针片的针杆有一定的弹性,当挺针片不受压时,片踵伸出针槽,可以沿机头中的三角运动并推动织针上升或下降,完成相应的编织动作;当挺针片受压时,片踵进入针槽里,不与三角作用,其上的织针就不能上升或下降。

3. 推片

俗称弹簧针脚,其结构如图4-4所示。

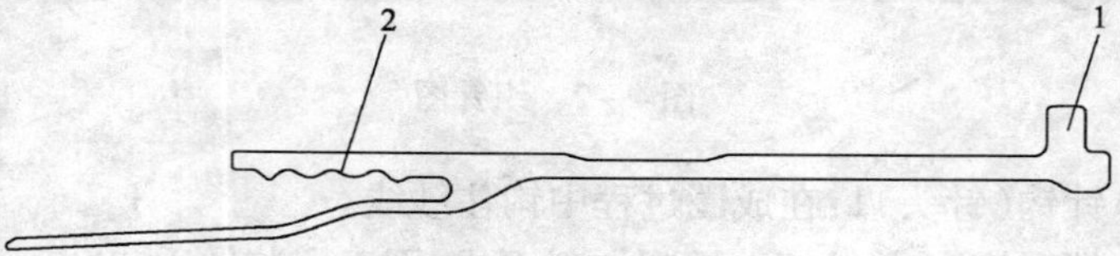

图4-4 推片

1—片踵 2—限位槽

推片位于挺针片上方,其片踵1受机头三角系统中各种压片的控制。当片踵受压时,位于其下方的挺针片片踵进入针槽里,使其不与三角作用;当片踵不受压时,位于其下方的挺针片片踵伸出针槽,随三角运动并推动织针工作。推片下部的限位槽2可以根据编织要求将推片固定在某一高度位置,分别为B、H、A位,其具体功能后文详述。

4. 选针片

俗称选针脚,其结构如图4-5所示。

选针片有三个片踵和一个选针齿(该机选用六档齿选针片,每片只留一种高度的选针齿)。其中下片踵1沿机头里的三角轨道运动,推动选针片沿针槽上升,从而由后片踵3将推片推至A、H、B三种不同工作位置,使织针达到不同的编织要求;上前片踵4用于将升上去的选针片压回到

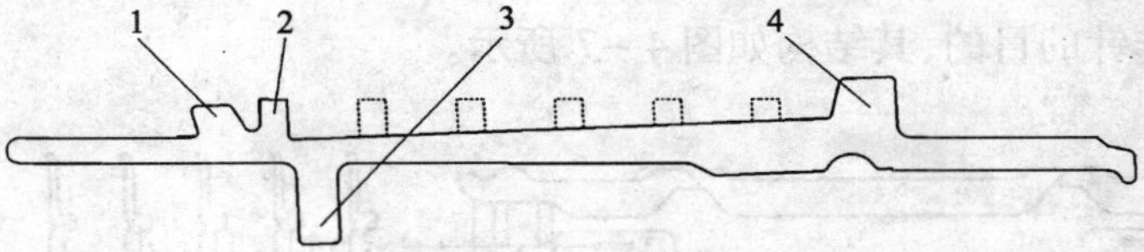

图 4－5　六档选针片

1—片踵　2—选针齿　3—后片踵　4—上前片踵

起始位置；选针片上的选针齿 2 受机头上选针器的选针摆片控制。如图 4－6 所示，选针摆片与选针片齿相对应，也有 6 档不同高度，当某一档选针摆片处于正常位置时，同档的选针齿被压下，相应的织针处于不工作状态，如图 4－6(1)所示；当某一档选针摆片向上摆动时，同档的选针齿不被压下，下片踵 1 在三角的作用下推动选针片上升，并将推片（弹簧片）推至不同高度，进入相应的工作状态，如图 4－6(2)所示。

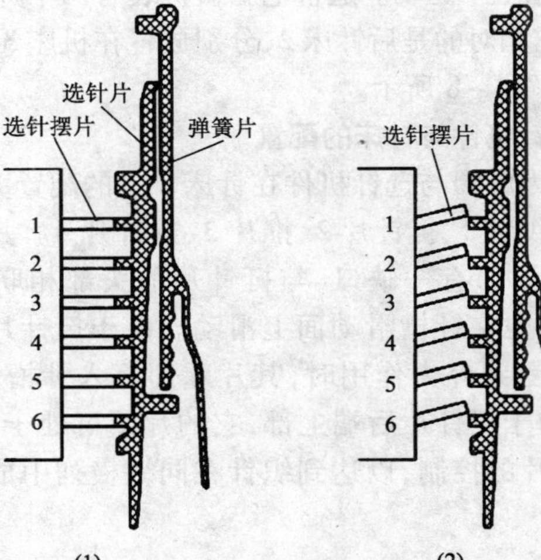

图 4－6　选针状态图

选针片上的选针齿共有 6 档（又称六段针脚），每片选针片只有一档选针齿，可以排列为“/”或“\”，与此六档选针齿相配合的是六档选针摆片,它们成一一对应的关系,通过六档选针摆片对选针齿的作用和不作用来达到选针的目的,其结构如图 4-7 所示。

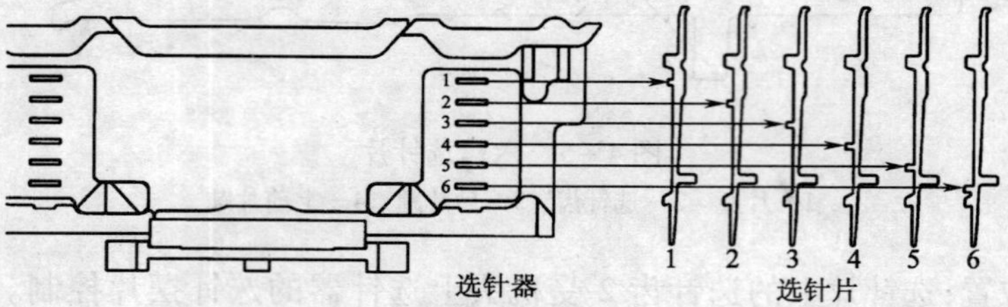

图 4-7 选针器与选针片片齿对应关系

(二)针床

针床由一块长方形钢板制成。在针床上镶有很多平行排列的可更换钢片,在钢片与钢片之间形成针槽,织针和其他选针机件被顺序地排列在针槽中,可以沿针槽上下运动。通常电脑横机装有两个针床,靠近操作者的是前针床 1,与它相对的是后针床 2,分别放置在机座 3 的两边,两个针床夹角为 100°,如图 4-8 所示。

(三)织针、选针机件与针床的配置

图 4-9 所示为成圈与选针机件在针床 5 上的配置关系。在同一针槽中,同时排列着织针 1、挺针片 2、推片 3、选针片 4。其中织针在针槽滑动面上滑动,其尾部有一缺口,与挺针片的头部相联结配合成为一体。挺针片的尾部也在针槽滑动面上滑动。由于挺针片具有一定的弹性,当它的后半部受到外力作用时,其片踵即沉入针槽内,从而使织针退出工作。推片位于挺针片后端上部,它的片踵可处于 A、B、H 三个位置,并受机头上压片的控制,以达到织针在同一横列中成圈、集圈、不编织三种状态。

(四)三角系统

三角系统的平面结构如图 4-10 所示,每个针床的三角由两个编织系统 S1 和 S2,两个移圈系统 T1 和 T2,四个选针系统 C1、C2、C3 和 C4 组成。

以前三角系统为例,图 4-10 中各部件的名称及作用如下:

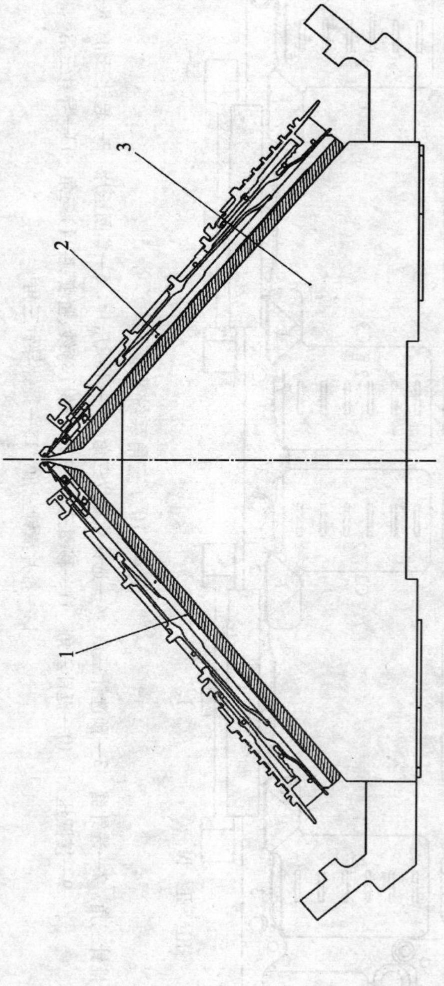

图 4－8　针床配置侧视图

1—前针床　2—后针床　3—机座

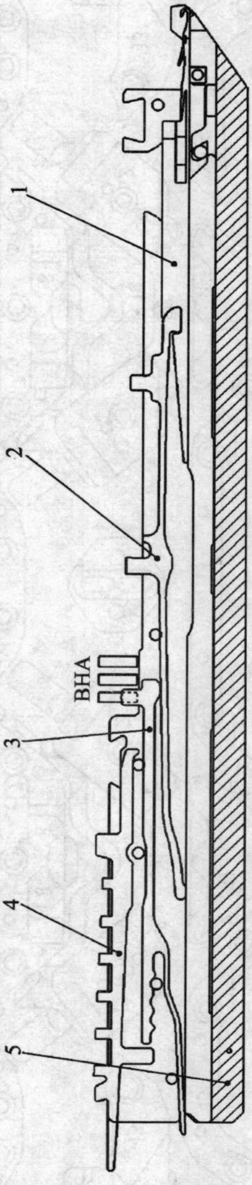

图 4－9　成圈与选针机件配置图

1—织针　2—挺针片　3—推片　4—选针片　5—针床

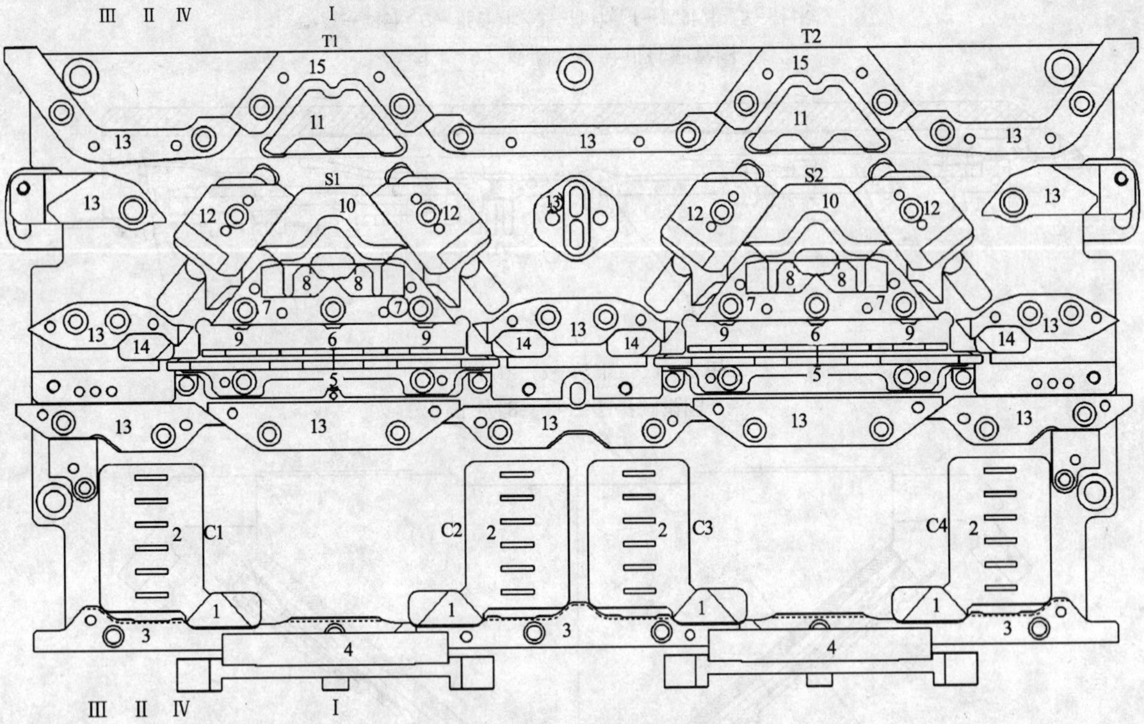

图 4-10 三角系统平面图

1—推针三角 2—选针器 3—预选针三角 4—选针片复位三角 5—不织压片 6—集圈压片 7—起针三角 8—接圈三角 9—接圈压片 10—挺针三角 11—移圈三角 12—压针(弯纱、密度、度目)三角 13—导针三角 14—推片清针三角 15—翻针导针三角

(1)推针三角1:它活嵌于三角底板的凹槽内,可垂直于三角底板运动。作用于选针片片踵,选针片沿其上升时可将推片推往A位(图4-9)。

(2)选针器2:它有六档选针摆片,每档对应一档选针齿,每档选针摆片分别由相应的电磁铁控制上下摆动。上摆时,不压选针片,选针片可沿三角上升进行选针;下摆时,压选针片,被压入的选针片不能沿三角上升选针。

(3)预选针三角3:它固定在选针母板上,其作用是使经选针器选出的选针片沿其上升并将推片推至H位(图4-9)。

(4)选针片复位三角4:使那些被选针器压进去的选针片抬起回到待选位置。

(5)不织压片5:它固定在压针脚固定座上,作用于B位(图4-9)的推片,其上的织针不工作。

(6)集圈压片6:它安装在压针脚固定座上,可前后摆动,作用于H位置(图4-9)的推片,使相对应的织针集圈。

(7)起针三角7:它固定在三角底板上,被选上的挺针片可沿其上升到集圈高度。

(8)接圈三角8:与起针三角联体,翻针时其上的织针被推至接圈高度。

(9)接圈压片9:它安装在压针脚固定座上,可垂直于三角底板运动。作用于H位的推片,使相对应的织针接圈。

(10)挺针三角10:活嵌于三角底板上的凹槽内,可垂直于三角底板运动,作用于挺针片将织针推到退圈高度。

(11)移圈三角11:活嵌于三角底板上的凹槽内,可垂直于三角底板运动,与挺针三角形成跷跷板式的运动,移圈织针沿其上平面上升到移圈高度,同时接圈织针沿其下平面导向向下。

(12)压针(弯纱、密度、度目)三角12:活嵌于三角底板上,由步进电动机控制,可上下移动以调整弯纱深度,改变织物密度。

(13)导针三角13:固定于三角底板上,起导针、护针作用。

(14)推片清针三角14:活嵌于三角底板凹槽上,可垂直于三角底板运动,将处于 H 位的推片推至 B 位。

(15)翻针导针三角 15:它固定于三角底板上,与移圈三角 11 同时使用,使上升到移圈位置的针下降。

二、选针与编织原理

(一)选针工作原理

在电脑横机的整个工作过程中,选针工作是关键。该机通过两次选针实现三功位编织的功能。由于两个系统只采用 4 套选针器,因此,上一编织行程需要为下一编织行程进行预选针。例如,当机头从左向右运行时,C1 选针系统会为下一行程第一成圈系统的编织进行第一次选针,被选上的选针片沿左边的预选针三角上升,将相应的弹簧推片推至 H 位。在下一行程,机头从右向左运行时,C1 选针系统进行二次选针,对在上一行程被 C1 选针系统预选上的选针片再进行一次选择,被选上的选针片沿左边的第一个推针三角再上升一级,从而把它上面的推片推到 A 位。而那些没有被选上的选针片既不沿预选针三角上升,也不沿推针三角上升,其上的弹簧推片就处于 B 位。

图 4 - 11 所示是织针到达图 4 - 10 中的 Ⅰ—Ⅰ 部位时的针床截面图,它表示选针前的准备。随着机头向右移动,选针片底部被复位三角 4 推出,选针片片齿露出针床表面,等待选针,此时左边的推针三角 1 退出工作。

图 4 - 12 是织针到达图 4 - 10 中的 Ⅱ—Ⅱ 部位时针床的截面图,它表示选针的开始。选针与不选针有两种状态:如果不选针,选针器的选针摆片下摆,正处于六档选针片的片齿上,如图 4 - 12(1)所示,选针片被压入针槽,选针片的片踵不露出针床表面;如果选针,选针器的选针摆片上摆,不与选针片的选针齿接触,如图 4 - 12(2)所示,选针片仍保留原状态,开始进入选针。

图 4 - 13 所示是织针到达图 4 - 10 中 Ⅲ—Ⅲ、Ⅳ—Ⅳ 部位时的截面图,它表示选针的结果。在 Ⅲ—Ⅲ 位置时,被压入针槽的选针片的片踵不能沿预选针三角上升,推片处于 B 位,如图 4 - 13(1)所示;而未被压入针槽的选针片的片踵沿预选针三角上升,从而把推片由 B 位推到 H 位,如

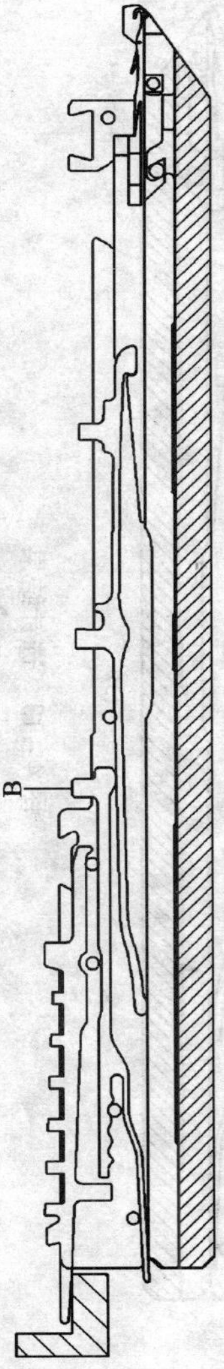

图 4-11　选针准备

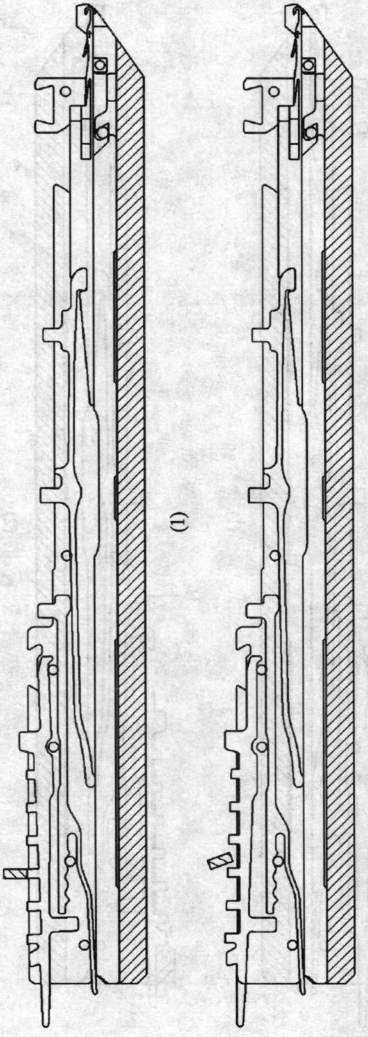

(1)

(2)

图 4-12　选针

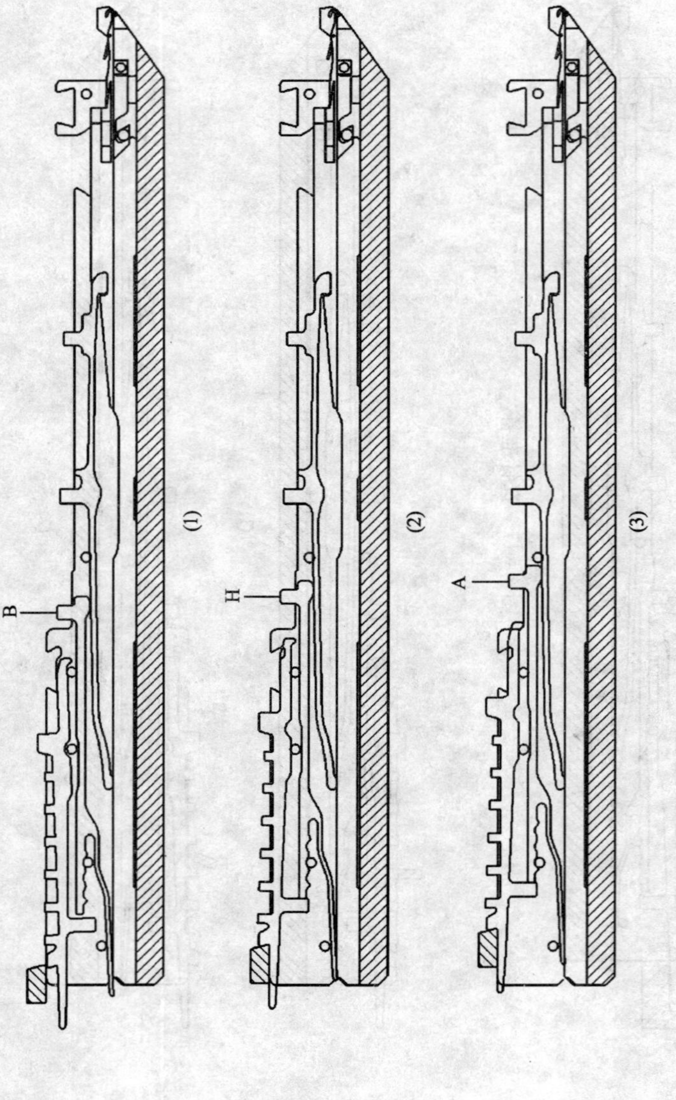

图 4-13 选针结果

图4-13(2)所示。然后，机头调头向左运行，在位置Ⅳ—Ⅳ再次选针，推针三角进入工作，作用于被选上的选针片，将推片由H位推至A位，如图4-13(3)所示。

机头继续向左运行，C2选针器为第二成圈系统进行第一次选针，被选上的选针片沿中间的预选针三角3上升，推动弹簧推片上升到H位，C3选针器为第二成圈系统进行第二次选针，被选上的选针片沿相应的推针三角1上升，推动弹簧推片上升到A位。经过最后一个选针器C4时，它将为下一个行程进行预选针，被选上的选针片沿右边的预选针三角3上升，推动弹簧推片上升到H位，以便下一个行程的编织。

(二)编织工作原理

电脑横机能使织针在一个横列内达到编织、集圈和不编织三种工作状态。这三种工作状态是根据每枚织针对应的推片所处的位置(A、H、B)与不织压片、接圈压片、集圈压片的运动位置配合实现的。在编织过程中，未被选上的选针片所对应的推片处于B位，相应的织针不参加编织；只经过一次选针(预选)的选针片所对应的推片处于H位，相对应的织针参加集圈或接圈；经过两次选针的选针片所对应的推片处于A位，相应的织针参加成圈或移圈。因此，电脑横机具有以下几种编织状态：不织、成圈、集圈、既成圈又集圈、移圈、接圈、既移圈又接圈(前后对翻)。

下面以一个编织和移圈系统为例，说明各编织状态的原理。

1. 不编织

图4-14是不编织走针轨迹图。当选针片不被选上时，推片处于B位，推片的针踵被不织压片压入针槽，相应针槽里的挺针片的下片踵也被压入针槽，挺针片不与起针三角作用，织针处于初始位置不进入编织轨道。

2. 成圈

图4-15是成圈走针轨迹图。移圈三角缩入三角底板，当选针片在第二次选针被选上时，推针三角将选针片推到最高点，相应的推片被选针片推到到A位，相应针槽里的挺针片始终不被压入针槽，从而带动织针沿

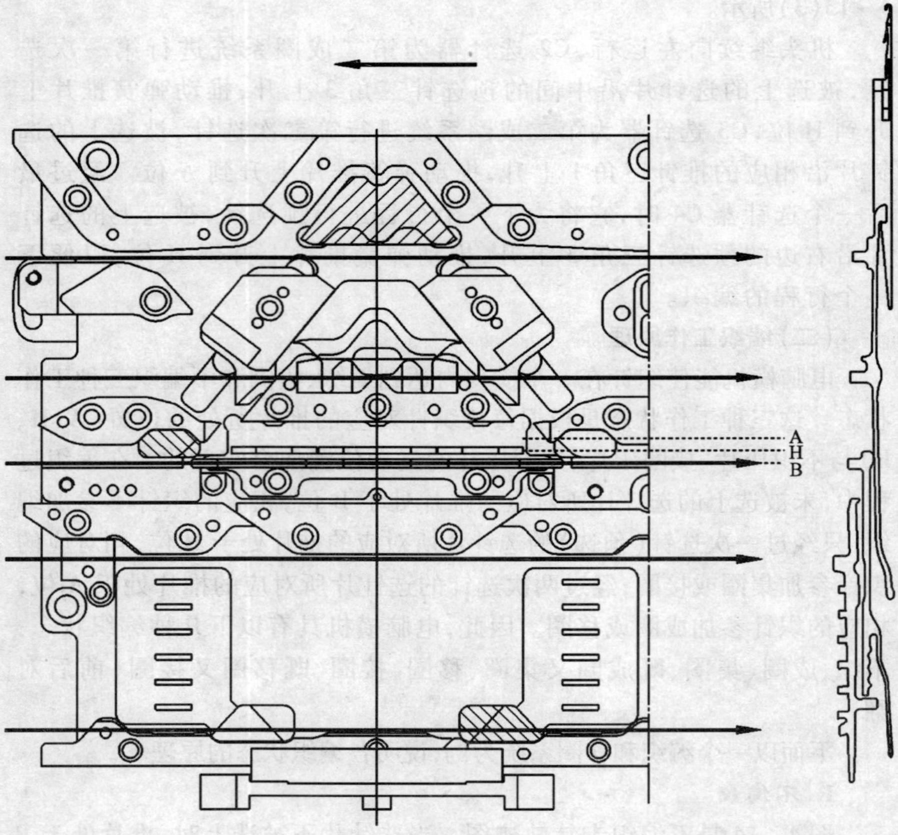

图 4－14　不编织走针轨迹图(斜线阴影的三角缩入三角底板)

起针三角上升到集圈高度后,再沿挺针三角上升完成退圈,之后沿弯纱三角下降完成编织。相应的选针片沿导针三角、选针片复位三角回复到初始位置。

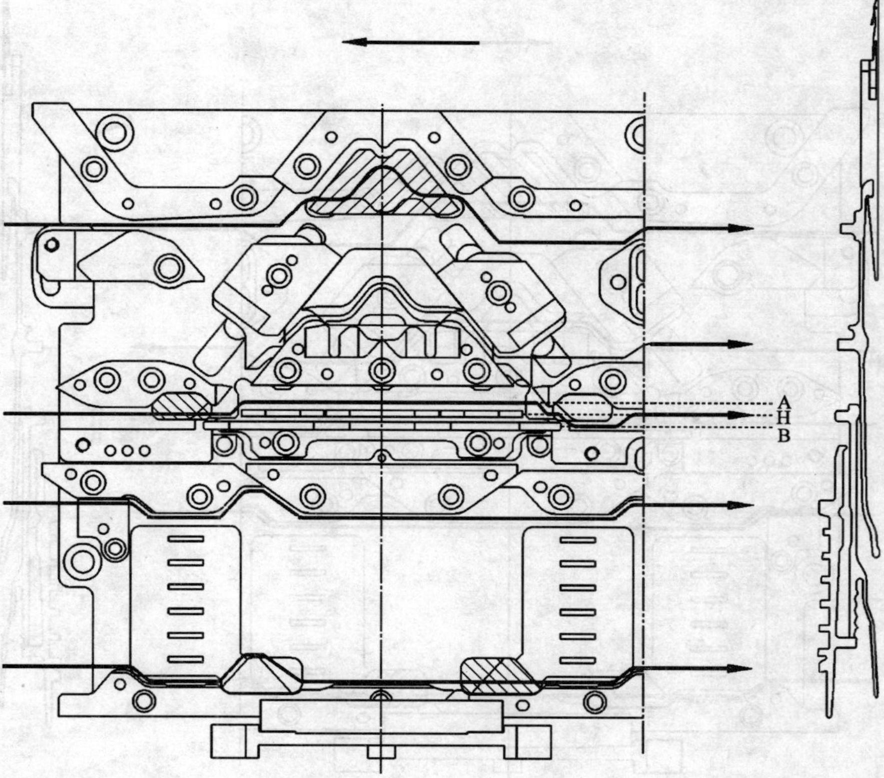

图 4-15　成圈走针轨迹图(斜线阴影的三角缩入三角底板)

3. 集圈

图 4-16 是集圈走针轨迹图。此时,移圈三角和左、右接圈压片缩入三角底板,在第一次选针被选上的选针片沿预选针三角上升推动相应的推片到 H 位,由于处于 H 位的推片在经过集圈压片时,推片上的片踵被压入针槽,所以,相应针槽里的挺针片带动织针沿起针三角上升到集圈高度后,挺针片的下片踵也被压入针槽,挺针片不再沿挺针三角上升,而是停留在集圈位置沿弯纱三角下降,完成集圈编织。

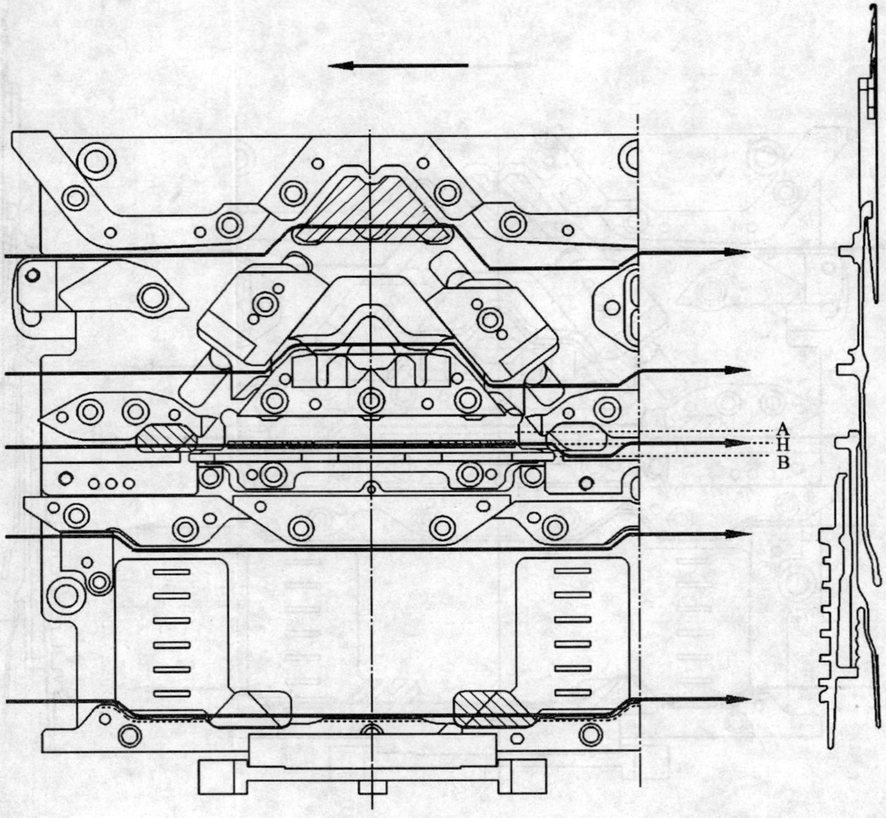

图 4－16　集圈走针轨迹图(斜线阴影的三角缩入三角底板)

4. “三功位”编织

“三功位”编织是指同一行、同一个编织系统中有些织针成圈,有些织针集圈,还有一些织针不参加编织,这时候同一行、同一编织系统中的织针就有三种不同的编织状态:编织、集圈、不织。图 4－17 是“三功位”编织的走针轨迹图。图中粗实线为编织轨迹,虚线为集圈轨迹。

这时各三角的状态与前面所述的集圈时一样,参加集圈和参加成圈的织针分别在第一次选针和第二次选针被选上,仅在第一次选针被选上的选针片沿预选针三角上升,并推动相应的推片上升到 H 位,其上的挺针片推动织针到集圈高度，形成集圈；在第二次选针也被选上的选针片沿推针三角上升，推动相应的推片到 A 位，其上的挺针片推动织针到退圈高度，形成线圈；那些没有被选上的选针片不上升，所对应的推片处于初始位 B 位，其上挺针片不上升，织针不编织。

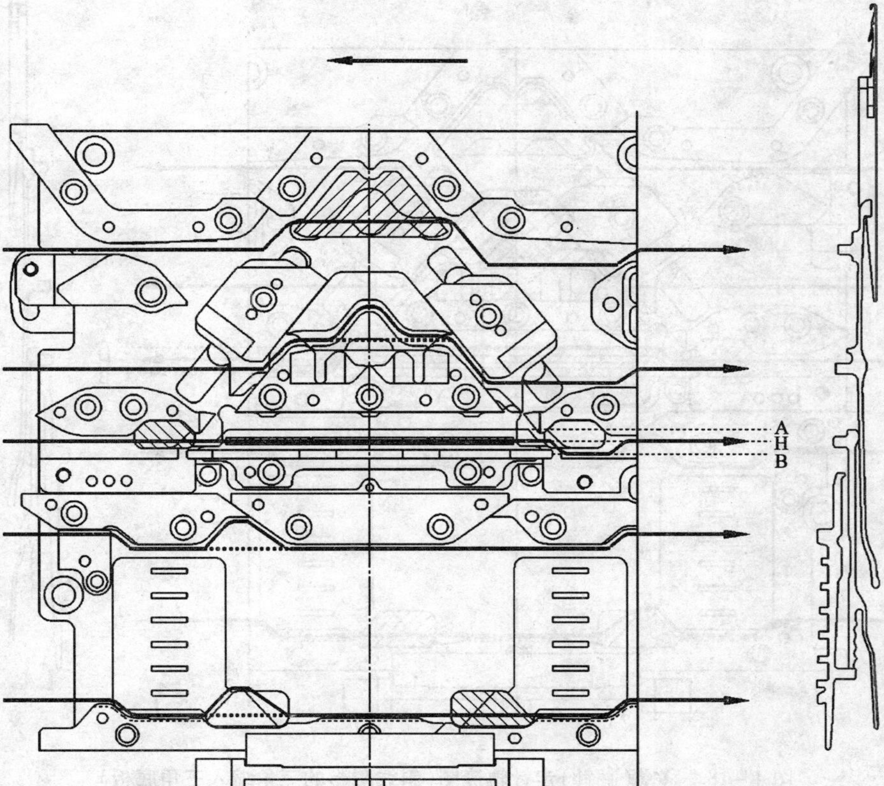

图 4－17　“三功位”编织走针轨迹图（斜线阴影的三角缩入三角底板）

5. 移圈（翻针）

图 4－18 是移圈（翻针）走针轨迹图。这时挺针三角缩入三角底板，移圈三角进入工作，两次选针都被选上的选针片沿推针三角上升，推动相应的推片到 A 位，其上的挺针片带动织针沿起针三角上升到集圈高度后，

挺针片的上片踵再沿移圈三角上升，在移圈三角与翻针导针三角组成的轨道中运行完成移圈，再沿弯纱三角、导针三角运行到初始位置。

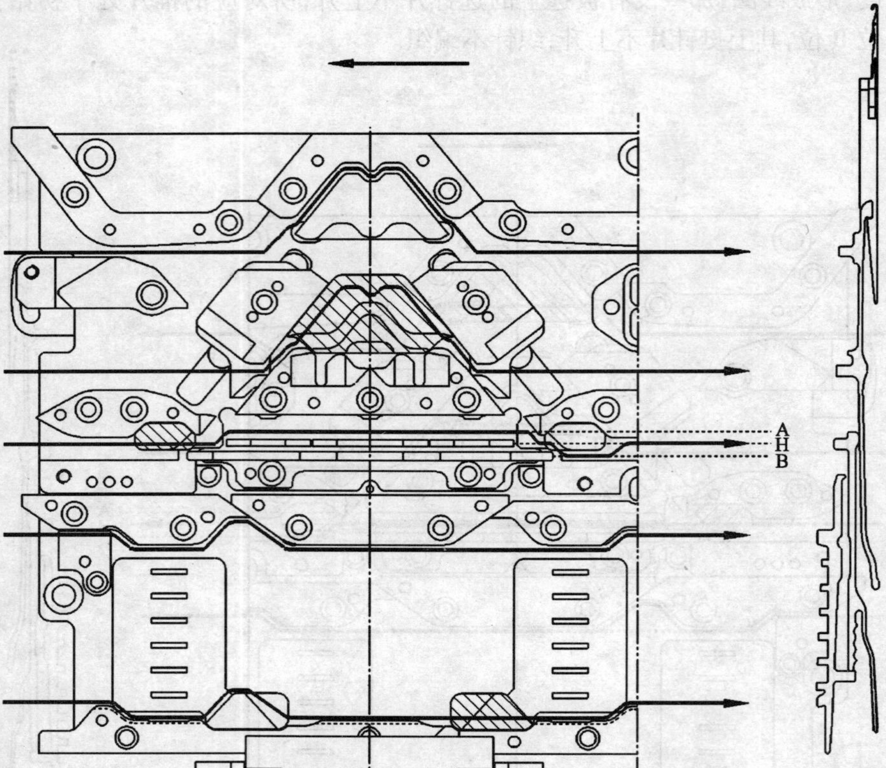

图4－18 移圈（翻针）走针轨迹图（斜线阴影的三角缩入三角底板）

6. 接圈（接针）

图4－19是接圈（接针）走针轨迹图。这时挺针三角缩入三角底板，集圈压片摆开H位，在第一次选针（预选针）被选上的选针片沿预选针三角上升推动相应的推片到H位，如果在第二次选针不被选上，处于H位的推片走到接圈压片时被压入针槽，其上的挺针片下片踵也被压入针槽，不能沿起针三角上升，当推片经过集圈压片位置时被释放，挺针片的下片踵

也被释放,可沿起针三角上加工出来的斜面(即接圈三角)运行到接圈高度,之后挺针片的上片踵沿移圈三角的右下斜面下降完成接圈,沿导针三角运行到初始位置。

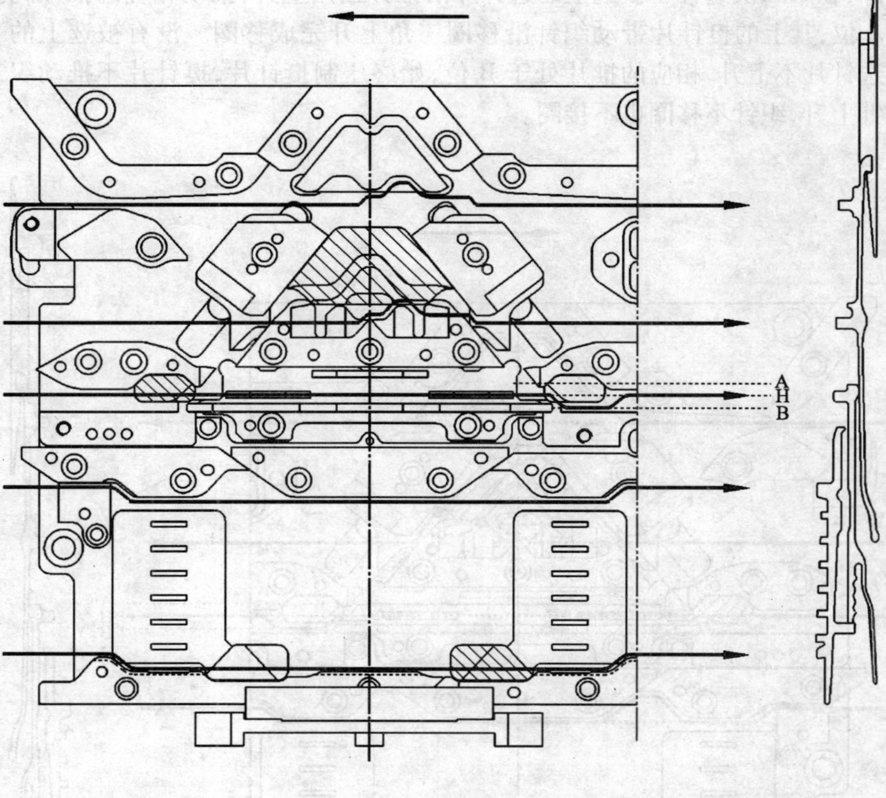

图 4-19　接圈(接针)走针轨迹图(斜线阴影的三角缩入三角底板)

7. 双向移圈(前、后对翻)

双向移圈是指一个针床上的一部分织针的线圈移到另一个针床相应的织针上,同时另一部分织针接收另一个针床上相应织针转移过来的线圈,这种移圈、接圈方法称之为"前、后对翻"。

图 4－20 为双向移圈（前、后对翻）走针轨迹图。图中粗实线为移圈轨迹，虚线为接圈轨迹。这时各三角的状态与前面所述的织针接圈时的状态一样，仅在第一次选针（预选针）被选上的选针片沿预选针三角上升推动相应的推片到 H 位，其上的挺针片推动织针上升到接圈高度进行接圈；在第二次选针也被选上的选针片沿推针三角上升，推动相应的推片到 A 位，其上的挺针片带动织针沿移圈三角上升完成移圈。没有被选上的选针片不上升，相应的推片处于 B 位，始终压制挺针片，挺针片不推动织针上升，织针不移圈也不接圈。

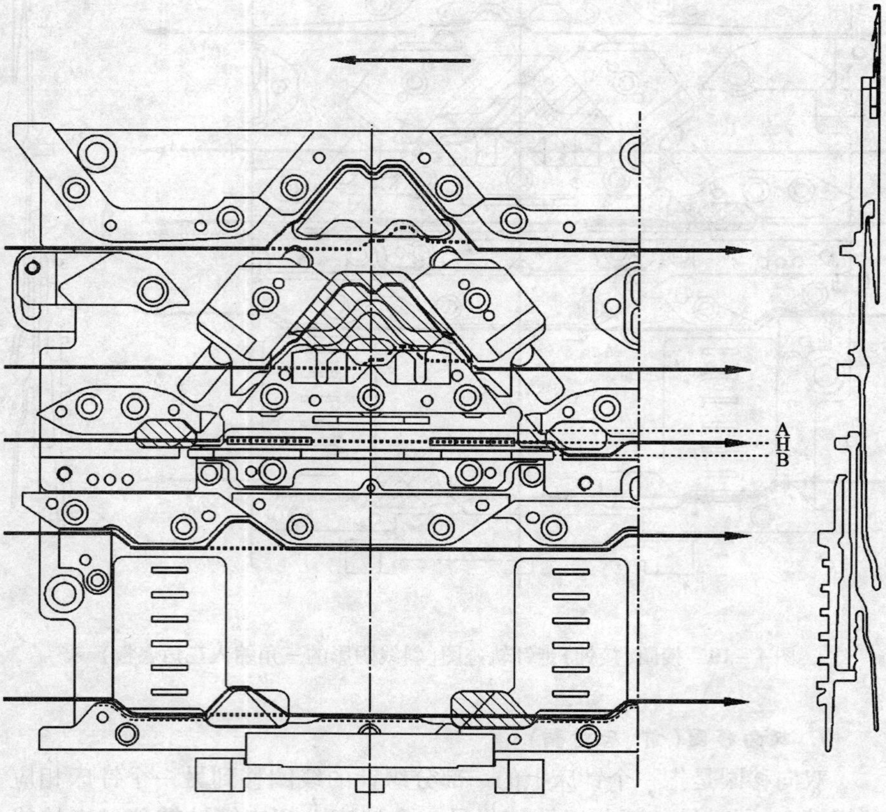

图 4－20　双向移圈（前后对翻）走针轨迹图（斜线阴影的三角缩入三角底板）

三、传动机构

主传动机构的作用是带动机头运行配合选针与成圈机件进行编织动作。主传动由一个伺服电动机驱动，经过两级同步带轮传动，再由同步带驱动机头做横向往复移动。机头空载最高运行速度为 1.2m/s，传动机构示意图如图 4－21 所示。

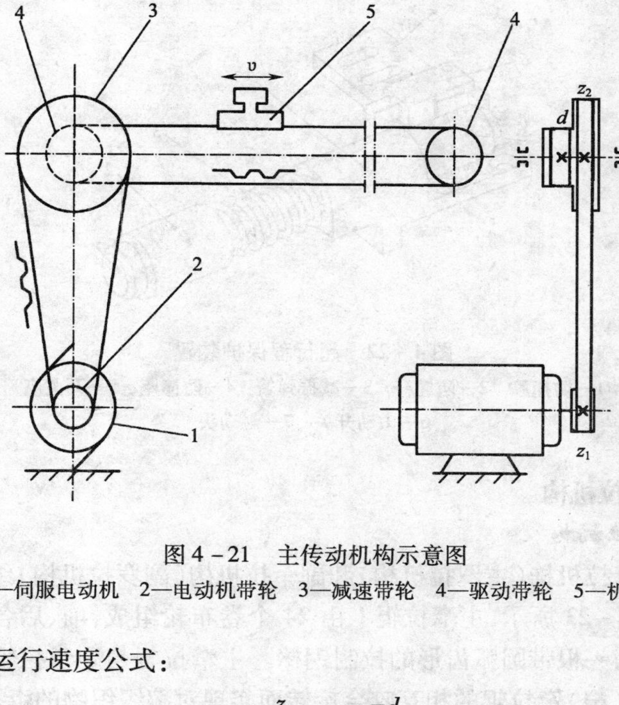

图 4－21　主传动机构示意图

1—伺服电动机　2—电动机带轮　3—减速带轮　4—驱动带轮　5—机头

机头运行速度公式：

$$v = n \times \frac{z_1}{z_2} \times \frac{\pi d}{60 \times 1000}$$

式中：v——机头运行速度，m/s；

n——伺服电动机转速，r/min；

z_1——电动机带轮齿数；

z_2——减速带轮齿数；

d——驱动带轮节圆直径，mm。

主传动机构由以下几个部分组成：

(1)主电动机与传动装置:驱动机头作往复移动。

(2)机头原点信号感应装置:使系统识别机头的起点位置。

(3)超行程保护装置:当机头由于意外情况超出预定行程时向系统发出信号,并对机头的撞击进行缓冲保护,避免因剧烈的撞击而损坏机头部件。其结构如图 4-22 所示(机器左右两端各有一组)。

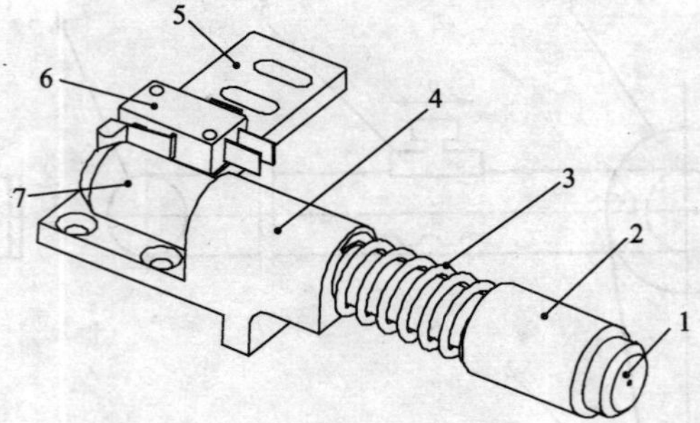

图 4-22 超行程保护装置

1—防撞胶 2—防撞杆 3—减振弹簧 4—防撞座 5—开关座
6—微动开关 7—触动头

四、牵拉机构

1. 牵拉机构

由主牵拉机构(主罗拉机构)和副牵拉机构(副罗拉机构)组成。

如图 4-23 所示,主牵拉辊 1 由 24 个卷布轮组成,前、后各一组。副牵拉辊 6 为一根带圆弧齿形的拉制钢棒。主牵拉辊与副牵拉辊均是通过前、后两组(根)牵拉辊的相互咬合旋转而实现对编织织物的牵拉作用。

牵拉工作原理:衣片从针床板口开始下落,经过副牵拉机构中一对相互咬合旋转的副牵拉辊 6,再下落至主牵拉机构中的主牵拉辊 1 的牵拉部位,从而被不断地牵拉下来。从图中可以看出,副牵拉机构比较靠近针床板口,这样,对衣片两端及中间的牵拉比较均匀。副牵拉机构和主牵拉机构中的电动机都是转矩电动机,转矩电动机的特点是电动机转动随负载转矩的改变而变,当电动机带动负载达到设定的转矩值时,电动机即停止转动使负载达到恒定的转矩值;当转矩减小

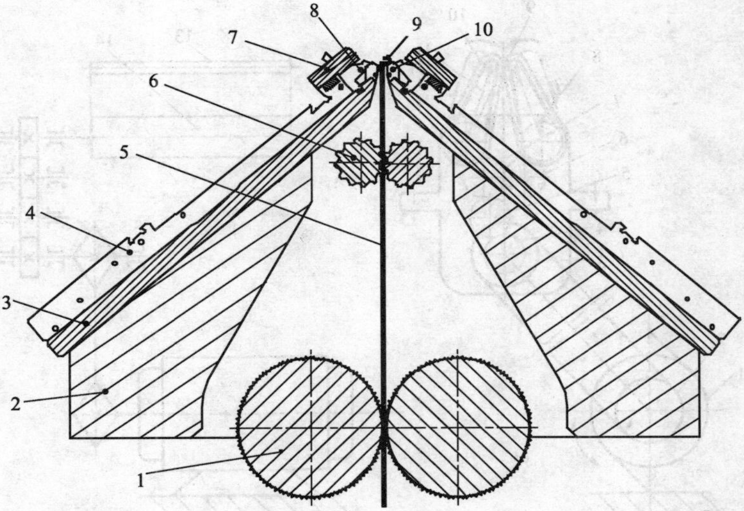

图 4－23　主、副牵拉机构

1—主牵拉辊　2—针床基座　3—针床　4—针床插片　5—织物　6—副牵拉辊　7—沉降片床　8—沉降片　9—织针　10—齿片

时，电动机即放松负载至新的转矩值使其保持不变；当转矩值增大时，电动机带动负载至新的转矩值再保持不变。电动机的转矩值（牵拉力及副牵拉夹紧力）由编织程序决定，有多段可供选择，并能在编织过程中随时调整。基于转矩电动机的上述特点，根据衣片上不同的织物特点给定相应的牵拉力及副牵拉夹紧力参数，并根据编织情况调整，就能够获得比较理想的牵拉效果。

2. 高位牵拉机构

高位牵拉机构也叫皮罗拉机构，是近几年在国内兴起并迅速发展的一项牵拉技术，如图 4－24 所示。

高位牵拉机构是由前、后两组牵拉辊上的牵拉皮带 10 相互之间的摩擦作用对织物进行牵拉。牵拉皮带 10 的牵拉动作由卷布辊 14 通过摩擦力驱动。此牵拉机构具有以下特点：

（1）结构紧凑，由于顶端的压布轴 13 直径更小，可使牵拉位置与针板

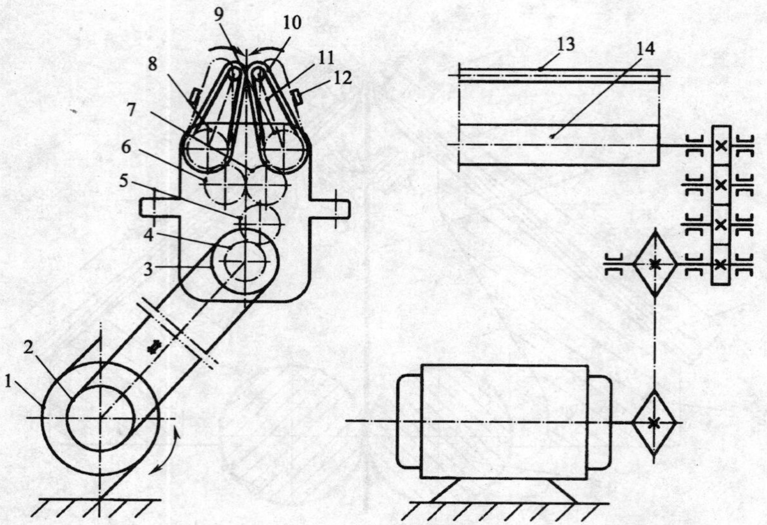

图 4－24　高位牵拉机构示意图

1—电动机　2—主动链轮　3—从动链轮　4—主动齿轮　5,7—过渡齿轮　6—换向齿轮　8—下卷布齿轮　9—上卷布齿轮　10—牵拉皮带　11—支架　12—限位块　13—压布轴　14—卷布辊

口的距离比前面所述的副牵拉机构更小,能够进一步的减少起头纱的用量,从而降低使用成本。

(2)由于采用光滑的牵拉辊进行工作,相对于齿形的牵拉辊而言,对织物的牵拉变形影响更小,牵拉效果更平顺、均匀。

(3)造价更低,减少制造成本。

五、起底板机构

1. 起底板升降机构

起底板升降机构如图 4－25 所示。电动机 2 通过主动链轮 4 驱动从动链轮 7 使推进轴 1 旋转,经驱动带轮 5 驱动同步带 6 在竖直方向作直线运动,从而由同步带 6 带动起底板 14 作上升或下降的动作。

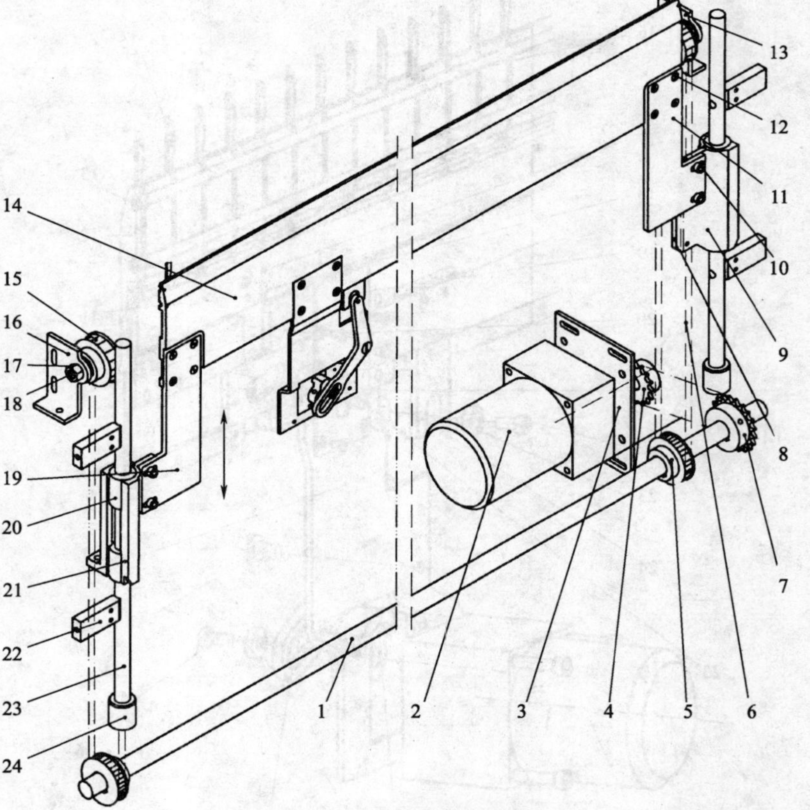

图 4－25　起底板升降机构

1—推进轴　2—电动机　3—电动机连接板　4—主动链轮　5—驱动带轮　6—同步带　7—从动链轮　8—同步带夹　9—右升降滑座　10,12—螺钉　11—右升降板　13—右带轮板　14—起底板　15—从动带轮　16—左带轮板　17—螺母　18—皮带轮轴　19—左升降板　20—直线轴承　21—左升降滑座　22—支承块　23—升降滑杆　24—缓冲橡胶

2. 起底板出针机构

起底板出针机构如图 4－26 所示。步进电动机 1 驱动凸轮 3 旋转，通过推进摇杆 4 的摆动来带动推进滑杆 9 作水平方向的往复直线运动，推进

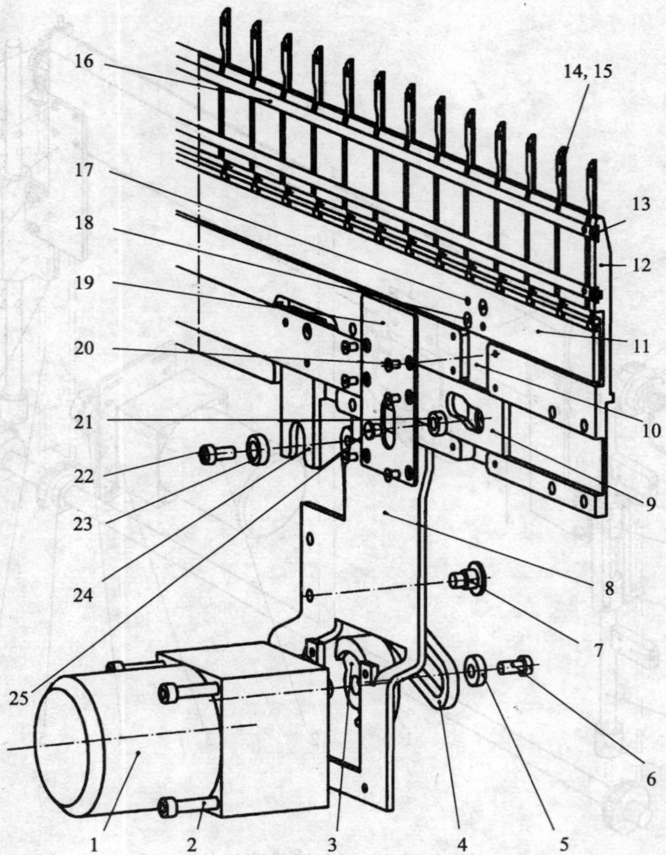

图 4-26 起底板出针机构

1—电动机 2,6,13,18,20,22—螺钉 3—推进凸轮 4—推进摇杆 5—轴承 7—轴位螺钉 8—电动机连接板 9—推进滑杆 10—上下滑块 11—起底针托板 12—起底板 14—起底针 15—起底针套 16—压条 17—销 19—压板 21—轴承 23—轴承 24—推进片 25—轴承小轴

滑杆 9 的台阶槽将水平运动转换为起底针托板 11 的竖直运动，从而带动起底针 14 在起底针套 15 的针槽内作竖直方向的往复直线运动，达到起底针打开与闭合的目的。

起底针在针槽内打开与闭合的动作原理如图 4－27 所示。图 4－27(1)所示为起底针打开，线圈可以从起底针套的斜槽中滑出，从而使起底针与织物分离；图 4－27(2)所示为起底针闭合，从而钩住新纱线开始进行牵拉。

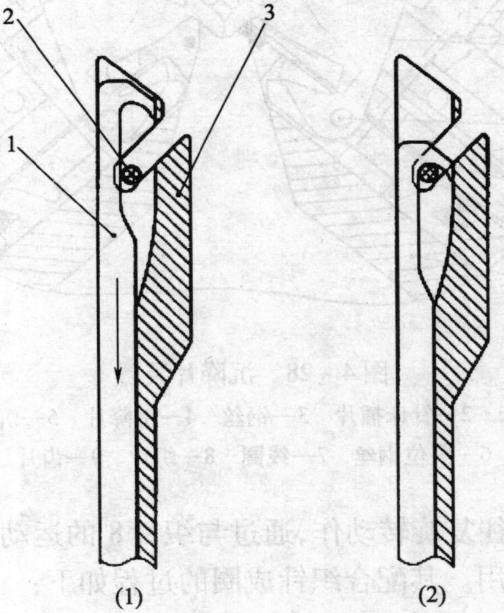

图 4－27 起底针的动作原理
1—起底针 2—纱线 3—起底针套

六、沉降片装置

沉降片装置是一种特殊的牵拉机构，可以实现对单个线圈的牵拉和握持，且可以作用在成圈的整个过程中，对在空针上起头、成形产品编织、连续多次集圈和局部编织十分有效。基于这种牵拉技术，还可以在同一台机器上编织出各种不同衣片连成一体后的整片衣片，有的甚至能够编织出整件服装，从而节省了因缝纫产生的原料浪费和劳动力浪费。近年来，由于电子控制技术在横机上的广泛应用，沉降片技术和电子控制技术相结合，大大提高了横机的编织能力。目前，国内外的电脑横机上几乎都装有沉降片装置。

图 4－28 所示为该机的沉降片装置。沉降片 4 以钢丝 3 为支点在沉

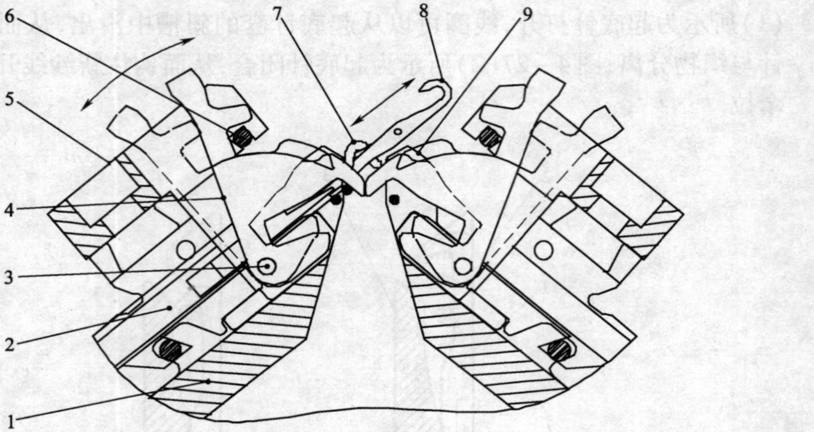

图 4－28　沉降片装置

1—针床　2—针床插片　3—钢丝　4—沉降片　5—沉降片床
6—限位钢丝　7—线圈　8—织针　9—齿片

降片床 5 的槽内作往复旋转动作，通过与织针 8 的运动轨迹的配合来完成对线圈 7 的牵拉作用。其配合织针成圈的过程如下：

1. 协助织针退圈

织针在起针三角的作用下上升并达到退圈的高度时，为了避免织针上升时旧线圈随针一起上升，两个针床的沉降片相对于针床口旋转闭合，握持住旧线圈的沉降弧。

2. 垫整纱

织针退圈后，在压针三角的作用下下降，开始吃纱，与此同时，两个针床的沉降片相对于针床口旋转打开，让出位置以便成圈。

3. 闭口、套圈、弯纱、成圈及牵拉

纱线垫入针钩后，舌针继续下降，旧线圈推动针舌闭口，并套到针舌上，然后从针头上脱下。旧线圈脱下后，舌针继续下降，新纱线在沉降片上弯纱成圈。此时，沉降片压持住旧线圈的沉降弧。沉降片的这种压持作用，对于在空针上重新成圈，编织各种立体花纹及成形产品是非常重要的。

七、针床横移机构

电脑横机的针床横移机构又称摇床或移床，图 4－29 所示是电脑横机的针床横移机构，它采用前针床横移，后针床固定的方式。前针床 1 与连接板 2 的一端用内六角螺钉和销子连接，连接板 2 的另一端固定在滚珠丝杠组件 3 上，伺服电动机 4 通过同步带 5 驱动滚珠丝杠组件 3 带动前针床 1 横向移动，右超行程微动开关 8、左超行程微动开关 10 和超行程触头 9 起到针床超行程保护作用，原点感应器 6 和原点感应板 7 定位针床的起始位置，感应板 8 固装于滚珠丝杠组件 3 上，感应触头 9 固定于连接板 2 上。

针床横移机构移动范围左、右各 25.4mm(1 英寸)。根据编织工艺要求，在编制编织程序(打板)时，给定相应的针床位置，在编织时能够自动执行。针床横移机构采用伺服电动机和滚珠丝杠传动，传动精度高，定位准确。在进行移圈(翻针)时，针床横移机构可以使用“反振”功能。所谓“反振”，就是针床移动超过所需位置的一定距离(例如 1/2 针距，超过的距离值可在编程中设定)，再返回到所需位置。使用“反振”功能，可以适当地扩大线圈，使移圈更容易。

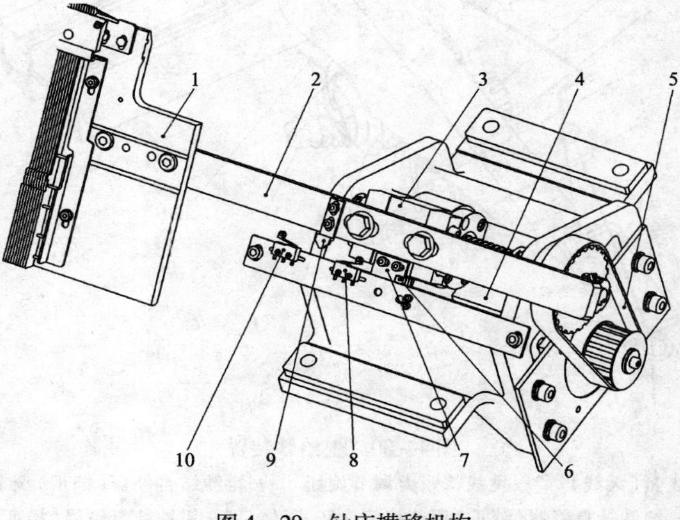

图 4－29 针床横移机构

1—针板 2—连接板 3—滚珠丝杠组件 4—伺服电动机 5—同步带 6—原点感应器 7—原点感应板 8—右超行程微动开关 9—超行程触头 10—右超行程微动开关

八、给纱机构

给纱装置包括纱架、张力盘、挑线簧、输线辊、导纱器以及各种自停装置等。纱线的张力控制对于产品的质量控制是非常重要的。由于电脑横机不能进行积极送纱,所以各种电脑横机都在控制送纱张力方面做了很多工作,以求稳定纱线张力,保证线圈长度的均匀,最大限度地降低衣片坯长不匀率。

给纱机构由上给纱装置(电子天线台)、辅助送纱器、侧给纱装置(侧天线组件)、导纱器轨道(天杠、纱杠)、导纱器(纱嘴)组件、换梭(换色)组件组成。

(一)上给纱装置(电子天线台)

图4-30是上给纱装置,每台机器安装16个。

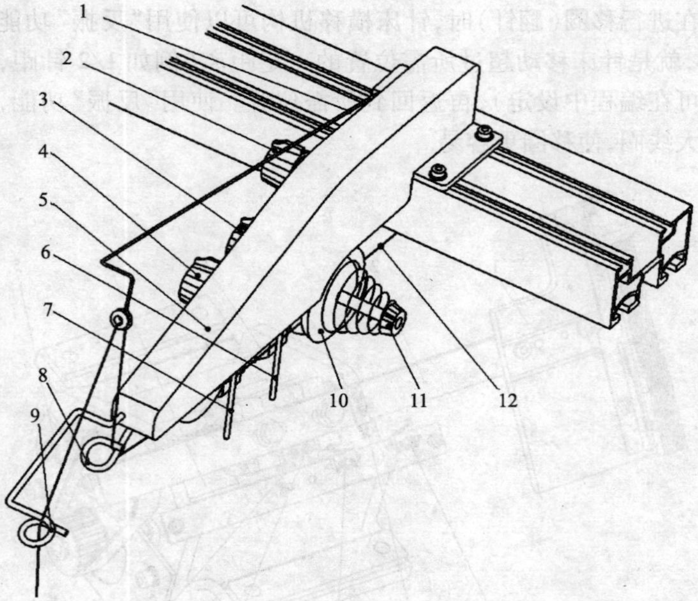

图4-30 上给纱装置

1—挑线簧(天线) 2—挑线簧张力调节旋钮 3—粗纱结自停器(挡爪)调节旋钮 4—细纱结自停器(挡爪)调节旋钮 5—壳体 6—粗纱结自停器(挡爪) 7—细纱结自停器(挡爪) 8—导纱圈1 9—导纱圈2 10—张力(夹线)盘 11—张力(夹线)盘调节旋钮 12—纱线

上给纱装置的使用方法：纱线穿过张力盘、粗纱结自停器、细纱结自停器、导线圈1、挑线簧、导线圈2进入到侧给纱装置。挑线簧的作用是将纱线始终弹性挑紧，防止纱线松弛，挑线簧的弹力大小可由挑线簧张力调节旋钮调整。张力盘的作用是将纱线夹紧，防止挑线簧挑紧纱线时将纱筒上的纱线拉过张力盘造成纱嘴处纱线松弛影响编织，张力盘的夹紧力可由张力盘调节旋钮调整。

上给纱装置具有断纱停机、粗纱结停机、细纱结慢速编织的功能。当发生断纱时，挑线簧完全弹起，触动壳体内的微动开关，机器停止运转。当纱线中有粗纱结通过时，纱结触碰粗纱结自停器使之弹起，触动壳体内微动开关，机器停止运转，由操作工对纱节进行处理，以防止大纱结在编织时造成断纱或织入衣片，纱结通过的大小可由粗纱结自停器调节旋钮调整；当纱线中有细小纱结通过时，纱结能顺利通过粗纱结自停器，但触碰到细纱结自停器使之弹起，触动壳体内的微动开关，机器慢速运行以免在编织时断纱。纱结通过的大小可由细纱结自停器的调节旋钮调整。显而易见，粗纱结自停器通过的纱结的缝隙要大于细纱结自停器通过纱结的缝隙。

（二）辅助送纱器

图4－31是电脑横机使用的辅助送纱器，机器的两侧各装一个。辅

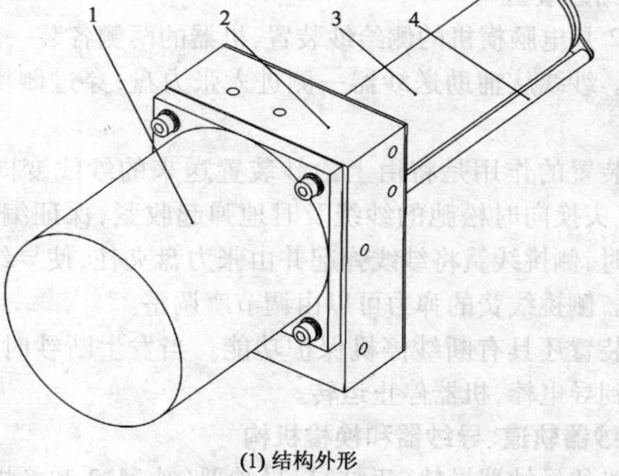

(1) 结构外形

图4－31

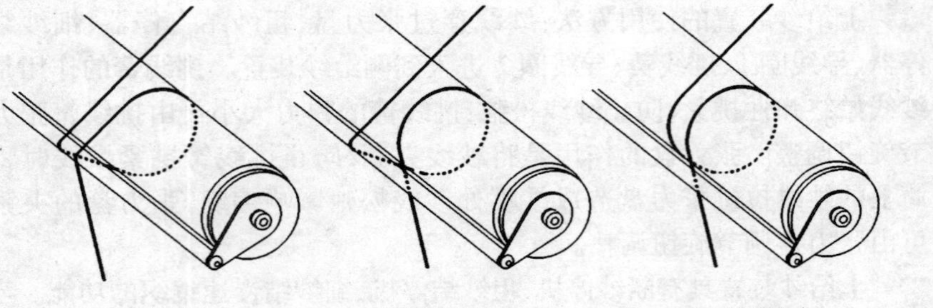

(2) 绕线方式

图 4 – 31 辅助送纱器

1—电动机 2—安装座 3—送纱辊 4—防结轴

助送纱器的送纱辊以固定线速度 6350r/min 转动,依靠纱线与送纱辊之间摩擦来提供编织机所需的最大耗纱量。辅助送纱器可以使纱线以恒定的张力喂入导纱器和织针,辅助送纱器所提供的纱线应该比导纱器所需要的量略多。

根据织物的组织结构和纱线的品种及线密度不同,辅助送纱器有三种绕线方式,如图 4 – 31(2)所示。

(三)侧给纱装置

图 4 – 32 是电脑横机的侧给纱装置,机器的两侧各装一组,每组有 12 支侧挑线簧。纱线从辅助送纱器一侧进入张力盘,穿过侧挑线簧及磁钩喂入导纱器。

侧给纱装置的作用是将由上给纱装置送来的纱线变向后送入导纱器,同时将机头换向时松弛的纱线及时地弹起收紧,保证编织顺利进行。当纱线松弛时,侧挑线簧将纱线弹起并由张力盘夹住,使导纱器处松弛的纱线被拉紧。侧挑线簧的弹力可以由调节座调整。

侧给纱装置还具有断纱停机保护功能。当发生断纱时,侧挑线簧完全弹起碰触到导电棒,机器停止运转。

(四)导纱器轨道、导纱器和换梭机构

电脑横机的导纱器导轨(天杠)1、导纱器(纱嘴)2 和换梭(换色)机构 3 的配置如图 4 – 33 所示。

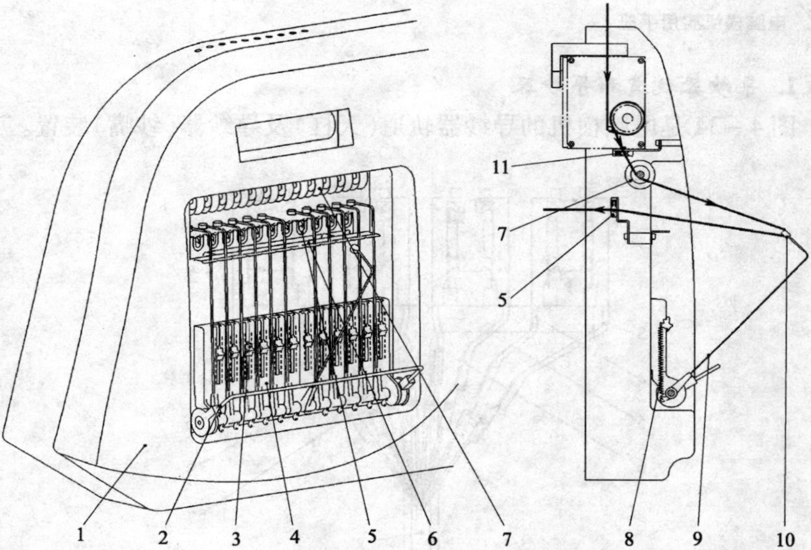

图 4－32　侧给纱装置

1—安全护盖　2—导电棒　3—张力钮　4—调节座　5—瓷钩　6—限位板　7—张力盘　8—弹簧　9—侧挑线簧　10—瓷管　11—瓷钩

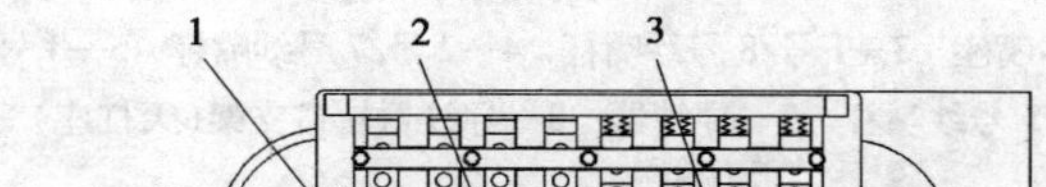

图 4－33　导纱器轨道、导纱器和换梭机构

1—导纱器导轨（天杠）　2—导纱器（纱嘴）　3—换梭（换色）机构

1. 导纱器轨道和导纱器

图 4 – 34 是电脑横机的导纱器轨道(天杠)及导纱器(纱嘴)装置。

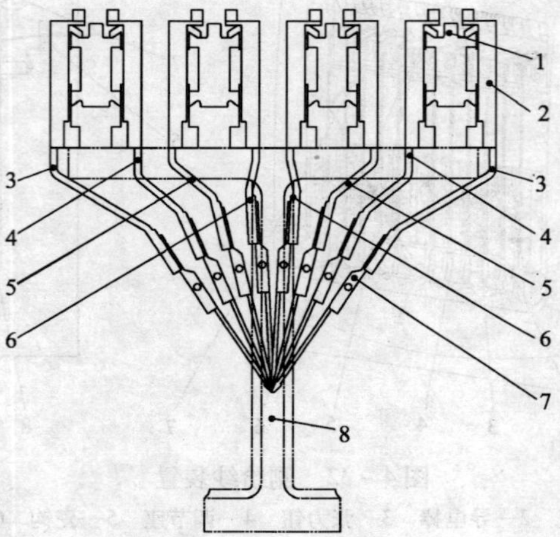

图 4 – 34 导纱器装置

1—导纱器轨道 2—纱嘴座 3—1 号/8 号纱嘴杆 4—2 号/7 号纱嘴杆 5—3 号/6 号纱嘴杆 6—4 号/5 号纱嘴杆 7—导纱器 8—导纱器轨道支架(天杠座)

导纱器轨道共有 4 根,导纱器在导纱器轨道上运行,机器每边 8 个纱嘴座,两边共 16 个,安装在导纱器轨道上,能在导纱器轨道上滑行,1 ~ 8 号纱嘴杆共 16 根,每边 8 根,其中 1 号与 8 号相同,2 号与 7 号相同,3 号与 6 号相同,4 号与 5 号相同,纱嘴杆安装在纱嘴座上,可上下调整;导纱器安装在纱嘴杆上,可上下调整;天杠座是用来支撑导纱器轨道和纱嘴组件的。

2. 换梭机构

图 4 – 35 是电脑横机的换梭机构。换梭顶杆共有 8 个,分别控制 1 ~ 8 号纱嘴是否使用,换梭顶杆能在换梭基座的槽中滑动,有两个位置,当电磁铁铁芯伸出时,跷跷板将换梭顶杆抬起,换梭顶杆不能带动纱嘴座,当电磁铁铁芯回缩时,压簧将换梭顶杆压下,换梭顶杆能够带动纱嘴座。电磁铁和跷跷板各有 8 个,压簧共有 16 个,每个换梭顶杆处装有 2 个。换梭组件安装在机头连接架上,随机头一起运动,换梭顶杆是否带动纱嘴由编织程序控制。

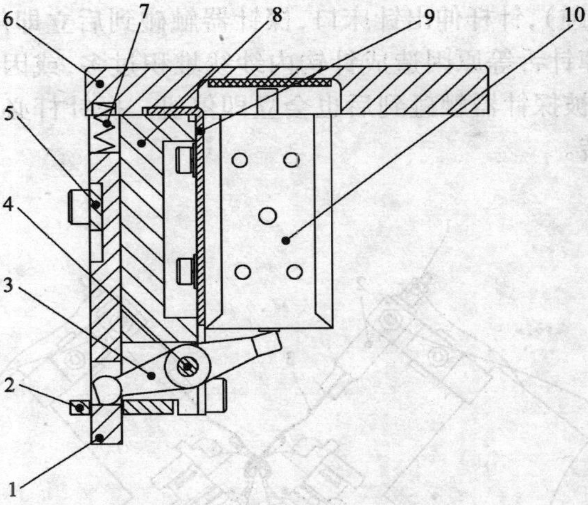

图 4－35　换梭组件

1—换梭顶杆　2—导槽板　3—跷跷板　4—跷跷板转轴　5—压板　6—安装板　7—压簧　8—换色基座　9—电磁铁安装座　10—电磁铁

纱线由纱筒上退下经上给纱装置、辅助送纱器、侧给纱装置进入导纱器，经换梭顶杆带动导纱器座将纱线喂入编织织针，完成给纱过程。

九、检测自停装置

为了保证编织的正常进行和织物的质量，减轻操作者的劳动强度，电脑横机上设计和安装了一些检测自停装置。当编织时检测到坏针、断纱、粗纱结等故障时，这些装置向控制系统发出停机信号并接通故障信号灯和发出报警声，机器立即停止运转。

电脑横机安装的检测自停装置有坏针、断纱、粗纱结、撞针、缠绕（倒卷布）、摇床超行程、沉降片位置不当等自停装置。

（一）坏针自停装置

坏针自停是通过在机头上安装两个探针器来实现，探针器安装在前、后机头罩的上方，图 4－36 是其结构图。导线接头 1 连接导线，探针器 2 通过安装座固定在机头罩上，探针 3 遇到故障物能摆开并触碰探针器内的微型开关，发出停机信号。因此，当有织针损坏不能被压回到起始位置时（如断针踵），针杆伸出针床口，探针器触碰到后立即停机；当因针口关闭不良或掉针舌等原因造成针钩内纱线堆积过多，或因牵拉不足造成织物上涌时，被探针器触碰到后也会立即停机。探针杆必须复位后机器才能重新运转。

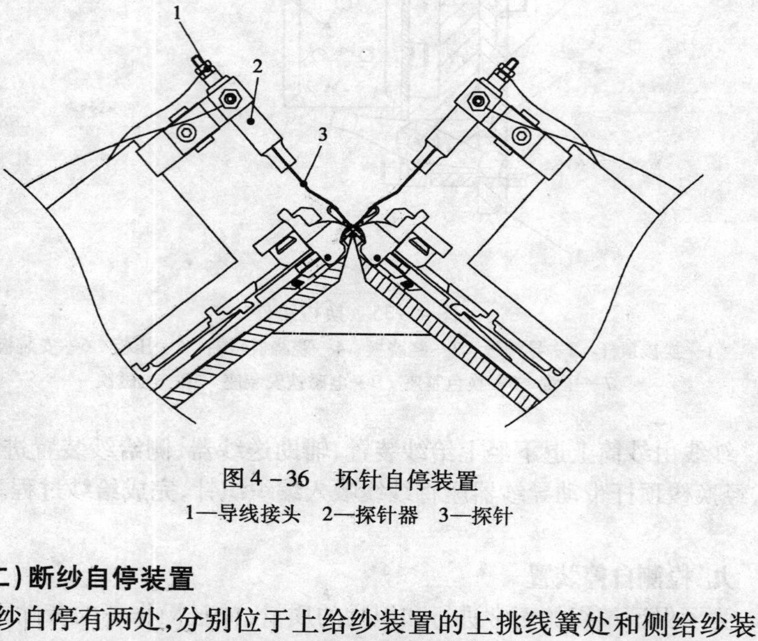

图4-36 坏针自停装置

1—导线接头 2—探针器 3—探针

(二)断纱自停装置

断纱自停有两处，分别位于上给纱装置的上挑线簧处和侧给纱装置的侧挑线簧处，其工作原理见上给纱装置和侧给纱装置。

(三)粗纱结自停装置

粗纱结检测通过上给纱装置的粗纱结自停器实现，检测工作原理见上给纱装置。

(四)撞针探测自停装置

撞针探测是通过安装在针床背面的振动传感器来实现的。振动传感器共8个，前后针床上各4个，当发生撞针时，撞击时产生的振动通过振动传感器传递到控制系统，控制系统即时发生指令停机。撞击后需要将振动传感器复位，机器才能恢复运转，复位时，在操作键盘上按下“R”键即可

(由控制系统设定)。振动传感器的传感灵敏度可以调节。

(五)缠绕(倒卷布)自停装置

皮罗拉(高位罗拉)和主副罗拉两种配置都设计了防缠绕(倒卷布)自停装置。当主罗拉或皮罗拉发生缠绕(倒卷布)时,防缠绕感应板触头微动开关发出缠绕信号,控制系统即时发出指令,机器停止。手动清除缠绕物,防缠绕板和微动开关回复正常状态。重新启动机器,正常编织。

(六)摇床超行程检测自停装置

电脑横机的摇床机构中,装有两个超行程微动开关和一个超行程触头,见图4-29针床横移机构图中的微动开关8、微动开关10和超行程触头9,当摇床行程超过时,超行程触头9碰触微动开关8或10,发出超行程信号,控制系统即时发出指令,摇床和机头同时停止。

(七)沉降片位置不当检测自停装置

在沉降片机构中,两端各装有一个感应器,用来检测沉降片三角是否处于正确位置,在传动齿条上装有感应片,当步进电动机带动齿条驱动沉降片三角,齿条上的感应片到达感应器的位置时,沉降片三角到达工作位置,感应器发出信号,步进电动机停止工作,机头开始进行编织。如果感应片没有到达感应器位置,感应器就不能发出信号,机头就停止编织。

第二节　使用、维护和保养

一、安全使用与安装

(一)安全使用的环境要求

1. 安装环境

(1)温度应控制在15~28℃之间,温差不宜过大。

(2)相对湿度应控制在30%~80%之间,且不结露。

(3)不可安装在太阳直晒或靠近有热源的地方。

(4)不可安装在冷气或电热气出风的附近。

(5)不可安装在可能受化学气体影响之处。

(6)安装在水平的混凝土地面上,以免震动或倾斜。

2. 供电要求

电脑横机上的电脑控制器及电动机均为精密件，需要适当且稳定的电源，电力品质的好坏直接影响到整机的使用。

（1）输入电压为交流220V三相四线式专用电源。

（2）为了确保电源的稳定，需配置稳压器（用户可根据自己的生产规模自行确定功率）。

（3）接地系统必须专用，但允许多部机台共用。

3. 操作空间

为方便机台操作及机头拆装，机器侧边与后方请保持600 mm以上的空间，请参照图4－37摆放和分布机台。

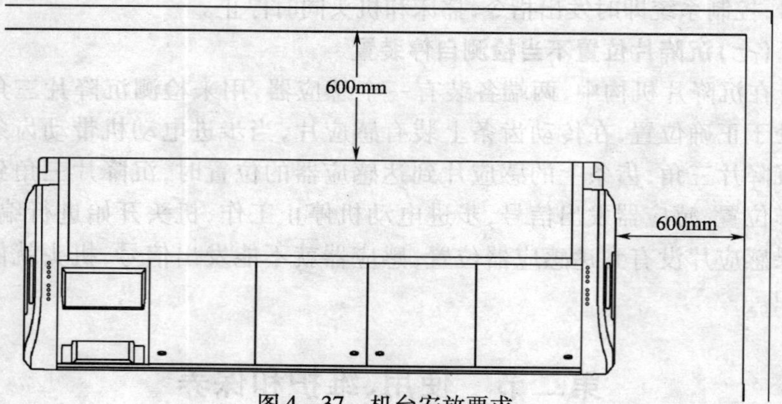

图4－37 机台安放要求

4. 其他注意事项

（1）请不要将机台安装在干扰性设备附近，如大功率电动机、X光机等。

（2）不可使用电动机变相器。

（3）本机所使用的稳压器为电动机伺服式、磁共振式。

（二）安装程序

1. 搬运

本机无论在箱内或拆箱后，尽量使用叉车搬动，以免倾倒或碰撞重击。

2. 置放于定点

尽量利用堆高机平稳放置定点(图 4 - 38)。

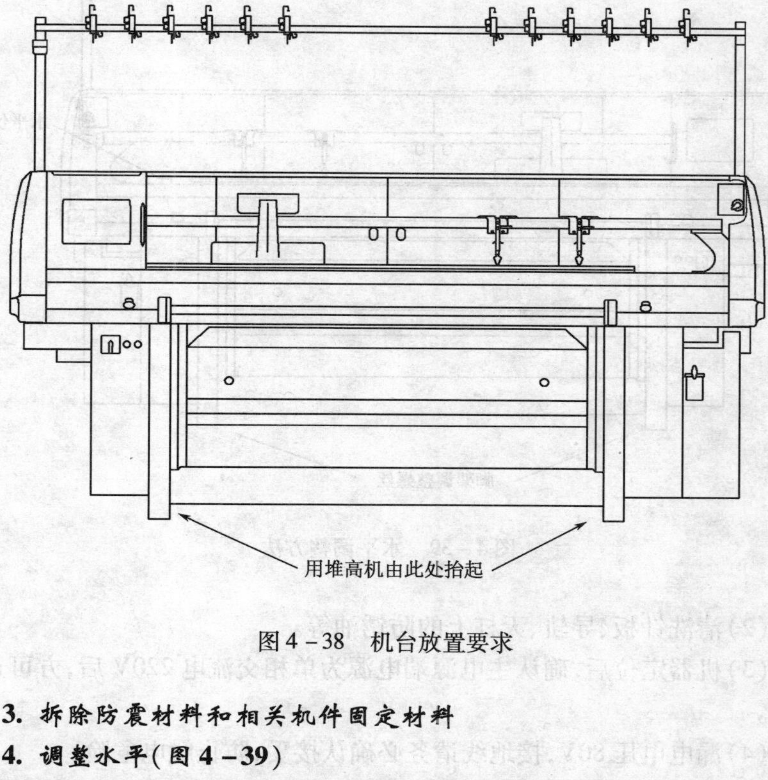

图 4 - 38　机台放置要求

3. 拆除防震材料和相关机件固定材料

4. 调整水平(图 4 - 39)

(1)本机脚架座设有四支脚架螺丝,请利用水平仪校正。

(2)左右水平,以导纱器轨道为基准。

(3)前后水平,以针床两侧针床座为基准。

5. 架上给纱装置

拉起上给纱装置支撑架并锁紧固定螺丝(图 4 - 40)。

6. 试车

(1)开机前检查并清除针板、导纱器轨道、机头导轨和机器台面上的异物。

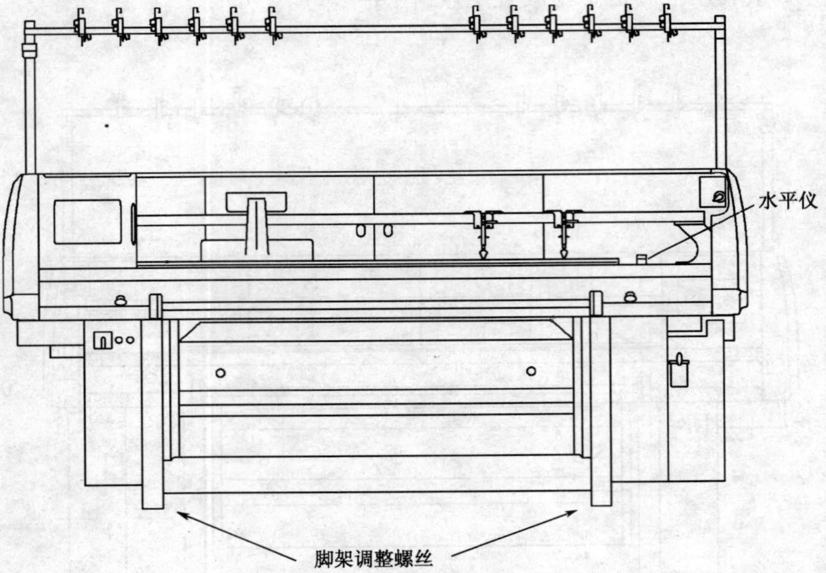

图 4－39　水平调整方法

(2)清洗针板、导轨、天杠上的防锈油等。

(3)机器定位后，确认主电源端电源为单相交流电 220V 后，方可送电开机。

(4)漏电电压 80V，接地线请务必确认接妥，防止触电危险。

(5)送电开机后，请按显示器主画面的机件测试指令测试，以确认各元件动作是否正常。

(6)一切就绪后，作机器归零动作。

(7)机器运转时，请勿打开安全护盖及将头、手伸入机器内。

(8)启动前需告诉机器附近人员，以避免发生意外。

7. 注意事项

(1)水平未调好之前，严禁开机。

(2)若连续半个月不运转，须每隔 15 天让机器运转 1h，并涂上油

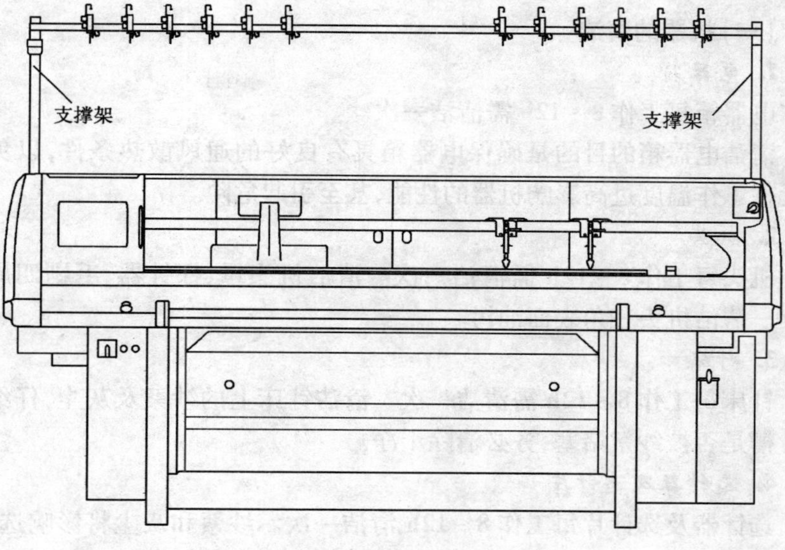

图4－40　架上给纱装置

脂防锈。

(3)非原厂技术人员,不许调整各原点传感器。

(4)非原厂专门技术人员,不许在未切断电源的情况下作活线维修。

(5)在调整或维护机器时,需使用安全锁定钮,或跳离显示器主画面。

(6)当机头停止时,若显示器画面左下角无“停止”指示时,切勿靠近,防止系统未执行完指令,机头再次自动运行时,将造成危险。

二、机器保养

要使机器保持良好、可靠、稳定的运转状态,认真规范的保养工作是非常必要的。用户在使用电脑横机时,一定按厂家的机器保养要求做好保养工作,电脑横机的保养工作主要是机器的清洁和加油,由机器的操作工完成。

为了安全起见,在进行机器的保养工作之前,必须先关闭机器的电源。

(一)机器的清洁

1. 电器箱

电器箱每工作 8～12h 需清洁一次。

清洁电器箱的目的是确保电器箱具有良好的通风散热条件,以免电器元件工作温度过高影响机器的性能,甚至引起危险。

2. 机头

机头每工作 8～12h 需清洁一次。清洁机头罩、探针器、毛刷四周的纱絮。清洁机头三角表面油污。

3. 针床

针床每工作 8～12h 需清洁一次。清洁针床上的纱絮及灰尘,仔细检查针槽是否被纱絮堵塞,务必清除干净。

4. 选针器及选针片

选针器及选针片每工作 8～12h 清洁一次。纱絮和灰尘将影响选针,务必清除干净。

5. 读针齿条

读针齿条每工作 8～12h 清洁一次。读针齿条上如有纱絮或灰尘,将影响选针精度,务必清洁干净。

6. 纱嘴

纱嘴每工作 8～12 小时清洁一次。纱嘴口处如有纱絮会影响线圈的均匀导致织物品质降低,纱嘴口处的纱絮还有可能导致断纱,务必清除干净。

7. 给纱装置

纱线经过的各个导纱环及张力盘如有纱絮,将导致线圈不均匀甚至断纱,务必清除干净。

8. 机器护罩及置纱板

每工作 8～12h 清洁一次。

(二)机器的润滑

机器润滑是保证机器正常运转,提高机器使用寿命,保证编织产品质量的重要一环。在加油润滑时要使用专用针织润滑油,机器主要润滑部位的润滑要求如下所述。

1. 手动润滑油泵

LXC－252SC 型电脑横机安装了一个手动润滑油泵，该油泵能给安装在床身上的给油毛刷座和摇床滑块加油。给油毛刷座的作用是润滑三角座上的起针三角和不织压片。

手动润滑油泵每工作 8～12h 需推拉手柄一次，向给油毛刷座和摇床滑块加油。手动润滑油泵内的润滑油低于给油线时应及时将油注满。

2. 机头换向机构

机头换向机构每工作 8～12h 加油一次，加油方法是用毛刷轻涂。

3. 机头导轨及钢带

机头导轨及钢带每工作 8～12h 加油一次，加油方法是用毛刷轻涂。

4. 针床、针脚、选针脚及选针器

针床、针脚、选针脚及选针器每工作 8～12h 加油一次，加油方法是用毛刷轻涂。

5. 导纱器轨道

导纱器轨道每工作 8～12h 加油一次，加油方法是用毛刷轻涂。

6. 沉降片

沉降片每工作 8～12h 加油一次，加油方法是用毛刷轻涂。

7. 主牵拉辊链轮

主牵拉辊链轮每三个月加油一次。

8. 副牵拉辊罗拉齿轮

副牵拉辊齿轮每三个月加油一次。

9. 摇床滚珠丝杠

摇床滚珠丝杠每年加油一次。

三、维护

机器的正常运转离不开良好的维护工作。LXC－252SC 型电脑横机的维护工作包括机件更换和故障排除。

(一)机件更换

1. 移出机头

如有必要需移出机头时,需按下列步骤进行。

(1)关闭机器主电源。

(2)拔下侧天线电线接头。

(3)拆除侧护罩。

(4)拆卸机头后部电缆接头。

(5)拆卸机头传动连接块。

(6)拆除送纱器。

(7)移出机头。

装回机头的步骤按移出机头相反的顺序操作,移出或装回机头的工作由维修工完成。

2. 更换选针摆片

选针器上的选针摆片如果磨损需要更换时,需按下列步骤进行。

(1)拆下机头护罩。

(2)拔下选针器接头,拧松两个安装螺丝。

(3)拿住2个安装螺丝,向上将选针器拔除出来。

(4)拆下压板和选针摆片插销,取出需更换的选针摆片。

(5)按上述步骤的相反顺序装上选针摆片及选针器。

3. 更换织针和挺针片

(1)更换织针需按以下步骤进行。

①推开织针针尺。

②将织针推上最高位置。

③将织针与挺针片分离并拿走织针。

④由针床嘴口放入新的织针。

⑤将织针与挺针片结合并向下推到初始位置。

⑥推合织针针尺。

(2)更换挺针片需按以下步骤进行。

①推开织针针尺。

②分离挺针片和织针。

③取出需要更换的挺针片。

④放入新的挺针片并与织针结合。

⑤推合织针针尺。

(3)更换六段选针片需按以下步骤进行。

①推开选针片针尺。

②取出六段选针片。

③放入新的六段选针片。

④推合选针片针尺。

(4)更换推片请按以下步骤进行。

①推开选针片针尺。

②取出六段选针片。

③将推片推到最高位。

④用尖嘴钳夹住推片头端斜上拉出推片。

⑤将新的推片装回。

⑥装回六段选针片。

⑦推合选针片针尺。

4. 更换沉降片

更换沉降片请按以下步骤进行。

(1)拆下齿片钢丝护盖。

(2)抽出沉降片钢丝。

(3)取出沉降片。

(4)装回新的沉降片。

(5)装回沉降片钢丝。

(6)装回齿片钢丝护盖。

5. 更换纱嘴座

需按以下步骤更换纱嘴座。

(1)拧松纱嘴座下部滑块处的2个内六角螺钉。

(2)向下移动纱嘴座下部滑块,将纱嘴座从天杠(纱杠)上取下来。

(3)将新的纱嘴座套上天杠。

(4)将纱嘴座下部滑块调整到合适位置并拧紧两个螺钉。

(5)用手左右移动纱嘴，检查是否移动自如，安装牢固。

(二)疵点与故障排除

电脑横机在编织时出现机械故障和织物瑕疵的原因比较复杂，根据实践经验，大致可以归纳为以下几方面：保养工作欠佳，在长期运转过程中造成零件的严重磨损；原料品质欠佳；操作不熟练；编织零件(如织针、毛刷、纱嘴等)质量不好，调整不当；编织工艺制订不合理，如选用纱线粗细与机号不适应等。

1. 漏针及故障排除

在编织过程中针舌没有钩到新垫放的纱线，或虽钩到毛纱但成圈后又重新脱出针钩而形成的线圈脱散现象称为漏针。它的产生主要是由于三角装置不良或磨损，喂纱不当，织针欠佳及机械震动等因素造成，相应的消除方法见表4-1。

表4-1 漏针的产生原因及消除方法

产生原因	消除方法
纱线质量差，强力低	降低送纱张力或换纱，或过送纱器
纱线在倒纱时受到损伤	换个纱管重新络纱
纱管成形不好	换个成形好的纱管
编织张力过大	降低送纱张力
纱线间有交叉、纠缠现象	将纱线理顺重穿
纱线被其他机件夹住	将机件调整好
针舌太紧、关闭不灵	加油或换针
毛刷位置不当	调整毛刷位置
纱嘴座位置不当	调整纱嘴座位置
选针器故障	修理选针器
牵拉力太小	加大牵拉力、开辅助牵拉
选针片片踵断裂	更换选针片
纱嘴位置不对	依据前后针交叉点高1.5mm调整

续表

产生原因	消除方法
纱嘴口太大或喂纱嘴口有磨损	调整合格的喂纱嘴
毛刷前后不正	依据相应标准调整
毛刷脱毛圆角	调换新毛刷
毛刷脱毛太薄	调换新毛刷
纱嘴座滑块活动	拧紧纱嘴座上的螺丝,并校对纱嘴位置
纱嘴座滑块高低两端不平	调整纱嘴座上的螺丝,使之平衡
纱嘴座滑块歪斜	调整或更换
纱嘴座滑块螺丝松动	旋紧螺丝并调整纱嘴
摇床不正引起前后针床不正	校正针床,前床织针正对后床相邻两枚织针的正中
针槽有积垢,针舌呆滞	清洁针床及织针部件,消除积垢
织针针尺太紧	检查织针针尺并调整
织针针舌歪斜、呆滞、不灵活、长短不一	更换新针
弯纱三角起痕深	磨砂抛光
弯纱三角吃线快慢不一致	修磨快的一只
弯纱三角两头螺钉松动	旋紧螺钉
弯纱三角滑块松动,两端面过狭、过尖	校正或更换
起针三角松动	拧紧螺钉
侧挑线簧(天线)抖动严重	调整或更换
机械抖动	检修机械传动部件

2. 破洞及故障排除

在编织过程中,由于纱线强度较差,纱线粗细不匀或机械质量等因素造成样片线圈断裂而形成的破洞,相应的消除方法见表4-2。

3. 撞针及故障排除

在编织过程中,织针的针踵在各个编织三角轨迹运行不畅引起的撞击,主要由于针踵无声断落(打闷针)、编织太紧织物、纱线太粗、机头内太脏等因素造成。它损伤针床、织针及三角本身,甚至影响织物的质量。其产生故障的原因和消除方法见表4-3。

表 4-2 破洞的产生原因及消除方法

产 生 原 因	消 除 方 法
纱线强力低、质量差	尽量降低纱线张力,或重上一次蜡降低摩擦力,纱线过送纱器,更换毛纱
纱线结头过大	调节结头探测片,增加探测器的灵敏度,防止大结头织入织物,重新打十字结
密度(度目)太紧或太松	加大或减小密度(度目)值
纱嘴内受异物堵塞	清除异物
织针上有毛刺	换针
纱线摩擦力过大	重新打蜡
纱嘴过高	调节纱嘴
机器速度太快	降低机器速度
弯纱三角活动不畅	检查是否卡滞并调整
弯纱三角吃线快慢不一致	修磨校正
弯纱三角压针面太宽	适当打磨
针床齿片锋利不光滑	磨砂抛光
纱嘴过低、纱嘴口破裂	调整更换
侧挑线簧太硬	调整侧挑线簧
针舌面破损,销子露面	更换新针

表 4-3 撞针的产生原因及消除方法

产 生 原 因	消 除 方 法
针槽太脏、太紧	做全面的清洁工作
密度太紧	调松密度值
纱线线密度不合适	使用适当的纱线线密度
长时缺油	增加加油次数
针床上掉有异物	清除异物
针在针槽中的位置不当	将针定于正确的位置
纱嘴位置放置不当	将纱嘴定于适当的位置

续表

产生原因	消除方法
针床左右位置偏移，使得针对针	调节针床位置
各密度三角起痕重或破裂	磨光砂滑或配换
各密度三角间隙太大	调整各密度三角位置或配换
弯纱三角针道太阔	配换
弯纱三角下边压针太尖	适当磨大
起针三角走针面大于直角	修磨
起针三角上角太低（与顶针三角不平）	配换
起针三角断裂	配换
起针三角固定螺钉松动	旋紧螺钉
编织三角距针床的间隙过大	垫三角板
各密度三角热处理硬度不够	配换
集圈（吊目）三角与起针三角间隙过大或起毛边	调整、磨光
集圈（吊目）三角狭窄，起针三角太阔	修磨起针三角，配换顶针三角
导向三角短于挺针三角	配换导向三角
针槽太宽或针槽有凹凸	检修针床的针槽
织针硬度不够	更换织针
针踵发毛弯曲	更换
选针推针高度不足	推针三角磨损，或三角底板归位不准发生偏斜。弹簧针处于不织压针区与编织区之间，产生压下退出编织和压下后弹起。修正三角底板，更换推针三角

4. 破边、烂边及故障排除

织物布边线圈脱落或断纱而造成布边破烂。其产生的原因和消除方法见表4－4。

表 4-4　破边、烂边产生的原因和消除方法

产生原因	消除方法
毛刷位置不当或过度磨损	调节毛刷位置或更换毛刷
纱嘴距编织布边太远或太近	调整纱嘴的位置
侧挑线簧弹力太小	加大侧挑线簧张力
纱嘴有倒刺	将纱嘴磨光，或更换一个
上挑线簧（张力弹簧）太软无力	调整张力弹簧螺丝
上挑线簧（张力弹簧）有磨损痕迹	调换新弹簧
上挑线簧（张力弹簧）或夹板失灵	调整更换
上挑线簧（张力弹簧）穿线孔发毛	磨光穿线孔
毛刷装置太低	调整位置
毛刷脱毛或两角牵住张力余纱	整修毛刷
毛刷毛尖堵住纱嘴上口	毛刷装高或剪短刷毛
导纱轨道松动	紧固导纱轨道固定螺栓
纱嘴座太松	调紧或更换

5. 密度花及故障排除

密度花即织物线圈大小不匀，一般有同行内和上下行的线圈大小不匀两种，前者是同系统内的弯纱差异或三角有问题造成，后者是不同系统的弯纱差异造成。其产生原因和消除方法见表 4-5。

表 4-5　密度花的产生原因及消除方法

产生原因	消除方法
程序有错	修改程序
选针器有故障	修理选针器
选针片片踵断裂	更换选针片
弯纱三角擦着针床引起不灵活	砂磨
弯纱三角两头螺钉松动	旋紧螺钉
密度三角驱动机构卡死	检查或调整

续表

产 生 原 因	消 除 方 法
导向三角螺钉松动影响密度三角上下移动	旋紧螺钉
密度三角调节深度不一	统一密度三角深度
三角座松动	旋紧螺钉
机头导轨螺钉松动	旋紧螺钉
机头导轨弯曲	校直

6. 斜角松紧(倒片)及故障排除

衣片下机后,发现两边长短不一,在目测情况下,有时虽无明显的密度不匀,实质上长的一边密度松,短的一边密度紧,称为斜角松紧。其产生原因和消除方法见表4-6。

表4-6　斜角松紧的产生原因及消除方法

产 生 原 因	消 除 方 法
针床左右有高低	调节一致
针床有凹凸不平整	调节顶针床螺栓或平整针床
针床栅状齿口钢丝不呈平行直线	修正、校对
机头导轨螺钉有松动	紧固导轨螺钉
两针床间口门大小高低,即左右不平均	按机号要求调整顶针螺钉或调整针床压铁
机头导轨弯曲或高低	校正、校直
针床滑块螺钉松动引起针床下坠	旋紧针床压铁螺钉,恢复针床口门要求
部分织针松动(压针条不直)	校正压针条使之平直

7. 吃单纱及故障排除

在编织过程中,由于喂纱阶段的调节不良,使针钩钩住单股毛纱,或在编织添纱织物时,织针只钩住一根面纱成圈,而底纱却成为类似架空织物的浮纱段,称为吃单纱。吃单纱疵病可能理解为临界于产生漏针疵病的边缘。检查、确诊其产生原因同于漏针,在编织添纱织物时要注意:添纱纱嘴的基孔芯子不宜太大,添纱纱嘴的喂纱深度不能太少,添纱纱嘴的装置不能太高。

8. 面上冒(浮布)及故障排除

在编织过程中,由于牵拉不足等原因造成织物浮出筒口,影响正常编织的现象。其产生原因及消除方法见表4-7。

表4-7 面上冒的产生原因及消除方法

产生原因	消除方法
针舌损坏	换针
断纱	重新接好纱线
纱嘴安装太高	调整纱嘴
牵拉张力太小	加大牵拉张力
密度太紧或太松	增加或减小度目(密度)值

第三节 电器控制系统

电脑横机的电器控制系统是电脑横机的心脏,是驱动和控制电脑横机工作的核心部分。因生产厂家和机器型号不同,控制系统的结构也不同,下面以常熟市金龙机械有限公司某一型号电脑横机的电控系统为例予以介绍。

一、电控箱

1. 电源部分

电脑横机的电源部分如图4-41所示,各部分的功能如下:

(1)TSDA30C主伺服电动机控制器1:驱动主传动电动机工作,由系统给信号。

(2)TSDA20B摇床伺服电动机控制器2:驱动摇床电动机工作,由系统给信号,其外观如图4-42所示。

(3)120W回升电阻3:当伺服器内部电压过高时,释放多余电压。

(4)100W回升电阻4:当伺服器内部电压过高时,释放多余电压。

(5)主伺服电动机5:由TSDA30C主伺服电动机控制器驱动,带动主传动皮带,驱动机头。

(6)摇床伺服电动机6:由SDA20B摇床伺服电动机控制器驱动,带动摇床传动组,驱动针床,其外观如图4-43所示。

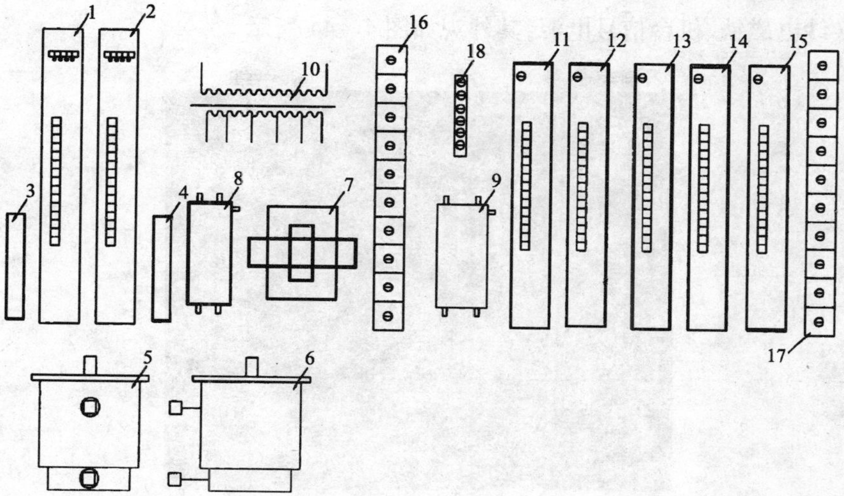

图 4－41　电脑横机的电源部分

图 4－42　伺服电动机控制器

图 4－43　摇床伺服电动机

(7)24V 交流接触器 7。

(8)单相滤波器 8、9:滤除电源中的杂波,输出平滑波,使电源处在稳定状态。

(9)BK－450 变压器 10:输入 220V、输出 110V、80V、24V。

(10)S－350－27V 电源供应器 11：电压可调整，供机头三角电磁铁、换纱电磁铁、机台信号电源，其外观如图 4－44 所示。

图 4－44　S－350－27V 电源供应器

(11)S－350－15V 电源供应器 12、13：电压可调整，供选针器和密度电动机电源，其外观如图 4－45 所示。

图 4－45　S－350－15V 电源供应器

(12)T－120BE 电源供应器 14:电压可调整,供控制板芯片、伺服器内部电源,其外观如图 4－46 所示。

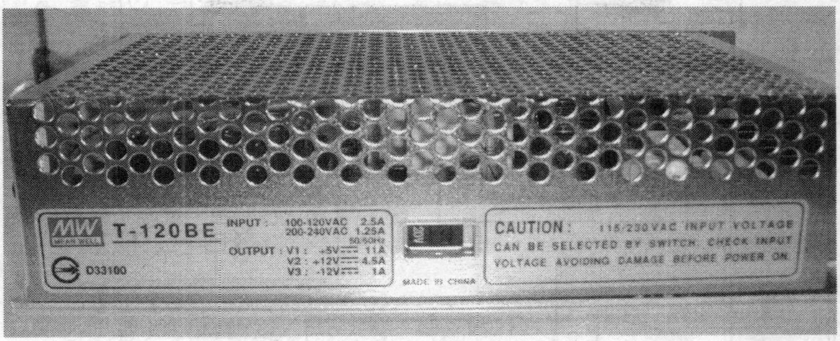

图 4－46　T－120BE 电源供应器

(13)T－100 电源供应器 15:电压可调整,供读针器电源,其外观如图 4－47 所示。

图 4－47　T－100 电源供应器

另外,图 4－41 中 16、17 为接线端子排,18 为接地铜板。

2. 控制部分

该电脑横机控制部分由电源、控制箱、显示器、键盘和受控件组成(图 4－48)。在其上可进行程序手工设计、修改、储存和检测工作。资料输入通过 U 盘进行。操作显示语言有中文、英文和日文等多种语言。以下对

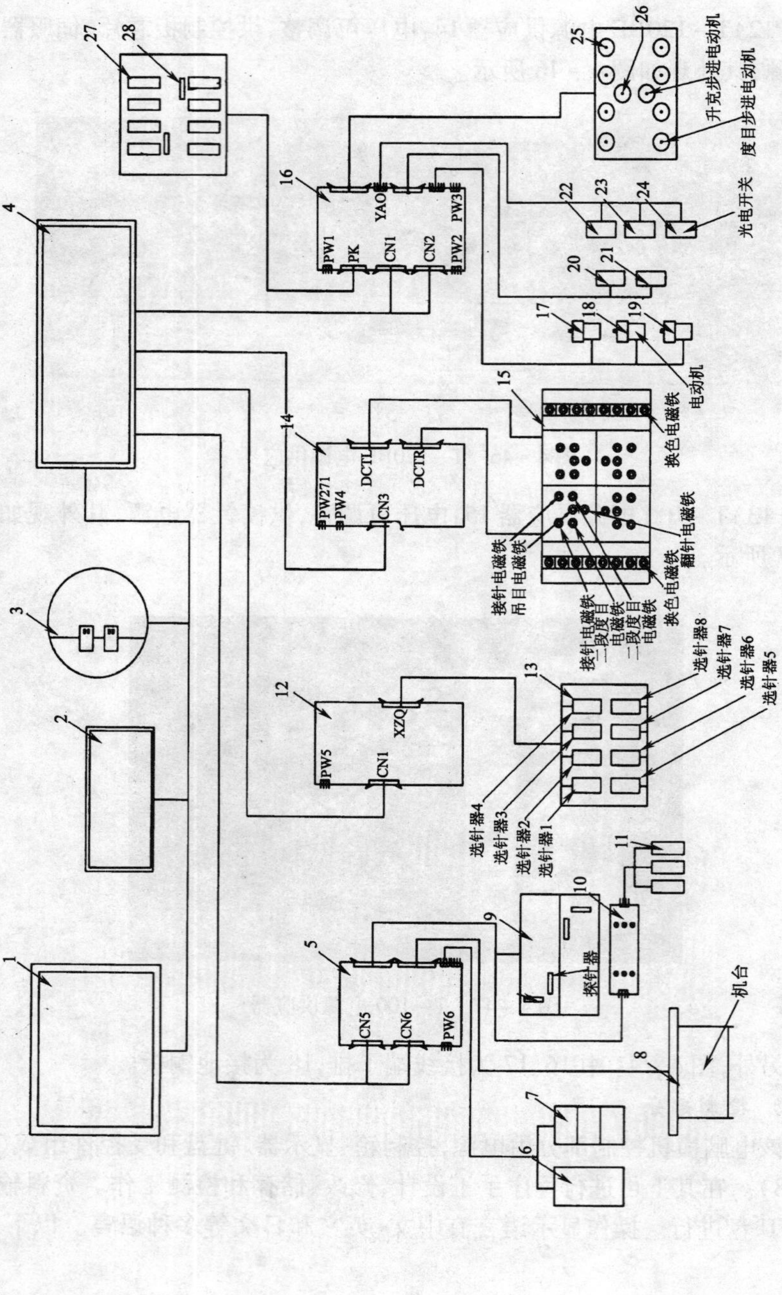

图4-48 电脑横机电器部分

控制和受控件名称和用途给以说明：

（1）显示器1：10.2英寸，分辨率800×600，主显示画面。

（2）键盘2：修改、测试工具。

（3）U盘接口3：在其上可通过U盘输入资料。

（4）工控机4：DOS操作系统，可储存、设计、修改、传送资料。

（5）信号板5：机台报警信号、读针信号等控制和反馈。

（6）防倒转电磁铁6：24V，交直流受控，防止主罗拉倒转。

（7）两色警示灯7：24V，LED灯泡。绿灯亮—正常运转，红灯闪烁—故障停车，红灯亮—正常停车。

（8）机台各报警点8：JJTH各受控件，如侧张力装置、落布、防倒卷装置、牵拉报警等。

（9）机头信号受控装置9：JTXH受控件，探针、换向光电开关。

（10）读针板10：放大读针信号。

（11）读针器11：读取齿排记数，反馈给读针板。

（12）选针器控制板12：根据系统程序要求控制选针器动作，其外观如图4-49所示。

图4-49　选针器控制板

(13)选针器 13:XZQ 受控件,共有 8 组,每组 6 段选针电磁铁,可根据系统的要求增加组数和段数,其外观如图 4－50 所示。

图 4－50　选针器

(14)三角换梭控制板 14:根据系统程序要求控制翻针三角、接针三角、集圈和换梭电磁铁的动作,其外观如图 4－51 所示。

图 4－51　三角换梭控制板

（15）电磁铁15：DCTL和DCTR的受控件，分两口，共有翻针电磁铁4个、集圈电磁铁4个、接针电磁铁8个、二段度目电磁铁8个、换梭电磁铁16个。

（16）步进电动机控制板16：根据系统程序要求控制步进电动机的动作，其外观如图4-52所示。

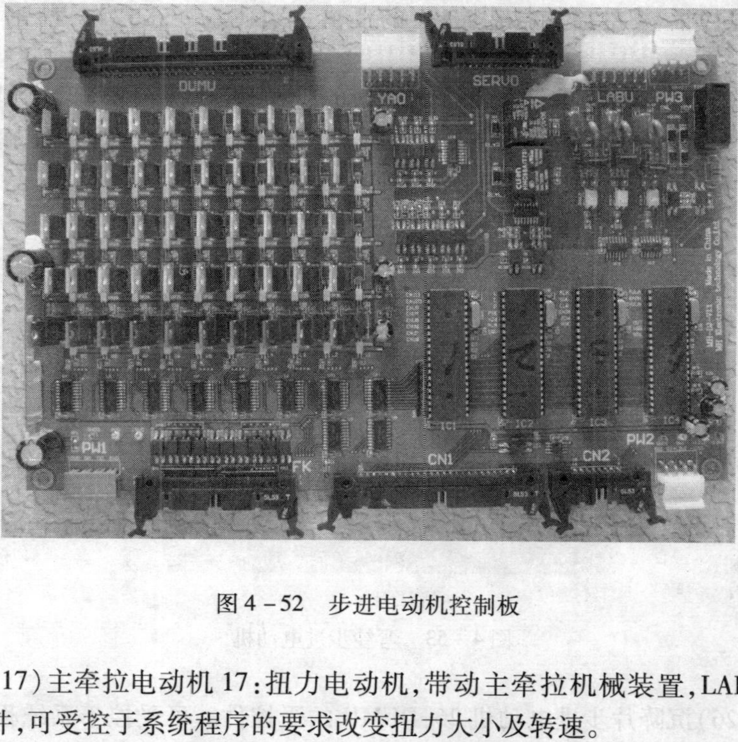

图4-52 步进电动机控制板

（17）主牵拉电动机17：扭力电动机，带动主牵拉机械装置，LABU的受控件，可受控于系统程序的要求改变扭力大小及转速。

（18）副牵拉电动机18：扭力电动机，带动副牵拉机械装置，LABU的受控件，可受控于系统程序的要求改变扭力大小及转速。

（19）副牵拉开合电动机19：扭力电动机，LABU的受控件，可受控于系统程序的要求改变副牵拉的开合状态。

（20）主伺服电动机控制器20：SERVO的受控件，控制主伺服电动机，可受控于系统程序的要求改变主伺服电动机的运转速度。

(21)摇床伺服电动机控制器 21:SERVO 的受控件,控制摇床伺服电动机,可受控于系统程序的要求改变摇床伺服电动机的运转方向、速度及摇床量。

(22)摇床右原点 22:YAO 的受控件。EE - SX672A 槽形广电开关。

(23)摇床防护 23:YAO 的受控件。EE - SX672A 槽形广电开关。

(24)摇床左原点 24:YAO 的受控件。EE - SX672A 槽形广电开关。

(25)弯纱步进电动机 25:DUMU 的受控件。可受控于系统程序的要求改变弯纱步进电动机的运转方向及步进量,其外观如图 4 - 53 所示。

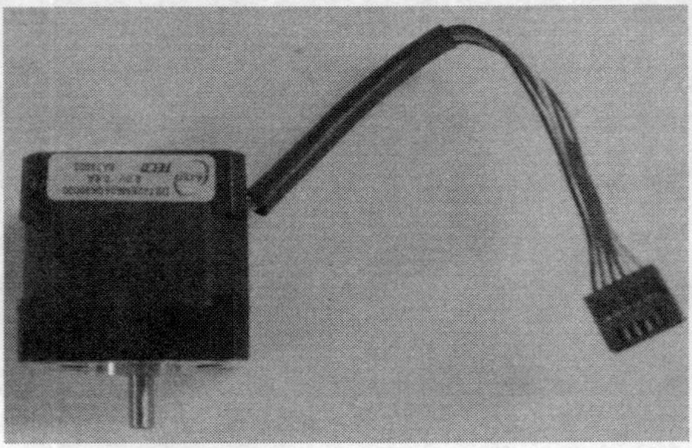

图 4 - 53　弯纱步进电动机

(26)沉降片步进电动机 26:DUMU 的受控件。可受控于系统程序的要求改变沉降片步进电动机的运转方向,控制沉降片三角,防止针床口浮片。

(27)弯纱步进电动机感应器 27:FK 的受控件。弯纱步进电动机归零点。

(28)沉降片步进电动机感应器 28:FK 的受控件。沉降片步进电动机归零点。

二、电控系统的电源品质与使用环境

(一)电源品质

电压的过高或过低,都会对机器的运转产生不良的后果,在安装电源时必须使用适当的电源电压。以下对某系列电脑横机所用的电源品质给以说明。

(1)总电源为交流 380V 3 相 4 线式之专用电源,经过电动机伺服式交流电源电压稳压器(AVR)稳压,后经过隔离式变压器进行变压输出电源为交流 3 相 220V 之专用电源,取其中两相输入机器。

(2)电动机伺服式电源电压稳压器为 3kVA/部,I/P 变动 ±15%,O/P = 220(1 ±2%)V。

(3)在不使用电压稳压器时:220(1 ±4%)V 变动以内可以使用。

(4)所需功率:1.7kW/部,频率:50/60(1 ±5%)Hz,使用线径不可小于 3.5mm^2(50m 内)。

(二)接地

本机使用第三方接地工程,接地系统必须专用(允许多部公用)。每部机器之间接地线不得小于 3.5mm^2(50m 内)。接地阻抗 ≤100Ω。

(三)环境

(1)请勿与干扰性设备邻近,如大功率电动机、印刷机械、X 光机等。

(2)请勿与化学性物质过高或盐分过高的物质接近。

(3)最佳工作环境为 15 ~28℃,请提供空调设备。

三、电脑横机电控系统的日常维护

(1)电脑横机的电控箱和电源箱非专业人员不可在通电状态下进行维修检查,一定要关掉电源,需要通电检查维修时,须谨慎操作,以防出现疏忽而造成反应不及之危险。

(2)电控电器箱每 1 个月进行一次卫生清理。

(3)若机器多日不启动电源时,须每隔 7 天通一次电源,以保持电子电路的使用状态。

(4)若机器多日不运转时，须每隔15天让机器运转不少于1h，以保持电器传动结构的使用状态。

(5)在机械传动加油时请勿将油滴入电控箱内，以免损坏电控件。

(6)电控箱盖与电器箱盖在调机和维修后，须用安全锁锁定，以免通电后因他人疏忽造成危险。

(7)前后护盖打开报警和急停开关不要屏蔽或取下，以免在机器运转时因他人疏忽而造成反应不及之危险。

(8)请勿自行更改电控电器箱或追加一些周边装置，以免损坏电器。

四、常见异常信息和故障排除

1. 读针不良

进测试界面检测读针，调整读针板的电位器位置，调整读针器和齿排之间的距离，用脉波器调整读针的波形。

2. 原点错误

进测试界面检测原点，调整原点读针器和感应点之间的距离，调整感应点的位置。

3. 主电动机错误

进测试界面检测主电动机，检查译码线，检查电动机的UVW接线，更换伺服器。

4. 摇床电动机错误

进测试界面检测摇床电动机，检查译码线，检查电动机的UVW接线，更换伺服器。

5. 摇床越位

进测试界面检测越位感应器，调整摇床越位感应器，检查摇床伺服器，检查译码线。

6. 主电动机不良

进测试界面检测主电动机，调整伺服器参数。更换伺服器。

7. 摇床原点不良

进测试界面检测原点感应器,调整原点感应器。

8. 左换向错误

进测试界面检测换向感应器,更换感应器。

9. 右换向错误

进测试界面检测换向感应器,更换感应器。

10. 左断纱

有断纱重新接纱线,调整侧挑线簧张力。

11. 右断纱

有断纱重新接纱线,调整侧挑线簧张力。

12. 天线

有断纱重新接纱线,调整挑线簧张力。检查更换坏的送纱张力装置。

13. 卷布

有布卷起,调整微动开关。

14. 落布

布片落掉,重新挂布

15. 护盖

护盖保护打开,关上前后护盖。

16. 振荡

有撞针。

第四节 机器操作简介

一、操作界面

电源开启后,进入主操作界面,如图 4 – 54 所示。

1. 文件管理

在主操作界面(图 4 – 54)中选择"文件"菜单档案管理,进入如图 4 – 55 所示界面,可以进行文件的"打开"、"保存"、"档案管理"、"文件排序"操作。

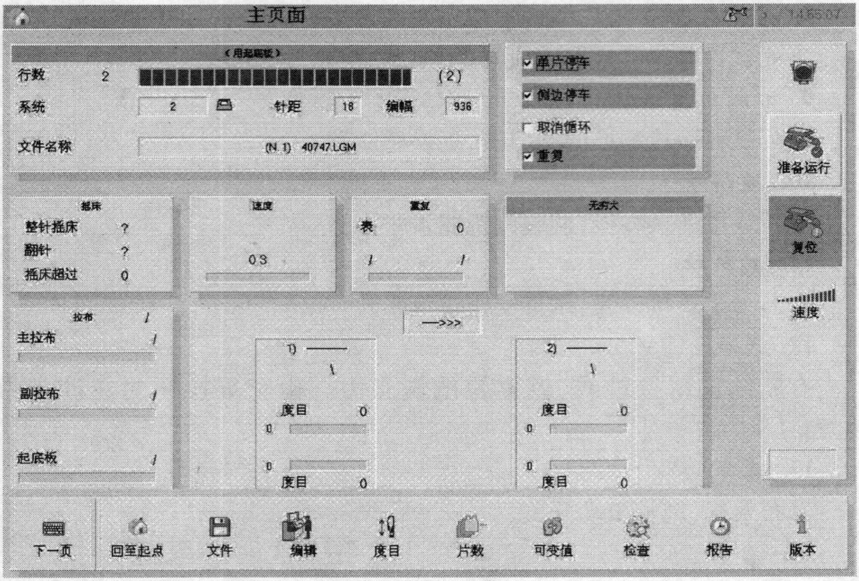

图 4 – 54　主操作界面

机器可以识别 *. LGM 格式的程序文件,这是由设计系统生成的可视化文件。

“打开”菜单把外接存储磁盘或机器硬盘中的文件读到机器内存中,我们也可以只选择读取程序文件的相关编织参数(度目、拉力、速度等)。

“保存”菜单是把当前机器内存中的文件保存到外接存储磁盘或机器硬盘中。

“档案管理”菜单是进行外接存储磁盘和机器硬盘之间的程序文件复制、移动操作。

“文件排序”菜单是进行大货批量生产中多片编织的计划安排,其子菜单中的“排序管理”界面如图 4 – 56 所示。当完成程序

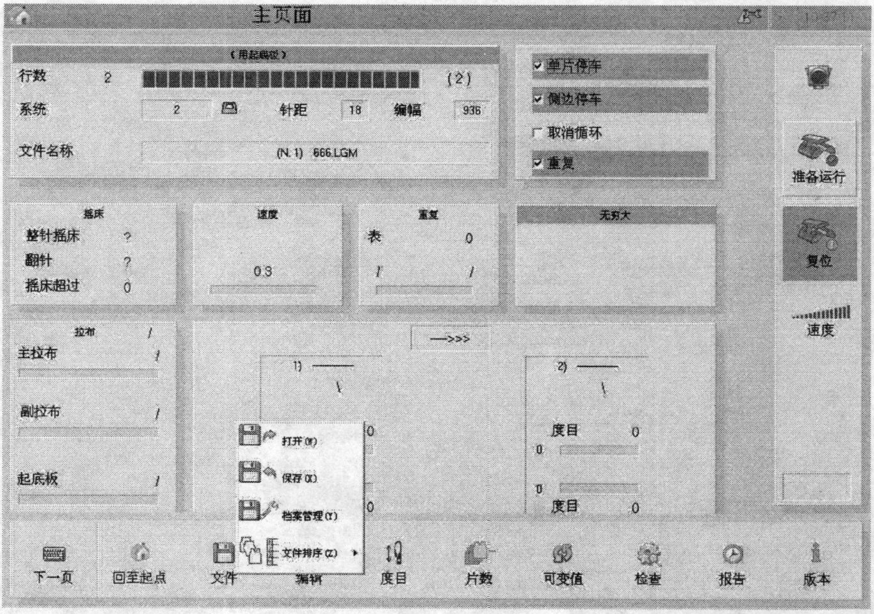

图 4－55　文件操作界面

文件的选择后，设置需要编织的数量，同时也显示已经完成的编织数量。

为了安全因素的考虑，机器在读取新文件时应该在“复位”状态下，可执行“准备运行”的操作，在机器运行状态下读取新的程序文件，操作者必须小心，保证机器继续正在进行的编织而不会出现错误。

2. 复位菜单

在机器工作结束后和开始编织前，最好点击主界面右侧的“复位”菜单，如图 4－57 所示，使机头位于机器的右侧，然后 CAM 控制系统和步进电动机复位，摇床在操作者按下“准备运行”菜单后复位。

复位菜单共有四个选项：复位、复位并且调整导纱器、复位并且落布、复位＋纱嘴修正。

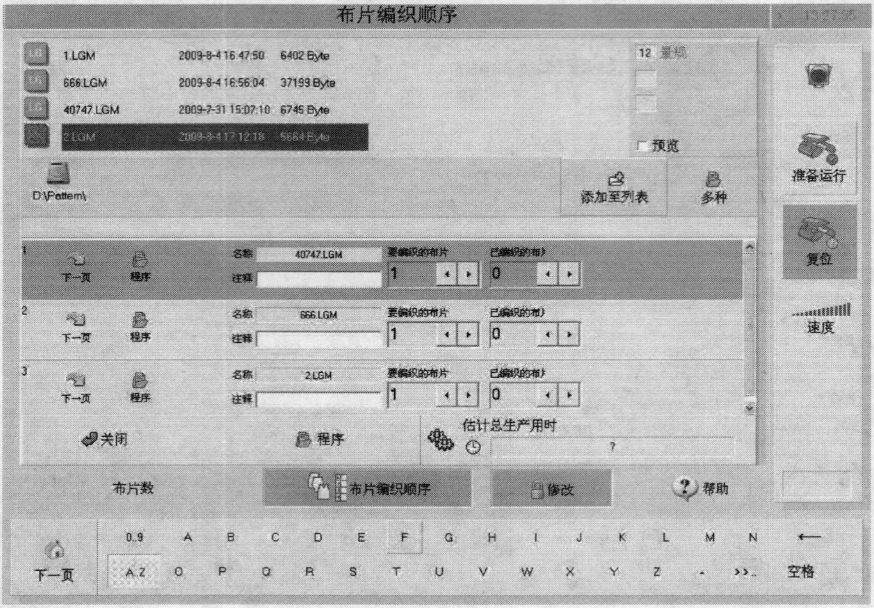

图 4－56　排序管理操作界面

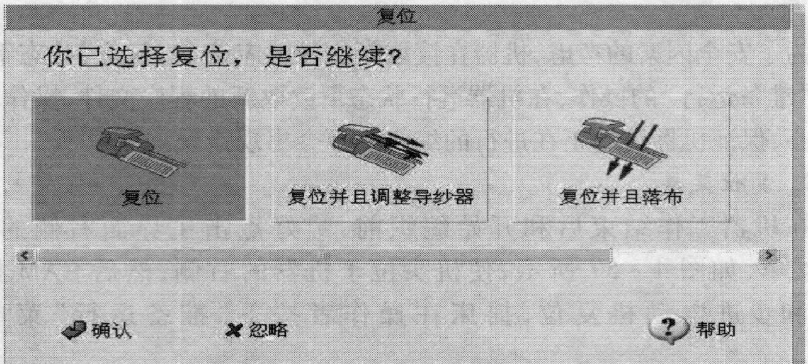

图 4－57　复位界面

3. 机器安装模式

在主操作界面下选择“可变值”菜单，进入如图4－58所示的实用值界面，在密码处输入密码后，退出回到主界面选取“版本”菜单，进入如图4－59所示的版本界面，即可升级软件和升级机存软件，进而进入机器的安装模式。

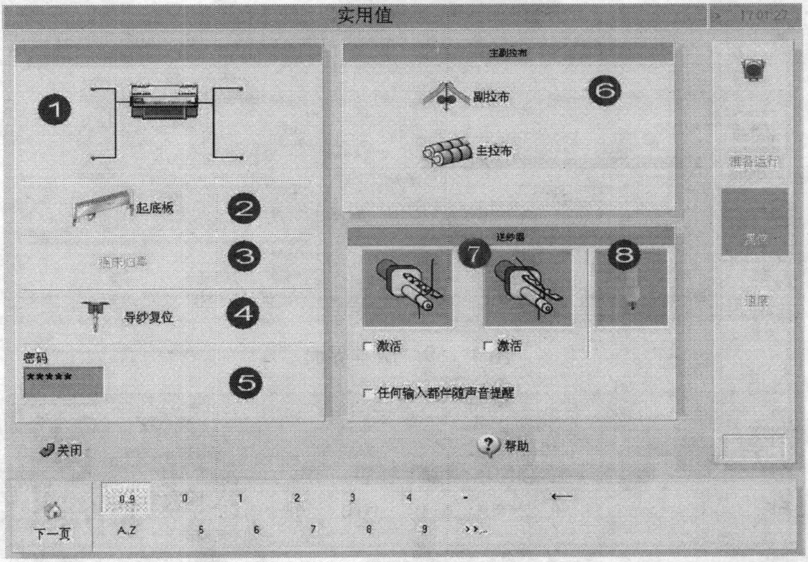

图4－58　实用值界面

4. 主界面

在如图4－60所示的主界面，可以获得机器的各种参数和正在编织的花型参数，点击各个区域即可进入相应的参数子界面。各区域内容是：

①机器常见参数：该区域包含了编织系统数、针距、编幅、文件名及编织行数信息。

②机器参数：“单片停车”表示机器在编织完一片后停车，“侧边停车”表示机头到一侧后停车，“取消循环”表示取消在⑤中的设置，“重复”只在没有起底板的机器中使用。

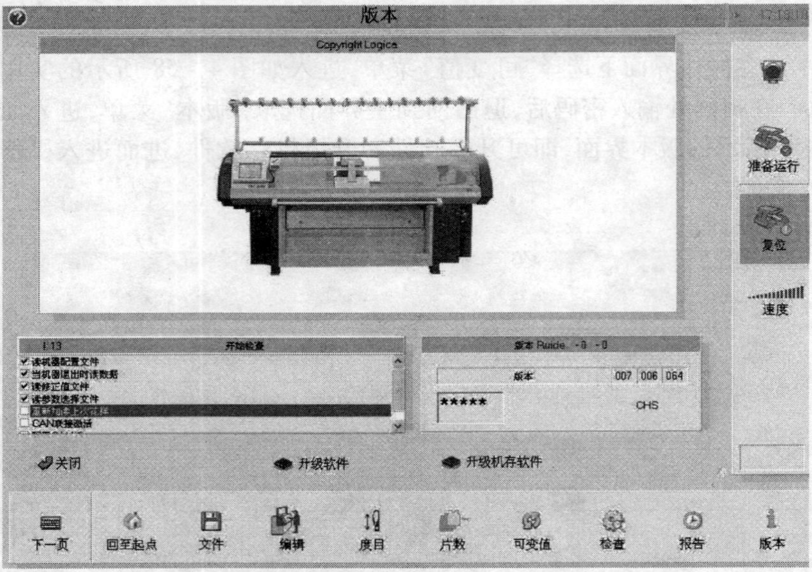

图 4－59　版本界面

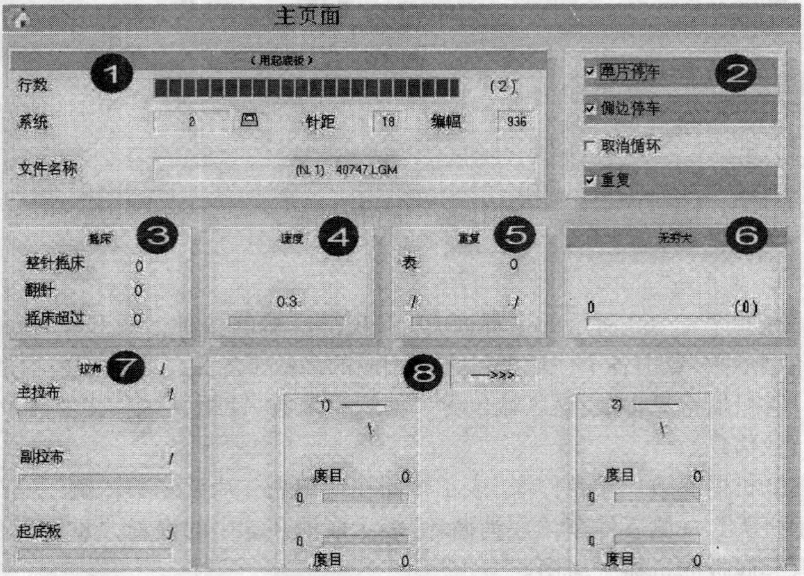

图 4－60　主界面

③摇床：关于摇床的各种参数。

④速度：机器的编织速度。

⑤重复：在花型中需要重复编织的参数。

⑥编织的片数。

⑦拉布：卷取牵拉装置的拉力。

⑧度目：织片的密度参数。

5. 度目

点击图4－60所示主界面中的⑧区域或者图4－54中下栏菜单中的“度目”，进入图4－61所示的界面，进行当前编织物的度目设置，对于双系统机器分为两个编织系统，前后针床，两个机头方向分别进行设置，默认为“只读”状态，可以单击改为“修改”状态。对于可变度目（二段度目）花型可以通过点击“动态度目质量”查看。

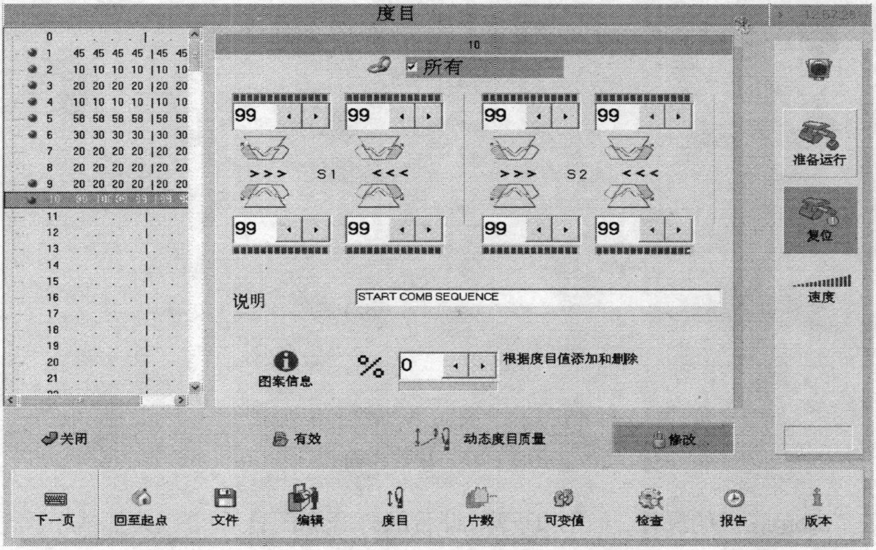

图4－61　度目界面

6. 片数

片数界面如图4－62所示。它主要包括以下内容：

①显示在编织计划中需要编织的数量。

②显示已经完成编织的布片数量，该数值不能大于要编织的布片数量。

③如果选择连续运行，则上述两个数值无效。

④该区域显示了编织计划的预计生产时间，预计剩余时间，当前日期和完成计划的日期，配合区域联网功能，可以高质量地满足客户对于生产计划的安排需求。

7. 实用值

实用值界面如图 4－58 所示，在此界面拥有多项在机器运行中常见的操作指令。

①在左右侧的剪刀夹子操作。

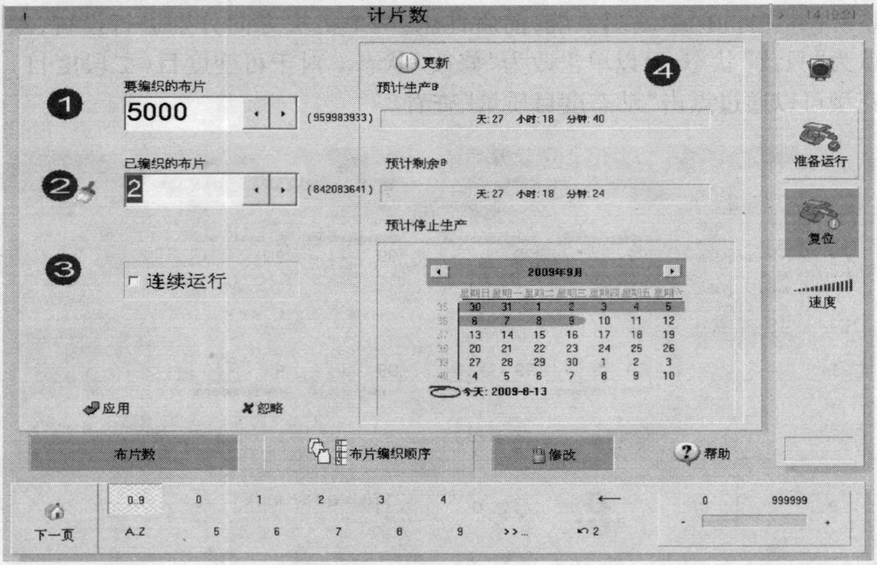

图 4－62　片数界面

②起底板的操作，上升和下降，针舌的打开和闭合。

③摇床复位。

④提升纱嘴位置，如果机器处于准备运行状态，纱嘴初始为高位，复位后降低位置。

⑤密码框可以输入相应的等级密码，可以进入“参数选择”页面。

⑥进行主副罗拉的打开、闭合和运转的操作。

⑦打开和关闭两侧的送纱器。

⑧打开和关闭照明灯。

8. 检查

“检查”菜单位于主页面的下栏菜单栏中，该菜单中的子页面主要检测机器各零部件是否处于正确的状态，进入此页面需要二级密码。

9. 报告

此界面包含了机器生产使用信息，如图 4－63 所示。

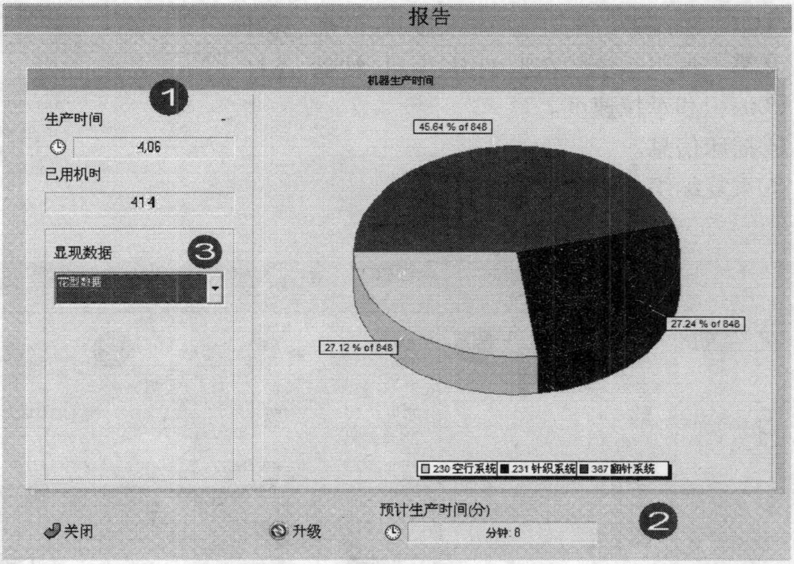

图 4－63　报告界面

①生产时间：为了获得当前织物的准确生产时间，必须编织完成一片后才能得出准确时间。

②显示织物的理论编织时间，当然这个数据与实际时间有很微小的差异。

③显现数据：在这里可以显示以下数据。

停机数据：显示机器停机的时间，可以选择不同的时间范围。

花型数据:显示机器运转情况:空行时间、编织时间、翻针时间。

RAM 内存数据:显示机器当前内存的使用状况。

二、程序编辑

在程序编辑各界面中,默认设置为“只读”,需要再点击使之变为“修改”后方可修改。具体内容包括:

1. 行程

如图 4－64 所示,该界面包含了机头运转的每一行信息:

①第一编织系统的花型编织、度目、纱嘴、选针。

②第二编织系统的花型编织、度目、纱嘴、选针。

③编织和牵拉速度。

④摇床信息。

⑤重复编织信息。

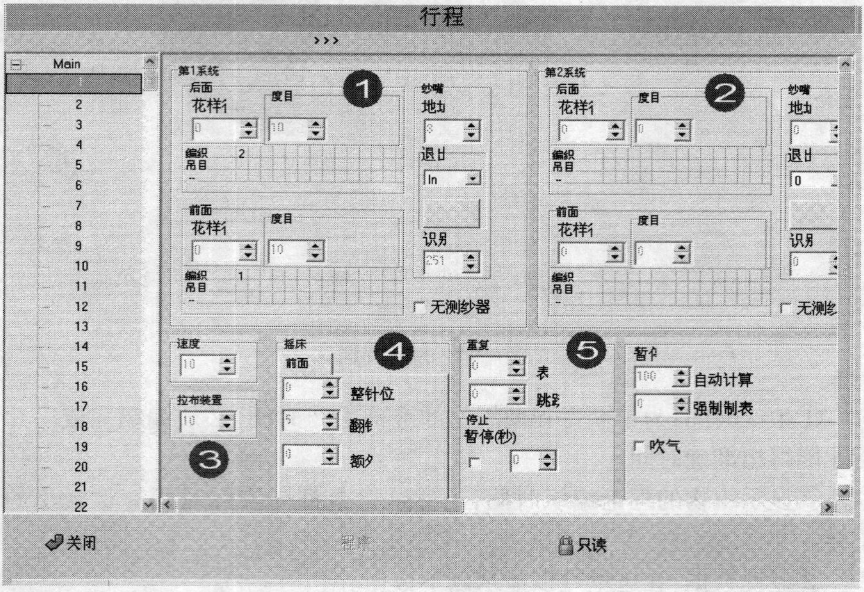

图 4－64　行程界面

2. 花样

花样界面如图 4－65 所示，结合每行的编织和纱嘴描绘出花型，在这个界面可以看见以下信息：

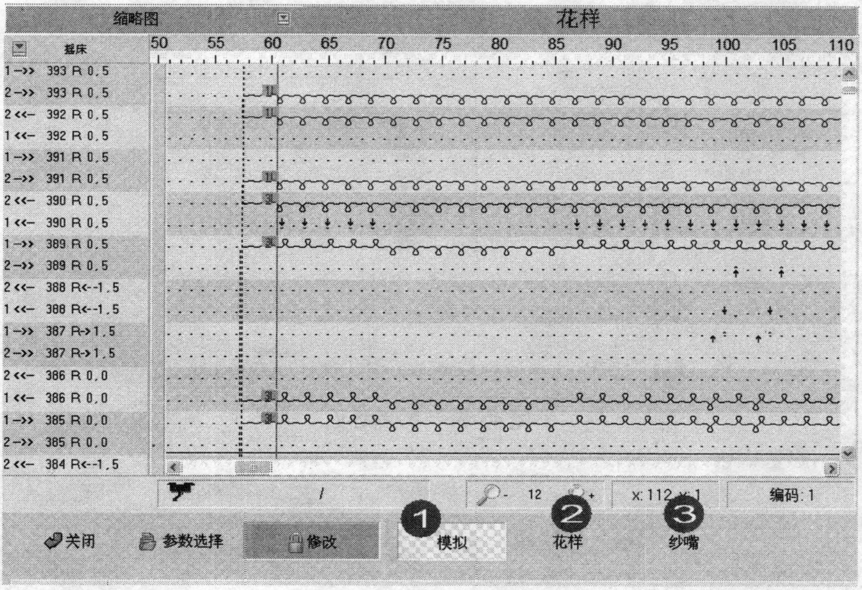

图 4－65　花样界面

①采用数字图像处理技术动态地显示出编织图、机头方向及纱嘴。

②以行的形式显示前后针床的选针和花样图。

③显示行和纱嘴的信息。

3. 纱嘴

如图 4－66 所示，通过此界面可以设置编织中使用的纱嘴，并且可以动态地查看纱嘴的编织区域。

4. 纱嘴停放

通过此界面可以设置编织中使用的纱嘴停放点，一般情况下设计系统会在制版时设置好。该设置以表格的形式显示，默认是从 100 行开始，如图 4－67 所示。

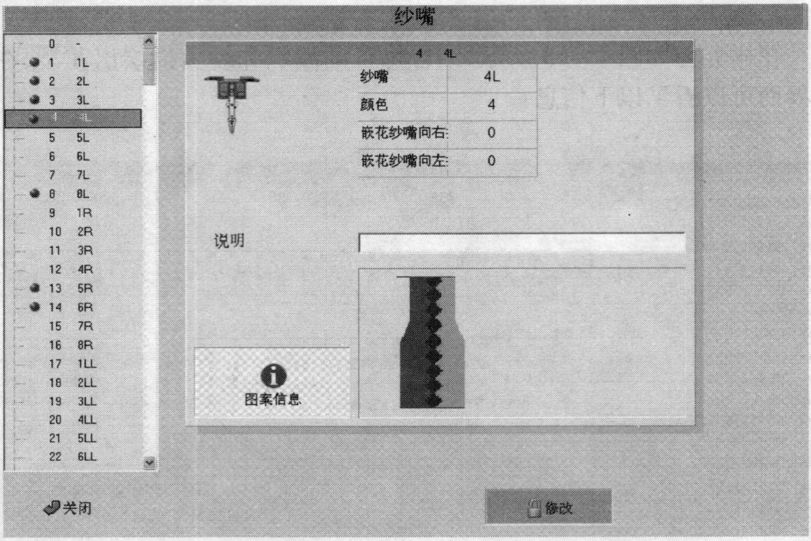

图 4－66　纱嘴界面

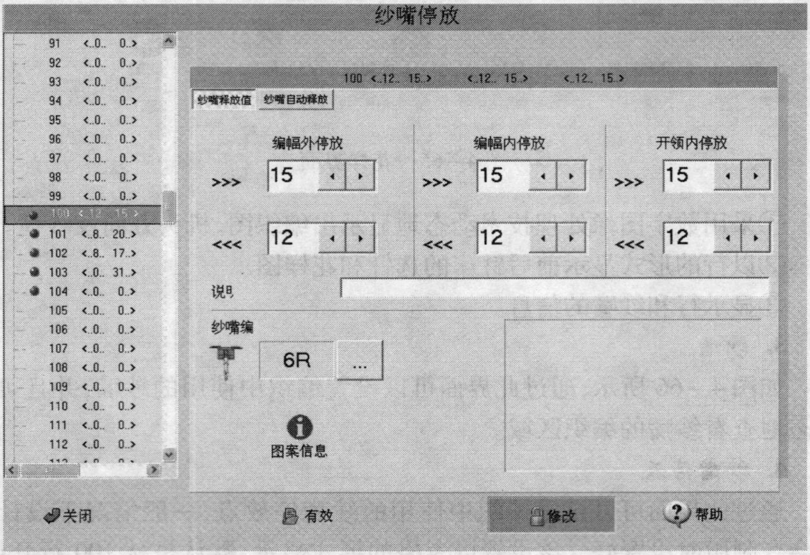

图 4－67　纱嘴停放界面

如果要修改纱嘴的自动释放位置,请选择“纱嘴自动释放”界面进行相关设置,如图 4－68 所示。

①纱嘴距离编织边缘的距离(普通纱嘴和嵌花纱嘴)。

②在编织区域外纱嘴之间的间隔(普通纱嘴和嵌花纱嘴)。

③为了保证编织时普通纱嘴不重叠,纱嘴之间的间隔(仅普通纱嘴)。

④为了保证编织时嵌花纱嘴不重叠,纱嘴之间的间隔(仅嵌花纱嘴)。

系统自动设置纱嘴间距,可以有效避免纱嘴可能发生的重叠,如果出现纱嘴重叠的情况,可能是由于纱嘴未能准确调整设置好。

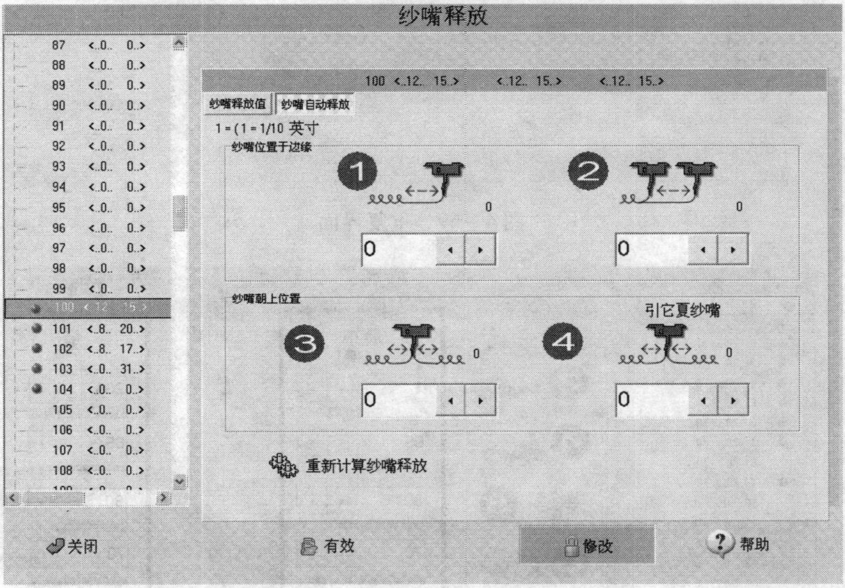

图 4－68　纱嘴自动释放界面

5. 重复

当机器处于“准备运行”状态,可以设置织片的某些行数重复编织的次数,当机器开始运行后,相应的设置就会失效。如图 4－69 所示。

6. 拉布

通过此界面可以设置织物的牵拉值,如图 4－70 所示。下述的参数值具体是根据每行参与编织或翻针的针数而动态变化的。

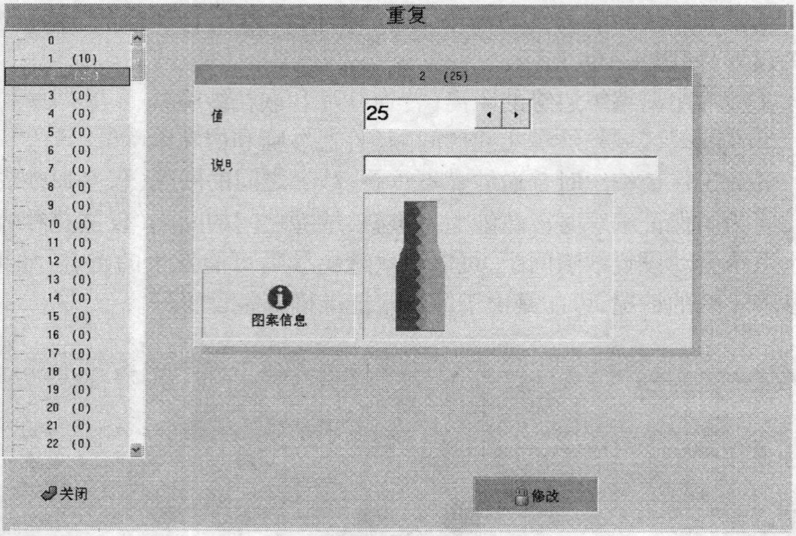

图 4－69 重复界面

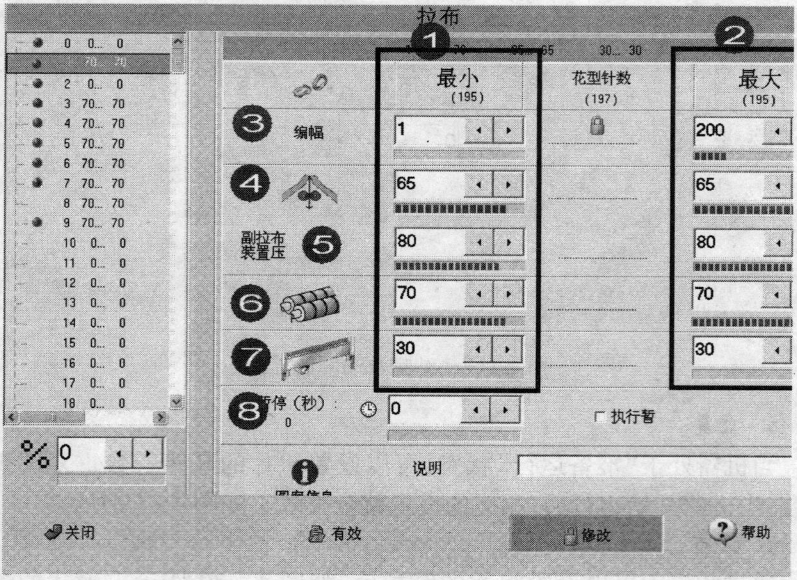

图 4－70 拉布界面

①这一栏的参数值表示在每一行参与编织的针数最小时的数值。

②这一栏的参数值表示在每一行参与编织的针数最大时的数值。

③最小和最大编幅针数。

④副牵拉值。

⑤副牵拉的角度。

⑥主牵拉。

⑦起底板的拉力。

⑧牵拉装置的暂停时间。

7. 机器设定

如图 4－71 所示,在这个界面可以看到装载花型后如何进行编织准备,特别是设定使用的纱嘴和种类。

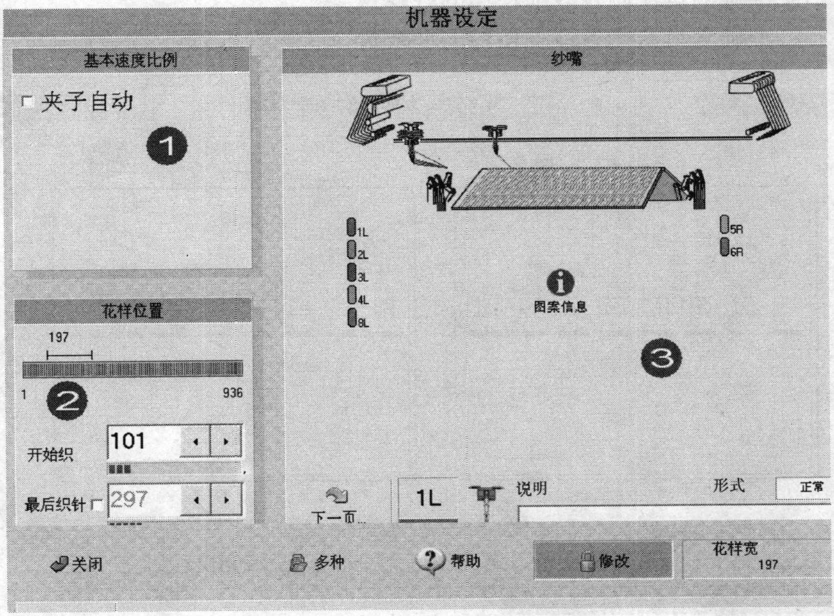

图 4－71　机器设定界面

①夹子的自动。

②设置开始编织的起始针(注意此设定须在机器复位后操作)。

③纱嘴信息，它包括：

(a)程序中使用了哪些纱嘴。

(b)起始编织时纱嘴停放的位置。

(c)纱嘴的类别[普通、嵌花、双孔(添纱)纱嘴三种]。

8. 速度表

当机器处于准备运行状态，可以设置机头运行的速度，数值是以每秒运行的厘米数表示，以表格的形式显示出不同段的编织速度和行数。

9. 度目控制

通过测纱器测量两侧送纱量，从而更加有效地控制织片的质量，如图4-72所示。

①准确测量左侧各纱嘴使用的纱线量。

②准确测量右侧各纱嘴使用的纱线量。

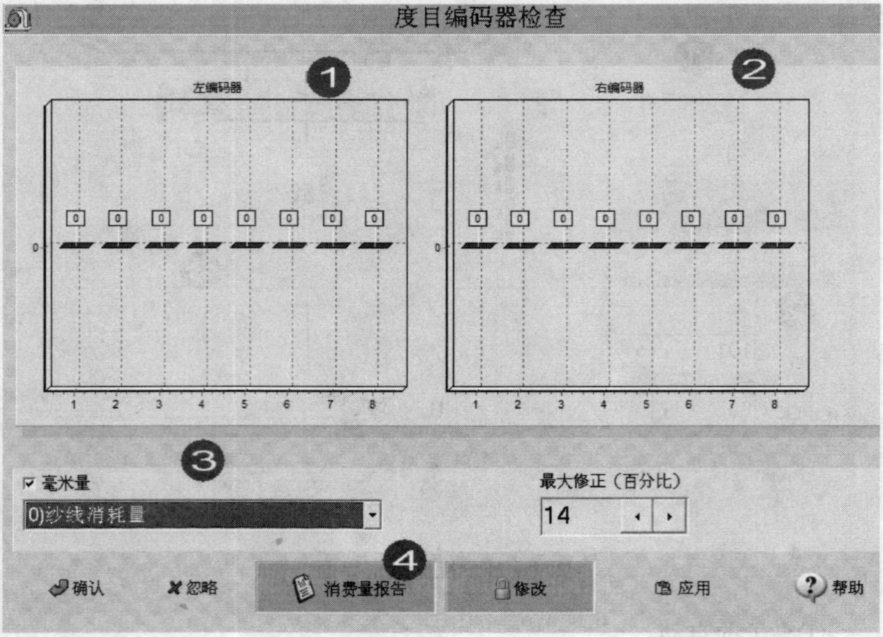

图4-72 度目控制界面

③测量纱线量的类型选择。

④界面显示方式。

三、机器检查

在主界面选择“检查”菜单，进行机器的各项测试。

1. 选针器

如图 4－73 所示，此界面可以对机器的选针器进行各种测试，机器采用了六段选针，在此选择框选择测试选针片数、机器的编织系统数、选针器序号（每个系统对应两个选针器）和针床（选择前后针床）后，在相应的选项中选择后进行测试细节设置。

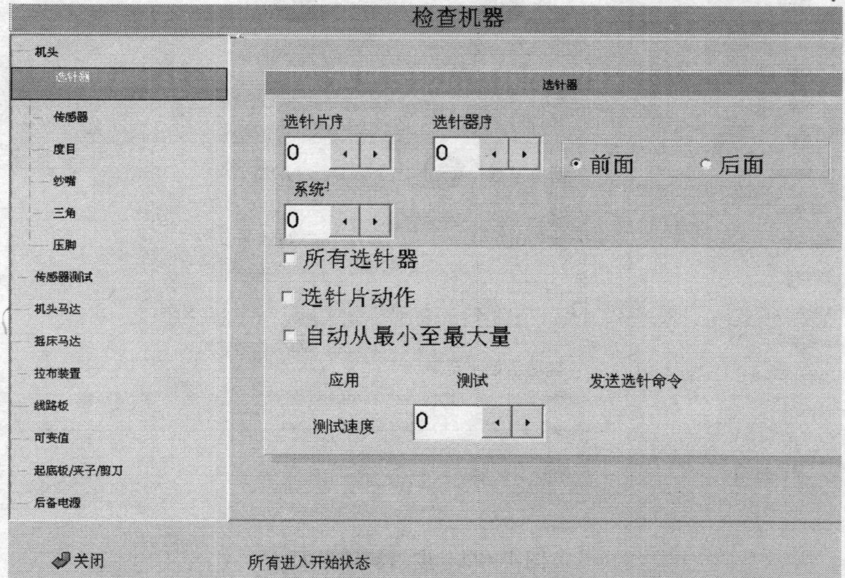

图 4－73　选针器界面

2. 机头传感器

前后探针和方向接近开关都是通过传感器工作的，通过对它们的测试可以了解到传感器的工作状况。

3. 度目测试

度目测试界面如图 4 - 74 所示，在此界面拥有多项选择测试操作指令。

①选择编织系统号。

②选择前后针床和左右侧。

③上述的所有度目同时测试。

④度目测试的力度选择。

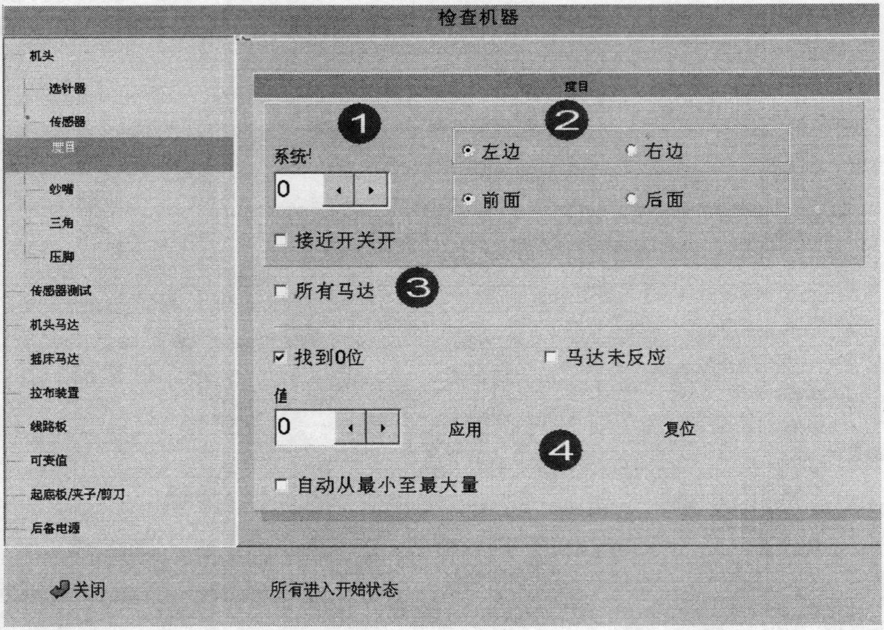

图 4 - 74　度目测试界面

4. 纱嘴测试

纱嘴测试界面如图 4 - 75 所示，此界面拥有多项选择测试操作指令。

①选择编织系统号。

②选择两侧的纱嘴编号。

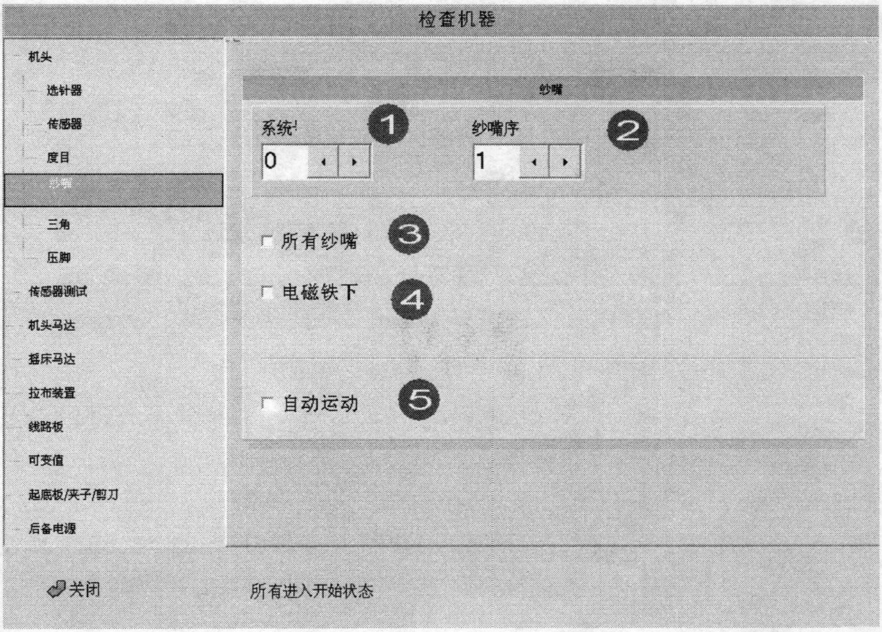

图 4 - 75　纱嘴测试界面

③进行所有电磁铁的测试。

④电磁铁上下运动。

⑤纱嘴的自动测试。

5. 三角测试

三角测试界面如图 4 - 76 所示，在此界面拥有多项操作指令。

①选择编织系统号和前后三角。

②选择对应的三角进行测试。

③选择是否所有三角自动测试。

6. 传感器

在机器上面进行相应的操作，完成此页面的相应测试工作。

7. 机头电动机

测试机头电动机（图 4 - 76 中为马达，余同）和操作杆。

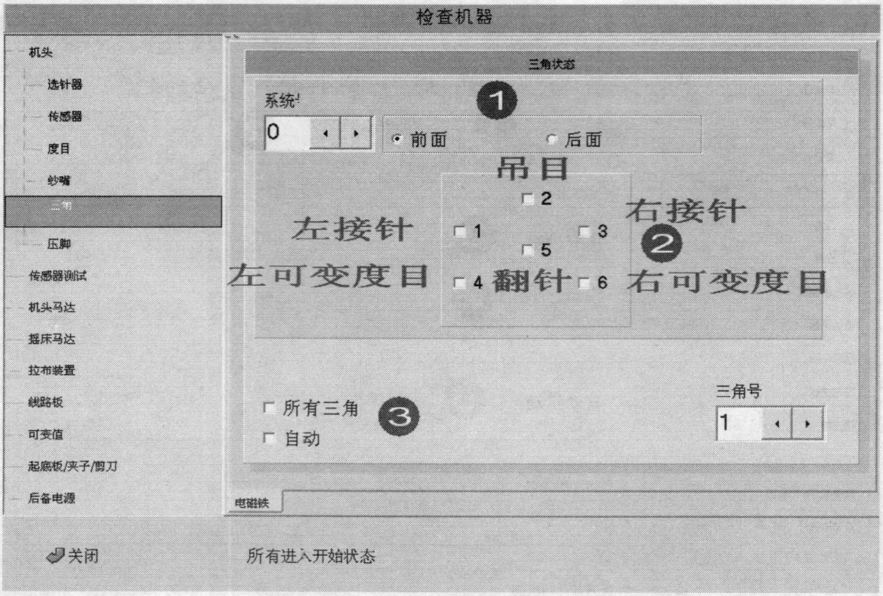

图 4－76　三角测试界面

8. 摇床电动机

测试机器的摇床电动机。

9. 拉布装置

测试主拉布、副拉布的速度和距离。

10. 起底板、剪刀、夹子

测试起底板、剪刀、夹子的运转是否正常。

第五章　单级选针电脑横机的结构

德国斯托尔(STOLL)公司的 CMS 系列电脑横机采用的是单级选针方式。图 5－1 为这种电脑横机的外观结构。

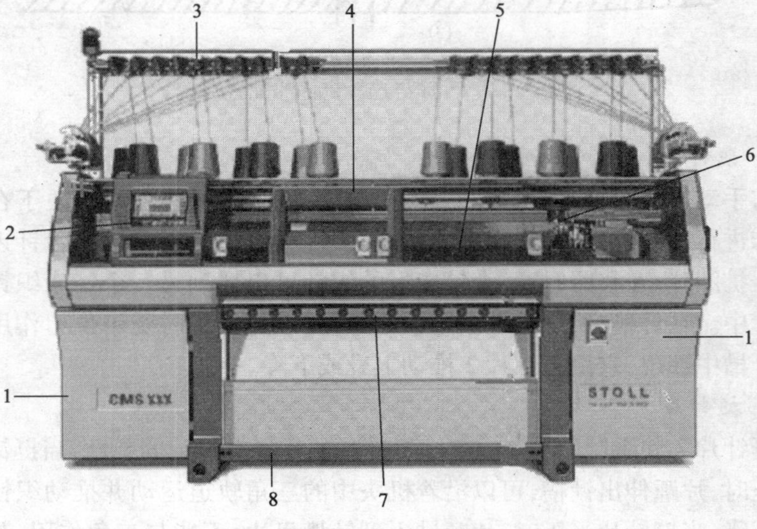

图 5－1　CMS 系列电脑横机的外观结构

1—控制机构　2—操作面板　3—纱架　4—机头　5—针床

6—梭杠和导纱器　7—牵拉机构　8—机架

第一节　编织与选针机构

一、舌针、沉降片与选针机件

图 5－2 所示为 CMS 系列电脑横机一个针床的截面图，它反映出舌针与选针机件间的配置关系。各元件及作用如下：

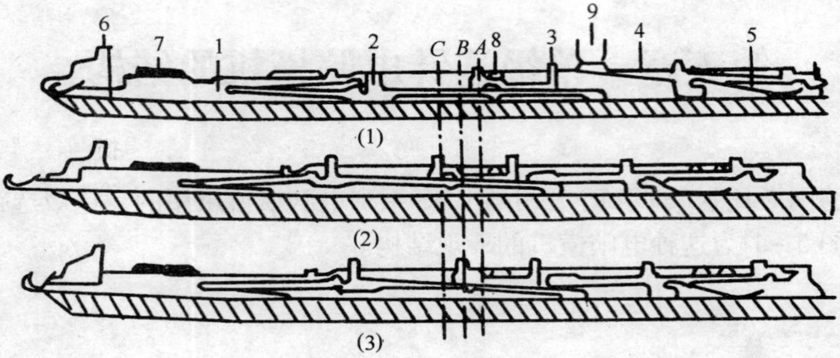

图 5－2 舌针与选针机件的配置

1. 织针

与手动横机一样，电脑横机主要采用舌针作为织针。为了便于在前后针床进行移圈，除了普通舌针的特点之外，电脑横机所采用的舌针还带有一个扩圈片，在移圈时，一个针床上的织针可以插到另一个针床织针的扩圈片中。在针槽中，织针 1 由塞铁 7 压住，以免编织时受牵位力作用使针从针槽中翘出，它由挺针片 2 推动上升或下降。

2. 挺针片

挺针片 2 和织针 1 嵌在一起。挺针片的片杆有一定的弹性，当挺针片不受压时，片踵伸出针槽，可以沿着机头中的三角轨道运动并推动织针上升或下降；当挺针片受压时，片踵进入到针槽里边，不能与三角作用，其上的织针就不能上升或下降。

3. 中间片

中间片（又称压片）3 位于挺针片 2 之上，当它的上片踵与三角系统中的压条作用时，中间片向下压向挺针片，使挺针片片踵进入针槽，离开三角的作用；当它的上片踵不受压时，下面的挺针片片踵就会向外翘出，与三角作用。

4. 选针片

选针片 4 直接受电磁选针器 9 作用。当电磁选针器 9 有磁性时，选针片被吸住，选针片不会沿三角上升，其上方的中间片在压条 8 的作用下将挺针片压入针槽，织针保持不工作状态；当电磁选针器无磁时，和选针片4镶嵌在一起的压簧5使选针片4的下片踵向外翘出，选针片在相应的三角作用下向上运动，推动中间片向上运动，使其突出部位脱离压条8的作用，它下面的挺针片2被释压，挺针片片踵向外翘出，可以与三角作用，推动织针工作，如图5-2(2)所示。在每次选针之前，所有的挺针片都被压入针槽，处于图5-2(1)所示的状态，只有在机头运行中被选上的针的挺针片处于图5-2(2)所示的状态。

5. 沉降片

沉降片6配置在两枚织针中间，位于针床的齿口部分的沉降片槽中。两个针床上的沉降片相对排列，由机头中的沉降片三角控制沉降片片踵使沉降片前后摆动。沉降片的结构与作用原理如图5-3所示。当织针1上升退圈时，前后针床中的沉降片2闭合，握持住旧线圈的沉降弧，防止旧线圈随针上升，如图5-3(1)所示。当织针下降弯纱成圈时，前后沉降片打开，以不妨碍织针成圈，如图5-3(2)所示。和压脚相比，沉降片可以实现单个线圈的牵拉和握持，且可以作用在成圈的整个过程，效果更好，对在空针上起头、成形产品编织、连续多次集圈和局部编织十分有效。

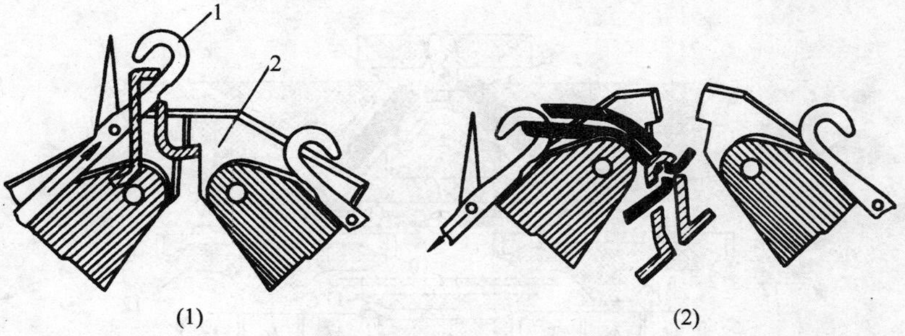

图5-3　沉降片的结构与作用原理

二、三角系统

电脑横机的机头内可安装一至多个编织系统，现在最多可有八个系统。机头也可以分开成为两个（如一个4系统机头可分为两个2系统机头)或合并为一个,当分开时,可同时编织两片独立的衣片。下面介绍一下与上述选针机件相对应的德国斯托尔 CMS 系列电脑横机三角系统的结构及其编织与选针原理。

图 5 - 4 为该系列横机一个成圈系统的三角结构平面图。1 为挺针片起针三角,被选上的挺针片可沿其上升到集圈高度或成圈高度。接圈三角 2 和起针三角 1 同属一个整体,它可使被选上的挺针片沿其上升到接圈高度。挺针片压针三角除起压针作用外,还起移圈三角的作用,要移圈的针的挺针片在移圈时沿其上平面上升到移圈高度。它可以通过步进电动机在程序的控制下进行无级调节以得到合适的弯纱深度。挺针片的导向三角 4 起导向和收针作用。上、下护针三角 5、6 起护针作用。移圈时,上护针三角还起压针作用。集圈压条 7 和接圈压条 8 是作为一体的活动件,可上、下移动,用于与中间片的上片踵作用,分别在集圈位置或接圈位置将中间片压下去,从而使挺针片和织针退出工作,进行集圈或接圈。选针器 9 由握持区 M 和选针区 C_1、C_2 组成,它们都是永久磁铁,但在选针区可通过电信号的有无使其有磁和消磁。选针前先由握持区 M 吸住选针片的片头,如图 5 - 2(1)所示,当选针区移动到选针片片头位置时,如果选针区没有被消磁,选针片头仍然被握持,织针没有被选上,不工作;如果选针区

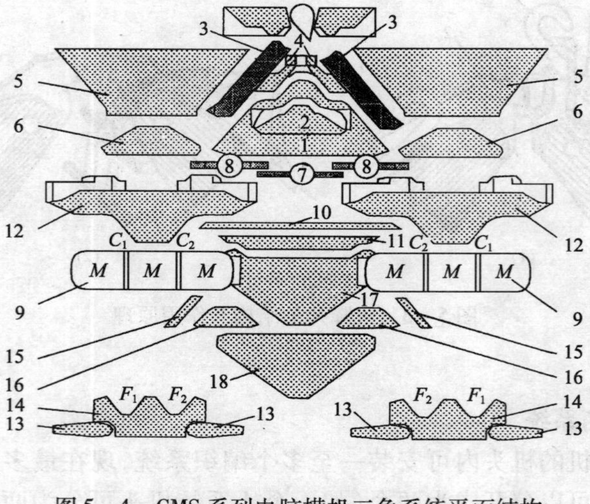

图 5 - 4　CMS 系列电脑横机三角系统平面结构

被消磁，选针片头被释放，相应的织针就被选上[图 5-2(2)]。中间片走针三角 10、11 形成中间片下片踵的三个针道，当中间片的下片踵沿三角 10 的上平面运行时，织针可处于成圈或移圈位置；当中间片的下片踵在三角 10 和 11 之间通过时，织针处于集圈或接圈位置；如果织针始终处于不工作位置，则中间片的下片踵就在三角 11 的下面通过。12 为中间片复位三角，它作用于中间片的下片踵，使中间片回到起始位置，即图 5-2(1)所示的位置。选针片复位三角 13 作用于选针片的尾部，使选针片片头摆出针槽，由选针器 9 握持住，以便进行选针。选针三角 14 有两个起针斜面 F_1 和 F_2，作用于选针片的下片踵，分别把在第一选针区和第二选针区被选上的选针片推入相应的工作位置。选针片挺针三角 15、16 作用于选针片的上片踵上，把由选针三角推入工作位置的选针片继续向上推。其中，三角 15 作用于第一选针区选上的选针片，三角 16 作用于第二选针区选上的选针片，分别把相应的挺针片推至成圈(或移圈)位置和集圈(或接圈)位置。选针片压针三角 17 把沿三角 15、16 上升的选针片压回到初始位置。三角 18 为选针片的下片踵压片三角。该系列横机三角系统设计十分巧妙，除挺针片压针三角 3、集圈压条 7 和接圈压条 8 可以上下移动外，其余三角都是固定的，这使机器工作精度更高，运行噪声更小，机件损耗更小。

第二节　编织与选针原理

一、成圈、集圈和浮线

如图 5-4 所示，在成圈时，选针片在第一选针区被选上，选针片的下片踵沿选针三角的 F_1 面上升，上片踵沿三角 16 上升，从而推动它上面的中间片的下片踵上升到三角 10 的上方并沿其上面通过，中间片的上片踵在压条 8 的上方通过，始终不受压，相应的挺针片一直沿三角 1 的上表面运行，直至上升到退圈最高点，在其上的织针成圈。在此过程中的走针轨迹如图 5-5 所示，这里的 H_1、H_2、H_3 分别为挺针片片踵、中间片上踵和中间片下踵的走针轨迹。

集圈编织时，选针片在第二选针区被选上，选针片下片踵沿选针三角的 F_2 面上升，上片踵沿三角 15 上升，从而推动它上面的中间片的下片踵

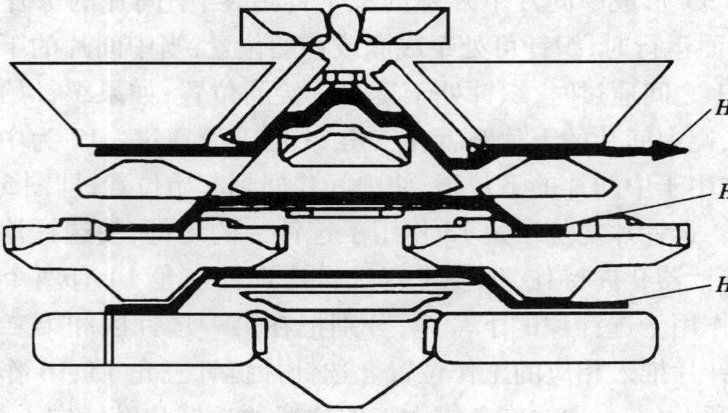

图 5-5　成圈走针轨迹

上升到三角 10 和 11 之间并沿其通过，中间片的上片踵在经过压条 7 时，被压条 7 压进针槽，从而也将挺针片片踵压进针槽，使挺针片在上升到集圈高度时就不能再沿三角上升，只能在三角 1(图 5-4)的表面通过，形成如图 5-6 中 H_1 所示的走针轨迹，在其上的织针形成集圈。图 5-6 中 H_2 和 H_3 分别为相应的中间片上踵和下踵的走针轨迹。

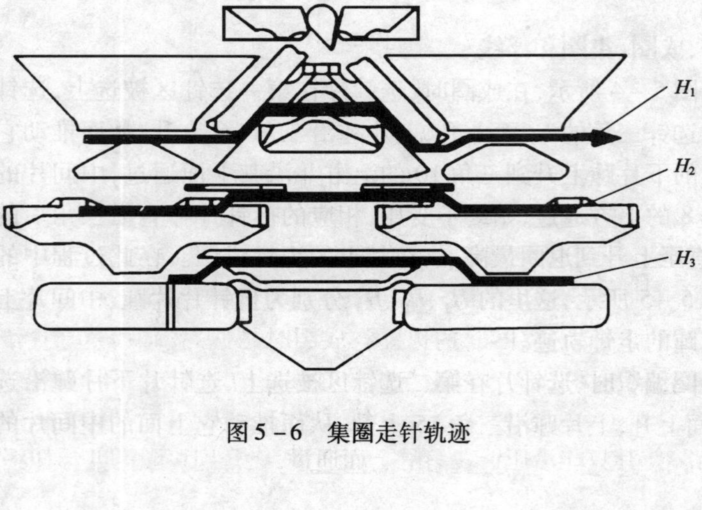

图 5-6　集圈走针轨迹

在两个选针区都没有被选上的选针片不会沿选针三角 14 上升，从而也就不会推动中间片离开它的起始位置，中间片始终被压条压制，挺针片片踵也不会翘出针槽，不会沿三角上升，只能在三角的表面通过，其上的织针就不参加编织。

在编织过程中，如果有些选针片在第一选针区被选上，有些选针片在第二选针区被选上，有些选针片在两个选针区都不被选上，则会形成三条走针轨迹，分别为成圈、集圈和浮线，这就是三位选针编织。如图 5-7 所示。

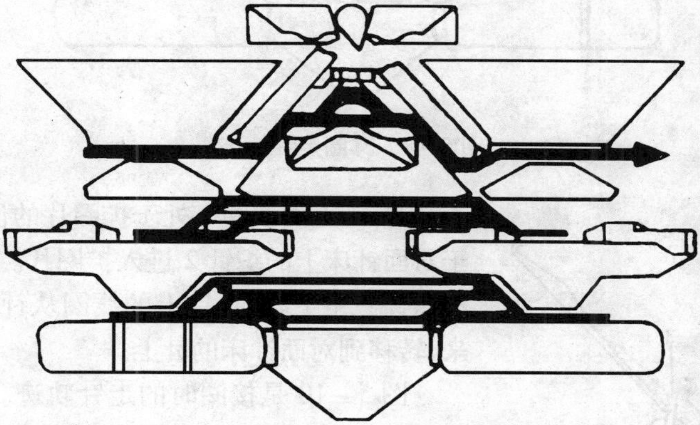

图 5-7 三位选针走针轨迹

二、移圈和接圈

前后针床织针之间的线圈转移是电脑横机编织中非常重要的一个环节，也是必不可少的环节。在术语上，移圈本来是一个将一个针上的线圈转移到另一个针上的过程，但是在电脑横机中为了更好地说明，也把这个过程分解开来，将给出线圈称为移圈，而接受线圈称为接圈。

如图 5-8 所示，移圈时的选针与成圈时相似，选针片也是在第一选针区被选上，选针片和中间片都走与成圈时相同的轨迹。所不同的是，此时的挺针片压针三角 2 向下移动到最下位置，挡住了挺针片片踵进入三角 1 轨道的去路，使其只能沿压针三角的上面通过，上升到移圈高度。如图5-9 所

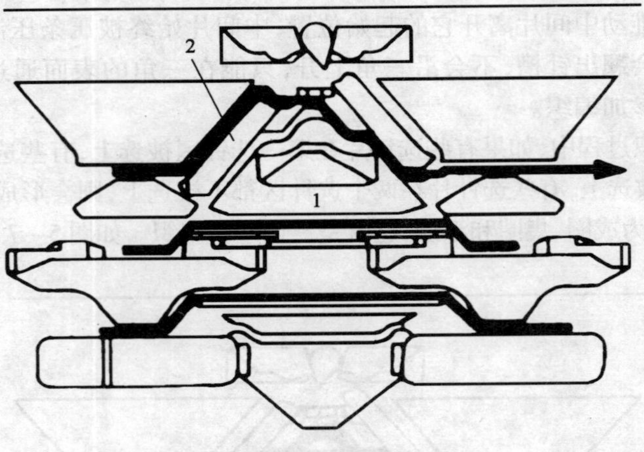

图 5 - 8　移圈走针轨迹

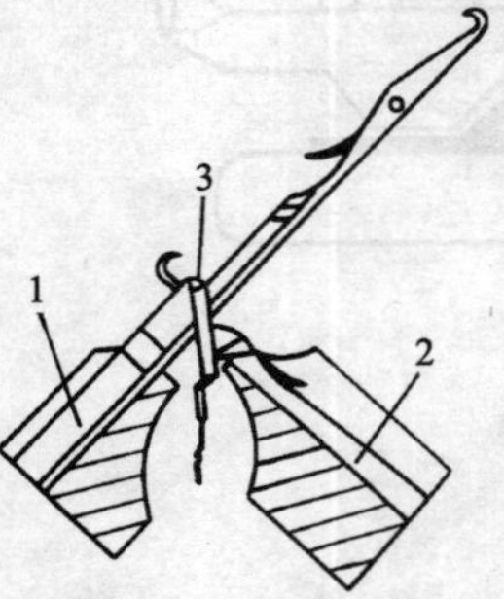

图 5 - 9　移圈与接圈原理

示，织针 1 上的线圈 3 处于扩圈片的位置，以便于对面针床上的织针 2 进入扩圈片。当移圈针沿压针三角下降时，针上的线圈从针头上脱下来，转移到对面针床的针上。

图 5 - 10 是接圈时的走针轨迹。接圈时，选针片在第二选针区被选上，与集圈选针相同。但此时集圈压条 7 和接圈压条 8 下降一级（比照图 5 - 6）。这样，被选上的中间片上片踵在一开始就与左边的接圈压条作用，被压入针槽，并将挺针片片踵也压入针槽，使其不能沿下降的压针三角 3 上升。当运行到中间位置，离开接圈压条后，中间片和挺针片被释放，挺针片片踵露出针槽，沿接圈三角 2 的轨道上升，其上的织针上升到接圈高度，使针头正好进入对面针床织针的扩圈片里，当移圈针下降后，就将线圈留在了接圈针的针钩里。随后，另一块接圈压条重新作用于中间片的上片踵，挺针片的片踵再次沉入针槽，以免与起针三角相撞，并不受压针三角 3 的影响。走过第二块接圈压条后，挺针片片踵再次露出针槽，从三角 5、6 之间通过，被压到

起始位置,完成接圈动作。1 为挺针片起针三角。

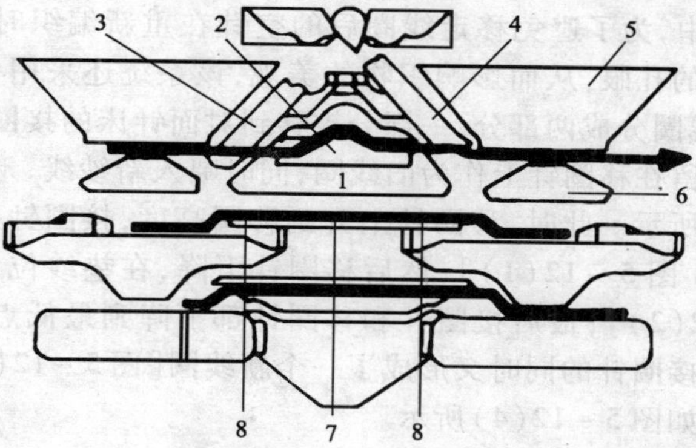

图 5－10　接圈走针轨迹

在机头的一个行程中,在同一成圈系统也可以有选择的使前后针床织针上的线圈相互转移,即有些针上的线圈从后针床向前针床转移,有些针上的线圈从前针床向后针床转移,这样就形成双向移圈。双向移圈的走针轨迹如图 5－11 所示。此时,有些选针片在第一选针区

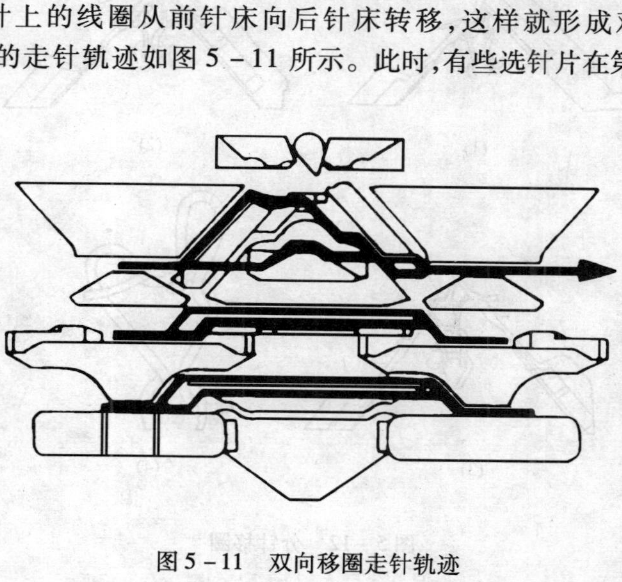

图 5－11　双向移圈走针轨迹

被选上，其上的织针进行移圈；有些针在第二选针区被选上，其上的织针接圈；在两个选针区都没有被选上的选针片，其上面的织针既不移圈也不接圈。

在移圈中，为了避免移走线圈后的空针在重新编织时，在织物上形成不想要的孔眼，从而影响织物的美观，该系统还采用一种分针技术：将被移线圈分成两部分，一部分被移到对面针床的接圈针上，另一部分线圈仍留在移圈针上作为旧线圈，同时喂入新纱线，形成新线圈，如图5－12所示。此时，移圈针上升到移圈高度，接圈针插入移圈针的扩圈片里[图5－12(1)]；然后移圈针下降，在垫纱位置垫上新纱线[图5－12(2)]；最后接圈针和移圈针都下降到最低点，移圈针将线圈转移到接圈针的同时又形成了一个新线圈[图5－12(3)]。形成的线圈结构如图5－12(4)所示。

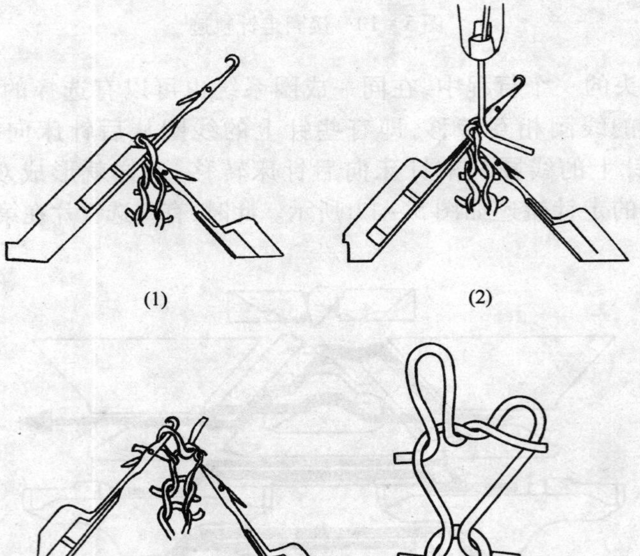

图5－12 分针移圈

第三节　机器操作简介

一、屏幕主菜单

STOLL CMS 系列电脑横机采用触摸屏操作，其主菜单如图 5－13 所示。它包括了三部分内容：

(1)菜单、输入输出信息。

(2)状态显示、辅助输入信息和选择键。

(3)功能键。

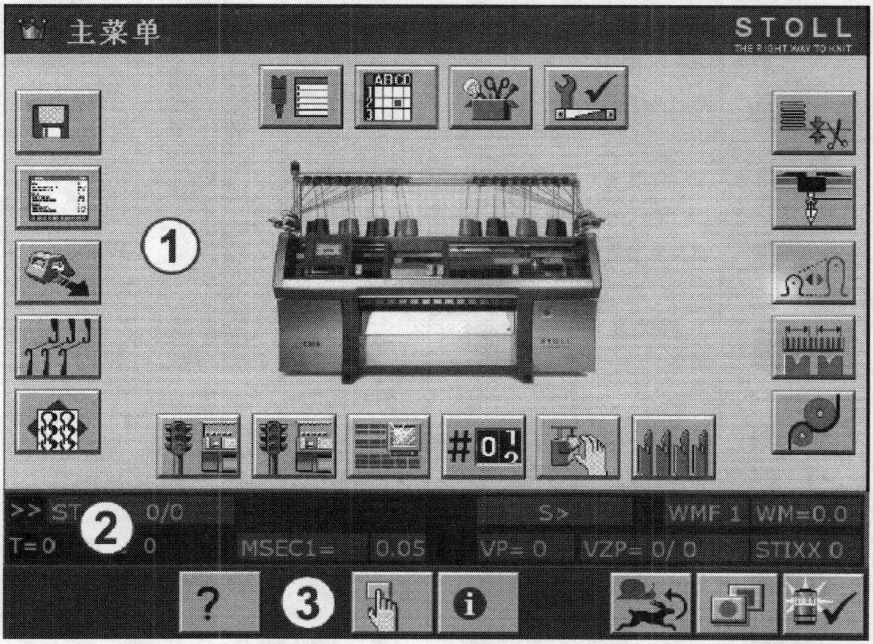

图 5－13　屏幕主菜单

二、主要按钮功能介绍

菜单输入信息和主要按钮功能见表 5－1。

表 5-1 菜单输入信息和主要按钮功能

按 钮	功能(主菜单)	按 钮	功能(主菜单)	按 钮	功能(标准)
	读入/保存数据		编辑编织程序		机速
	横移菜单		设置花型		启动程序
	停止机器		可更改的监测		循环和计数器
	手动输入		牵拉梳		织物牵拉
	SEN 区域		线圈密度		导纱器
	特型夹纱装置		维修		机器设置
	订单		顺序编织		确认输入
	切换至主菜单		切换回上一页		切换至下一页
	调出帮助信息		调出/输入直接指令行窗口		最新消息和信息列表
	快速转慢速,减至设置机速的 70%		恢复至设置机速		切换到附加功能键(切换键)
	确认故障解除		撤消更改且恢复最后保存值		撤消更改。显示上一值
	打开模拟键盘		关闭模拟键盘		位置开关

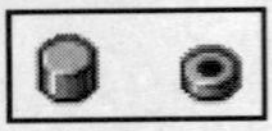	单选钮(每次仅可激活一个开关)		复选框(每次可激活多个开关)
	调节尺	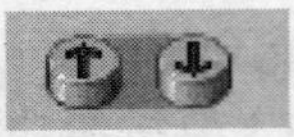	箭头开关(上/下)或者(左/右)

1. 读入或保存花型

在主菜单中点击读入/保存数据图标，就可以进入图 5－14 所示窗口。

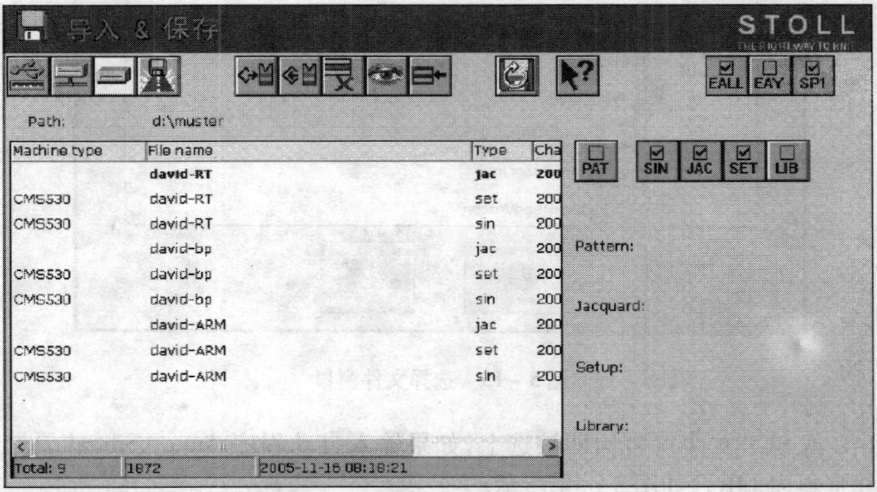

图 5－14　导入/保存数据窗口

上机文件(SIN、JAC、SET)、资料库(Auto－Sintral)文件和资料都可从下列“载体”中读取：USB 记忆棒、横机中计算机的硬盘驱动器、磁盘驱动器（可通过 USB 插口连接）、CD 盘驱动器（可通过 USB 插口连接）、以太网、Knit－LAN。

在窗口中虽然只有三个显示载体形式的位置，但每个位置上都可以通过点击“选择当前文件夹”按键，弹出选择文件窗口选择载体文件夹，如图 5－15 所示。

（1）将花型从“载体”中读入机器中（图 5－15）。

①选择花型所在的载体（例如硬盘 D：\MUSTER）。

②在右侧选择是输入整个花型文件（PAT），还是某单个文件（SIN 、

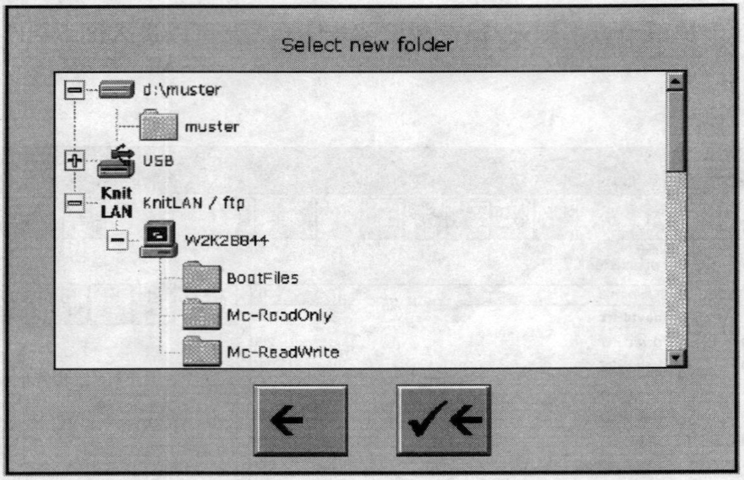

图 5－15　选择文件窗口

JAC 或 SET 文件)(打勾即被选上，如果输入自动程序 Auto－Sintral 要选择资料库 LIB)，如图 5－14 所示。

③选择左侧中一个文件名(图 5－14)。

④点 (图 5－14)，出现“调入花型”窗口，询问是否覆盖原来的花型。选“1”是覆盖(选“0”退出则不读新花型)。

(2)将花型从机器中存入“载体”中。

①选择花型将要存入的载体(例如硬盘 D：\MUSTER)(图 5－15)。

②在右侧选择是输入整个花型文件(PAT)，还是某单个文件(SIN 、JAC 或 SET)，打勾即被选上，如果输入自动程序 Auto－Sintral 要选择资料库 LIB(图 5－14)。

③点 ，确定文件名称即可(图 5－14)。

2. 启动机器

在主菜单中点击开机/关机图标 ，就可以进入图 5－16 所示窗口。

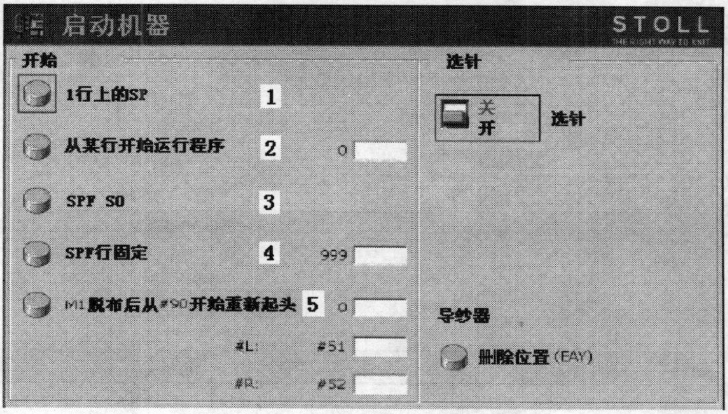

图 5-16　启动机器窗口

读入新程序后，点击图 5-16 中相应的按钮即可运行程序。图中 1 为从起始行开始执行程序；2 为从程序的指定行开始运行，此时要在后面输入指定的行号；3 为运行固定的“S0”程序，此时开机后机头走空行（三角系统、导纱器和牵拉等都不工作）；4 为运行固定行程序，如“999 行”，这里的行号可以根据需要更改；5 表示从#90 指定的行开始运行，一般为第 950 行。该行是在没有牵拉梳的机器上进行脱布后的编织程序。

3. 编辑编织程序

（1）编织程序的修改。点击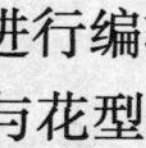图标后，屏幕将显示编织程序的窗口，在该窗口中可以对编织程序进行编辑与修改，但对于 M1 程序设计系统生成的 Sintral 程序来说，它是与花型相对应的，所以要由对机器和花型程序具有丰富知识的人来编辑与修改，否则容易出现差错。一般不建议在此窗口中进行编织程序的编辑与修改，如有问题还是反馈给花型设计人员在设计系统上修改为好。

（2）程序检验。当花型输入到机器，在开始编织生产前，一般都要求进行程序检验，以确保输入到机器的花型符合机器的生产要求。点调出编辑“Editor”窗口。点附加键后选择图标进行程序检验。程序检验窗口如图 5-17 所示。

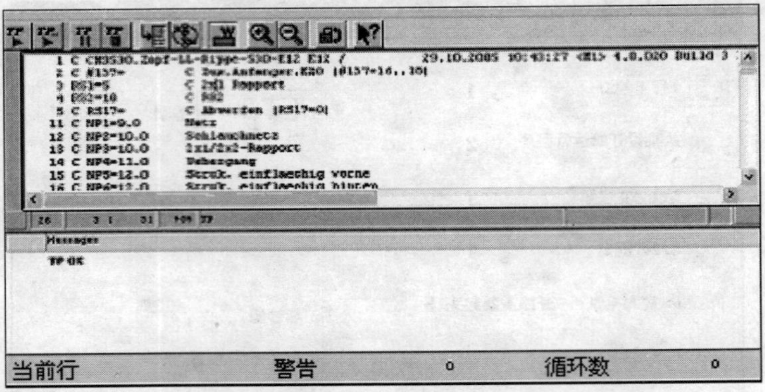

图 5 - 17　程序检验窗口

4. 线圈长度的调节

线圈长度的大小取决于压针三角的压针值。可以从主菜单中的线圈长度图标进入图 5 - 18 所示窗口(也可以通过状态栏的该图标进入)。

这里,NP1 ~ NP30 为密度组号,其后的数值是相应密度组的实际密度大小,当然这个大小有两种显示方法,一种是 NP 值,另一种是毫米,可通过图 5 - 18 中右下角选择框中的选择开关来选择。在选择 NP 值时,此密

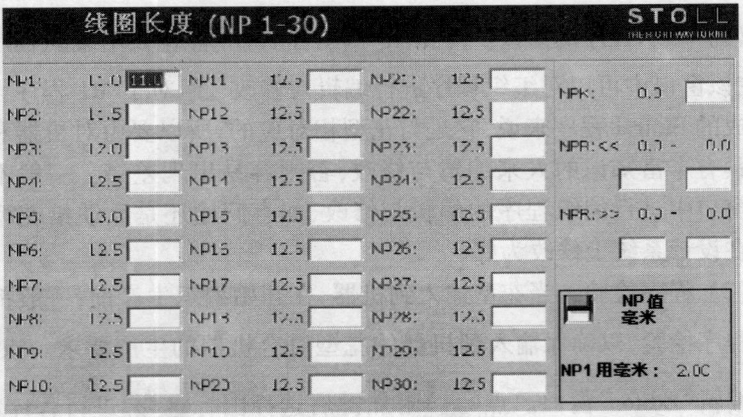

图 5 - 18　线圈长度调节窗口

度值只表示压针三角相对压针深度的深浅，并不能反映织物密度的确切值，数值越大，弯纱越深，数值越小，弯纱越浅。而在毫米状态下，此密度值反映的是一个线圈的纱线长度，当然这里所反映的数值有时会与织物实际的线圈长度有一定的误差。NPK 是所有压针三角的修正值。

在修改某一 NP 组的密度值时，先将其后面的空格置亮（如图中 NP1），然后调出模拟键盘，在模拟键盘中输入数据进行调节，最后用加于确认。

不同机号使用成圈三角和分针三角的设定密度值范围见表 5-2。

表 5-2　不同机号使用成圈三角和分针三角的设定密度值

机号	min. NP 最小	max. NP 最大	min. NP(split) 最小[分针]	max. NP(split) 最大[分针]
E3	7.0	16.1	7.6	14.8
E3.5	7.0	16.1	7.6	14.8
E4	7.0	16.1	7.6	14.8
E5	6.5	17.0	8.0	14.2
E7	8.3	18.7	9.8	15.9
E8	8.8	19.5	10.3	16.6
E10	7.4	21.5	9.4	17.7
E12	7.7	21.4	9.4	15.1
E14	8.1	22.3	9.8	15.5
E16	8.1	22.4	9.5	15.2
E18	8.1	22.4	9.5	15.2
E20	8.1	22.4	9.5	15.2
E5.2	7.8	17.5	9.0	14.5
E6.2	7.7	21.4	9.4	15.1
E7.2	8.2	18.8	9.7	16.0
E9.2	8.1	22.4	9.5	15.2
E2,5.2	6.5	16.9	8.0	14.2
E3,5.2	8.3	18.7	9.8	15.9

5. 织物牵拉的调节

在主菜单中点击图标,可进入牵拉值调节窗口,如图 5-19 所示。这里,A 为当前行的主牵拉值,B 为牵拉脉冲值,C 为比实际牵拉值增大($n\%$)或减小($-n\%$)百分之几;D 为调节辅助牵拉转速值;E 为调节辅助牵拉压力值;F 为辅助牵拉打开或者关闭;H 为主牵拉辊打开或者关闭;J 为主牵拉手调正转或反转。

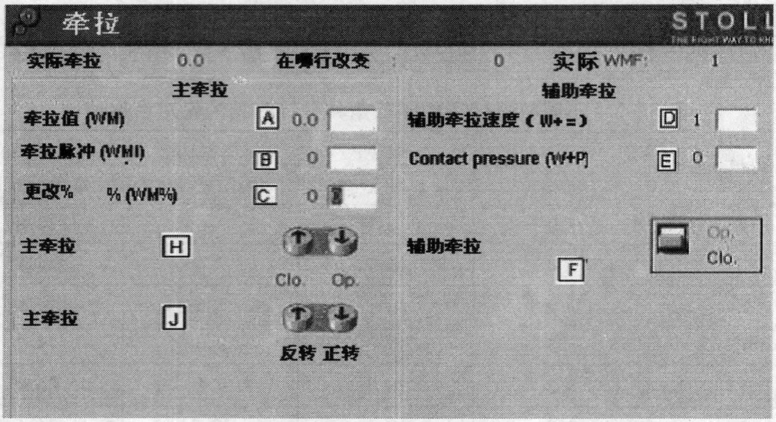

图 5-19 牵拉值调节窗口

在主菜单中点击附加功能键,在右上角可见附加菜单,它包含织物牵拉控制和织物牵拉调节两个按钮。

(1)织物牵拉控制。点击织物牵拉控制按钮,可出现图 5-20 所示窗口。这里包括以下内容:

WMC:牵拉感应灵敏度,其值越大灵敏度越高,取值 0~32。

WM+C:表示当机器编织 n 行之后,主牵拉若没有工作,机器自停。

WMK+C:表示当机器编织 n 行之后,牵拉梳若没有工作,机器自停。

W+C:表示当机器编织 n 行之后,辅助牵拉若没有工作,机器自停。

(2)织物牵拉调节。点击织物牵拉调节按钮可以调出“WMF”窗口,如图 5-21 所示。

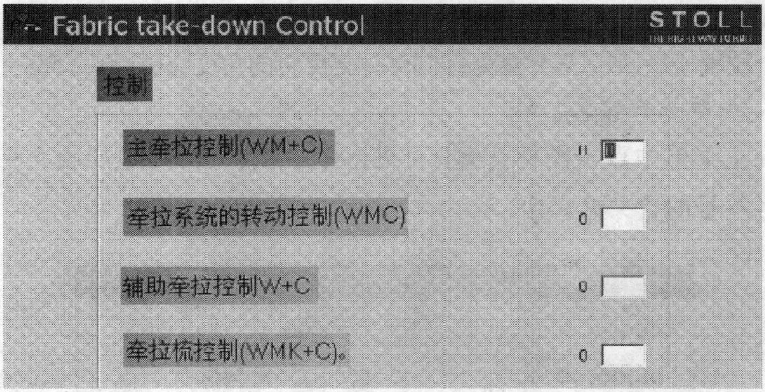

图 5－20　织物牵拉控制窗口

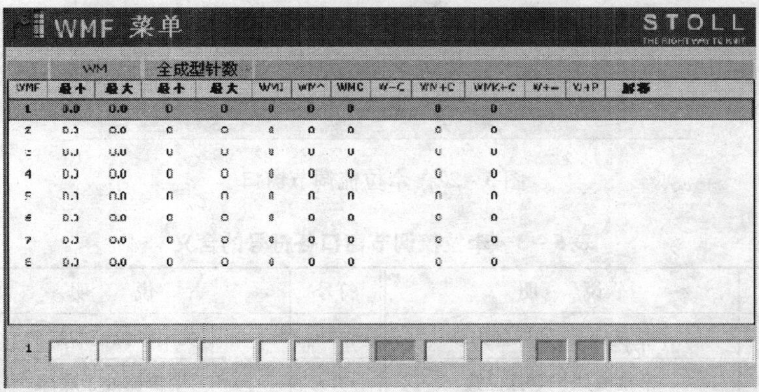

图 5－21　织物牵拉调节窗口

这里各栏内容如下：

WMF 表示牵拉组号。

WM 下的最大和最小表示一个衣片编织中使用的最大牵拉值和最小牵拉值。

全成型针数下的最大和最小表示一个衣片编织中使用的最大工作针数和最小工作针数。最大牵拉值和最小牵拉值是与使用的最大工作针数和最小工作针数相对应的，当正在编织的针数在最大工作针数和最小工作针数之间变化时，牵拉值也在最大牵拉值和最小牵拉值之间相应变化。

WM^表示牵拉辊反转：有时候在编织过程中，需要略微放松一下线圈，则需要牵拉辊略微回转，WM^就是控制牵拉辊反转的角度，其数值为5°～180°。

6. 牵拉梳的调节

在主菜单中点击图标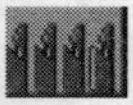，可进入牵拉梳调节窗口，如图5－22所示。各符号的含义见表5－3。

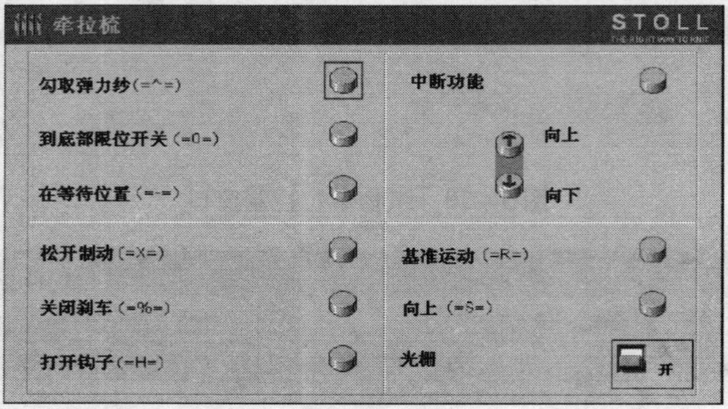

图5－22 牵拉梳调节窗口

表5－3 牵拉梳调节窗口各符号的含义

符号	说明	符号	说明
=^=	牵拉梳向上，勾取弹力纱	=%=	关闭牵拉梳的制动
=_=	牵拉梳处于等待位置	=0=	牵拉梳处于底部
=R=	牵拉梳进行基准运动	中断功能	取消正在执行的功能
=S=	牵拉梳在最高极限位置	光栅	光线探测牵拉梳上升通道上是否有异物
=H=	打开牵拉梳的钩子	向上	手动控制牵拉梳向上运动
=X=	打开牵拉梳的制动	向下	手动控制牵拉梳向下运动

注 在控制牵拉梳上下运动时，一定要将机头停在针床外。

7. 循环计数器的调整

在主菜单中点击图标可进入循环开关和计数器窗口，如图5－23所示，各项目含义如下：

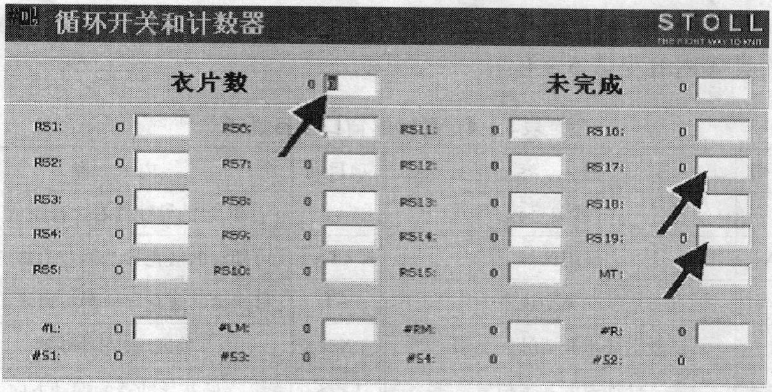

图 5－23　循环开关和计数器窗口

（1）衣片数：用以设置一个程序要织的片数。

（2）未完成：显示未完成片数。

（3）RS*n*：设置某一循环计数器 RS*n* 的循环次数，例如输入罗纹循环计数器 RS1 的循环次数，可以改变罗纹的长度；输入连片编织的计数器 RS17＝1 使衣片连片编织（程序上要相应设置）等。

（4）MT 可设置机头多少（*n*）行程之后，衣片强行结束的数值。

8. 导纱器的调节

（1）点击导纱器图标进入导纱器窗口，如图 5－24 所示。

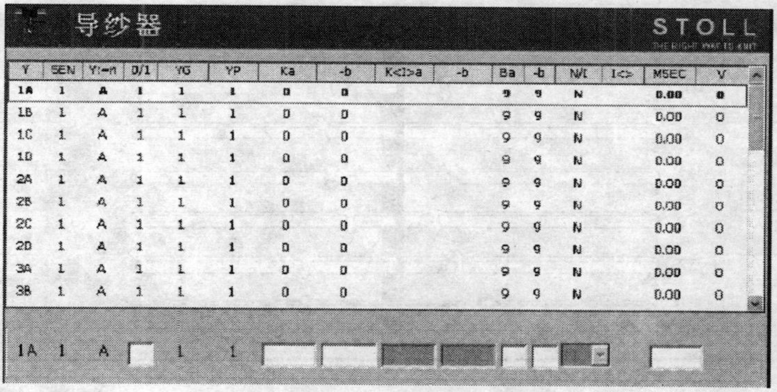

Y	SEN	Y!=n	D/1	YG	YP	Ka	-b	K<I>a	-b	Ba	-b	N/I	I<>	MSEC	V
1A	1	A	1	1	1	0	0			9	9	N		0.00	0
1B	1	A	1	1	1	0	0			9	9	N		0.00	0
1C	1	A	1	1	1	0	0			9	9	N		0.00	0
1D	1	A	1	1	1	0	0			9	9	N		0.00	0
2A	1	A	1	1	1	0	0			9	9	N		0.00	0
2B	1	A	1	1	1	0	0			9	9	N		0.00	0
2C	1	A	1	1	1	0	0			9	9	N		0.00	0
2D	1	A	1	1	1	0	0			9	9	N		0.00	0
3A	1	A	1	1	1	0	0			9	9	N		0.00	0
3B	1	A	1	1	1	0	0			9	9	N		0.00	0

图 5－24　导纱器窗口

在该窗口中可以修改导纱器的一些参数，如导纱器的停位、区域、修正等，具体内容见表5－4。

表5－4　导纱器窗口项目说明

项目列	内　　容	项目列	内　　容
Y	导纱器号数	－b	选定的导纱器右边修正值b
SEN	编织区域	K <I> a	可摆动的嵌花导纱器左边修正值a
Y：＝n	纱线类型说明	－b	可摆动的嵌花导纱器右边修正值b
0/1	激活或不激活纱线类型	N/I	普通/嵌花导纱器
YG	导纱器的基本位置	I < >	嵌花导纱器的摆动方向
YP	当前的导纱器位置	MSEC	机器速度
Ka	选定的导纱器左边修正值a	V	到第一枚边针的织针数（技术织物）

（2）在主菜单点击附加功能键后，在右上角出现附加功能图标。选择进入导纱器距布边距离的窗口，如图5－25所示，在此可调节导纱器距布边的距离。

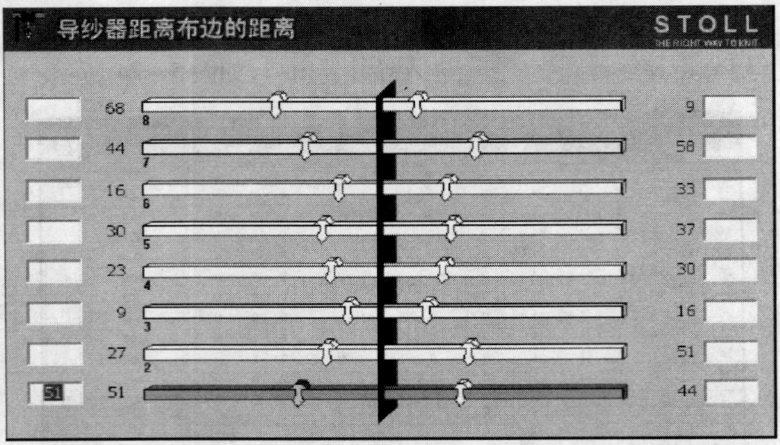

图5－25　导纱器距布边距离窗口

调节时，应按照导纱器使用的频率将所用导纱器依次排开，使用频率高的导纱器离布边近些，使用频率低的导纱器离布边远些。一般导纱器之间的距离相差 4 ~6 个单位（调节方法：将光标放到需要修改的导纱器杠上，修改输入框中的数字或直接拖动游标进行修改）。

（3）调节结束以后按  确认，返回主菜单。

9. 机速的调节

在主菜单中点击机速图标 ，弹出机速调节窗口，如图 5 –26 所示。

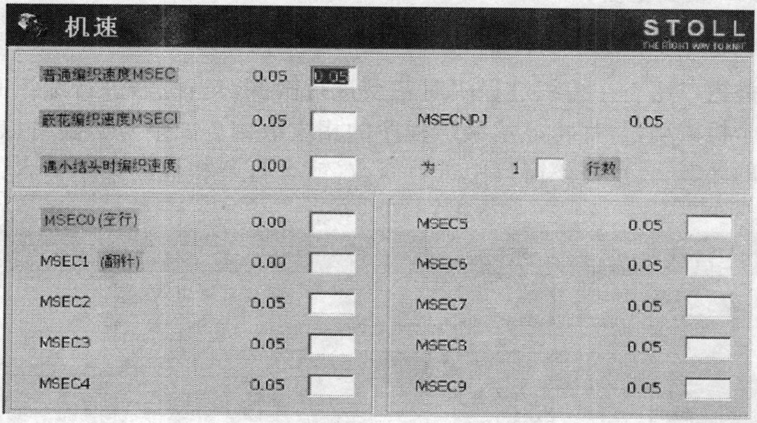

图 5 –26　机速窗口

图 5 –26 中，上栏显示了当前行的速度，修改此处可以改变当前行的速度，下栏显示了所设定的各速度组的速度，可点击相应组号后面的输入框进行修改。图 5 –26 中各项的内容见表 5 –5。

表 5 –5　机速窗口项目表

输入区域	含　义	输入值	最　小
普通编织速度 MSEC	普通导纱器编织时的机速	0.05 ~1.20	0.05
嵌花编织速度 MSECI	嵌花导纱器编织时的机速	0.05 ~1.00	0.05
小结头编织速度 MSECK	遇小结头编织时的机速	0.05 ~1.20	0.05

续表

输入区域	含　义	输入值	最　小
编织多少行 for (　) Rows	遇小结头时机器慢速编织行数	0 ~ 12	0
MSEC 0 = *n*	空程 S0 时的机速 = *n*	0.05 ~ 1.40	0.05
MSEC 1 = *n*	翻针的机器速度 = *n*	0.05 ~ 1.20	0.05
MSEC 2 ~ 9 = *n*	编织时设定的机速 = *n*	0.05 ~ 1.20	0.05
MSECNPJ	设定多密度时的机器速度	0.05 ~ 1.20	0.05

10. 设置花型

在主菜单中点击图标  后可进入建立花型窗口，如图 5 – 27 所示。

此窗口用于在编织过程中对花型进行微调。当机器进行编织时，对于每个机头动程，都将显示编织程序的相应数据。如果有必要可以点击相应的区域，直接在该窗口中进行修改，或者打开相应的菜单输入，各项

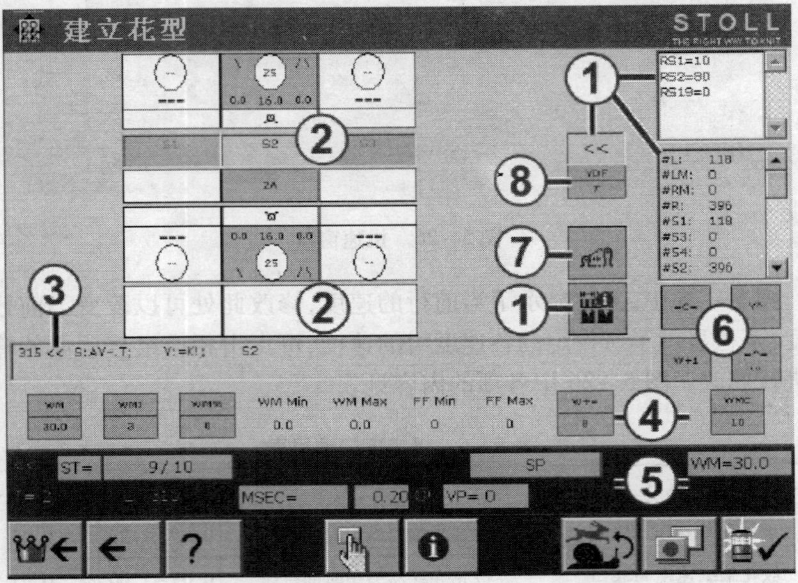

图 5 – 27　建立花型窗口

内容说明见表5-6。

表5-6　建立花型窗口项目说明

序号	说　　明
1	显示:机头方向、循环计数器开关RS、#;编织区域SEN、(分机头)连接宽度激活的开关将突出显示,这些值不能修改
2	设置编织系统:包括编织动作、线圈密度、导纱器和花型行号
3	当前的Sintral程序行
4	织物的牵拉值或牵拉功能菜单
5	状态行:此处可以更改各值或调出相应的设置菜单
6	导纱器销子、牵拉辊、牵拉梳和辅助牵拉的操作
7	调出“线圈长度”窗口
8	全成形编织过程中的附加导纱器距离

(1)设置编织系统:对于每个编织系统,都将显示线圈密度、编织动作、导纱器和花型行,如图5-28所示,相应的说明见表5-7。点击导纱器、线圈密度或者花型行,将打开相应的菜单。

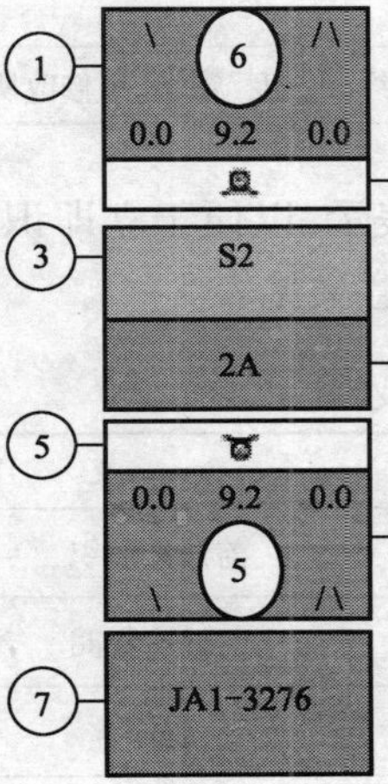

图5-28　设置编织系统

表5-7　设置编织系统说明

部分	显　示	修　改
1	线圈密度(后针床编织系统)	可以通过间接指定的方式来修改
2	编织动作(后针床编织系统)	
3	编织系统号数	
4	导纱器	
5	编织动作(前针床编织系统)	
6	线圈密度(前针床编织系统)	可以通过间接指定的方式来修改
7	当前花型行号	花型行

①线圈密度。这里不仅会显示线圈密度值,还会显示指定的类型(图 5 - 29 和表 5 - 8)。

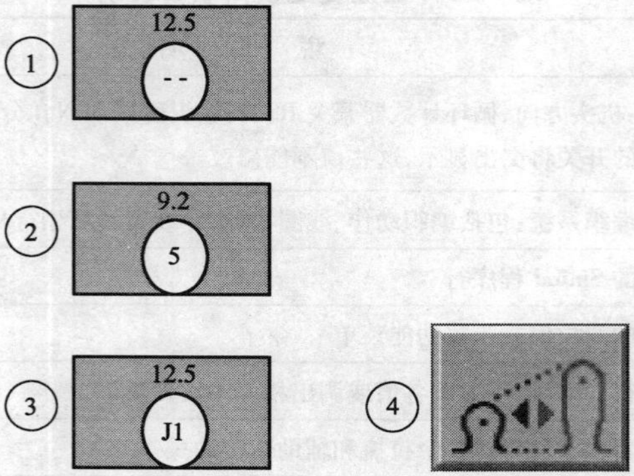

图 5 - 29　线圈密度显示

表 5 - 8　线圈密度显示说明

部分	解　　释	修　　改
1	直接指定密度“—”(NP = 12.5)	可以更改
2	间接指定密度“5”(NP5 = 9.2)	
3	多密度:“J1”(NPJ1 = 12.5)可变线圈密度 J1	
4	修改线圈密度	此时将显示“线圈长度”窗口,可修改所有值

②表示编织动作的图标:编织动作用图标来表示,以便于立即识别当前编织系统中执行的编织动作。各图标所包含的意义见表 5 - 9。

表 5 - 9　编织动作图标及其含义

图　标	含　　义	图　标	含　　义
	不编织		前针床编织
	后针床编织	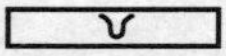	前针床集圈
	后针床集圈		脱圈
	向前翻针		向后翻针

续表

图 标	含 义	图 标	含 义
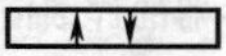	同时向前、向后翻针	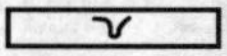	向前分针
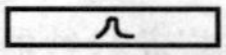	向后分针	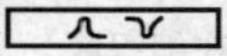	向前、向后分针
	向前分针、后针床编织	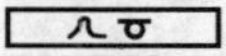	向后分针、前针床编织
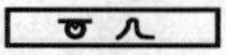	向后分针、前针床编织	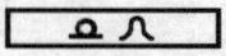	后针床编织、后针床集圈
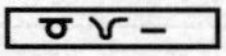	前针床编织、集圈、不编织	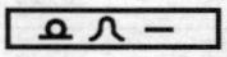	后针床编织、集圈、不编织
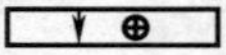	向前翻针、后针床脱圈		向后翻针、前针床脱圈
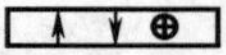	向前、向后翻针,后针床脱圈	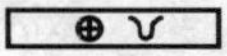	脱圈、前针床集圈
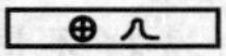	脱圈、后针床集圈		辅助针床向前翻
	辅助针床向后针床翻针	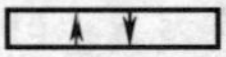	辅助针床向前、后翻
	辅助针床向前针床翻针,主针床向前后翻针		辅助针床向后翻,前针床编织
	辅助针床向后翻,后主针床编织		

③导纱器:如果点击此区域,将打开"导纱器"窗口,如图 5-30 所示。有关导纱器窗口中各项内容设置的解释见表 5-10。

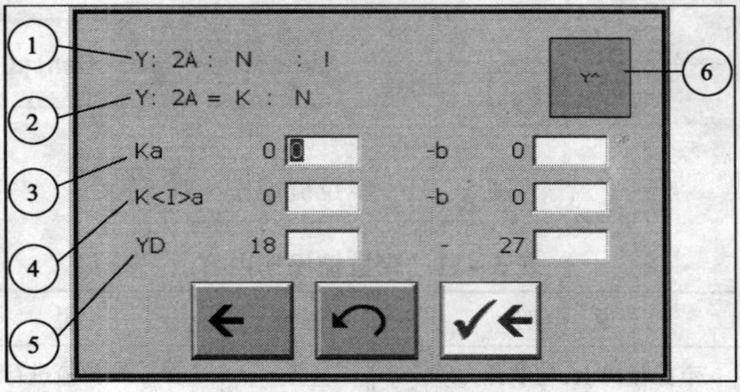

图 5-30 导纱器窗口

表 5-10　导纱器窗口内容解释

序　号	解　　释
1	显示当前导纱器指令。信息（分号“；”为结束）后将显示有关导纱器的详细信息：N = 普通导纱器；I = 嵌花导纱器；S 表示跟着选针区走；H 表示回到基本位置；C 切断；！导纱器停在编织区 SEN 之外；< 嵌花导纱器向左摆动；> 嵌花导纱器向右摆动
2	显示导纱器的定义
3	导纱器左右停位修正
4	嵌花导纱器左右停位修正
5	导纱器距左右边缘的距离
6	激活或不激活导纱器销子

（2）牵拉梳操作。如图 5-31 所示，通过点击按键 6′，可以选择不同的牵拉梳操作，具体含义见表 5-11。

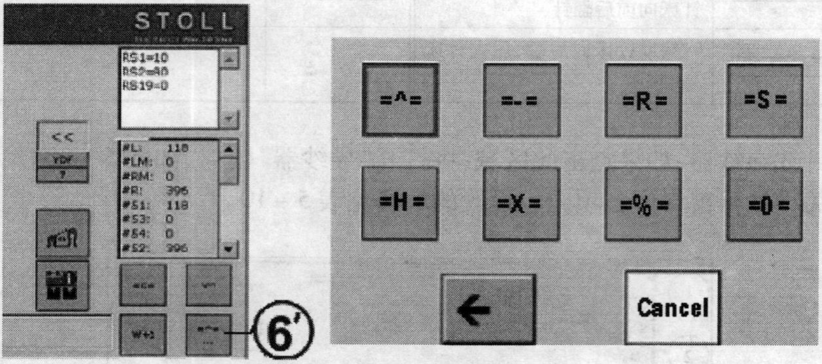

图 5-31　牵拉梳操作

表 5-11　牵拉梳操作内容

按键	说　明	按键	说　明
=^=	牵拉梳向上，勾取弹力纱	=R=	牵拉梳进行基准运动
=_=	牵拉梳处于等待位置	=S=	牵拉梳在最高极限位置

续表

按键	说　明	按键	说　明
=H=	打开牵拉梳的钩子	=0=	牵拉梳处于底部
=X=	打开牵拉梳的制动	Cancle	取消正在执行的功能
=%=	关闭牵拉梳的制动		

（3）牵拉辊、辅助牵拉辊、导纱器销子的操作。如图5－32所示，图中6分别为牵拉辊、辅助牵拉辊和导纱器销子的操作，并且在此处显示当前编织时其所处状态，其具体含义见表5－12。

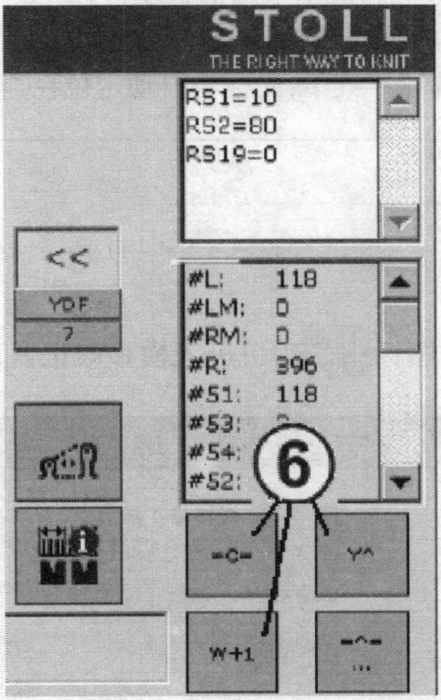

图5－32　牵拉辊、辅助牵拉辊、导纱器销子的操作

（4）状态行。如图5－33所示，可以选择状态栏中以蓝色显示的键。在某些键中，蓝色区域分为几个部分，这时如果点击蓝色区域的前部，则将显示该键的完整设置菜单，如果点击蓝色区域的后部，则将改变用于更改值的菜单。

表 5－12　牵拉辊、辅助牵拉辊、导纱器销子操作说明

按　钮	说　明	按　钮	说　明
= C =	合闭主牵拉(正常工作状态)	YV	放下所有导纱器销子
= W =	打开主牵拉	W + 1	合上辅助牵拉(工作)
Y^	抬起所有导纱器销子	W + 0	打开辅助牵拉(不工作)

图 5－33　状态栏

(5)Sintal 行。Sintal 行显示了当前程序行,如图 5－34 所示。可以由此得知当前编织所使用的程序语句、编织动作、牵拉、系统等。如果点击此区域,将调出“Sintral 编辑器”菜单,光标将自动定位在当前 Sintral 行之前。

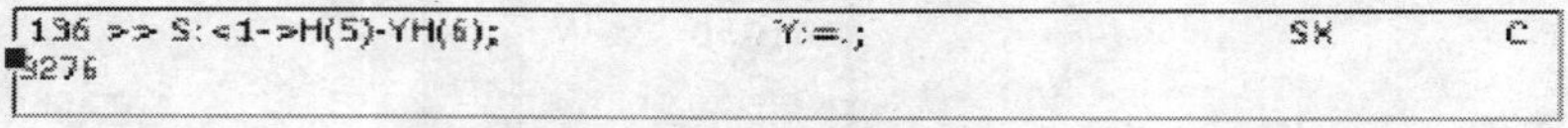

图 5－34　Sintal 行

11. 横移修正

在主菜单中点击图标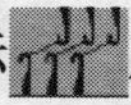后可进入横移修正窗口,如图 5－35 所示。

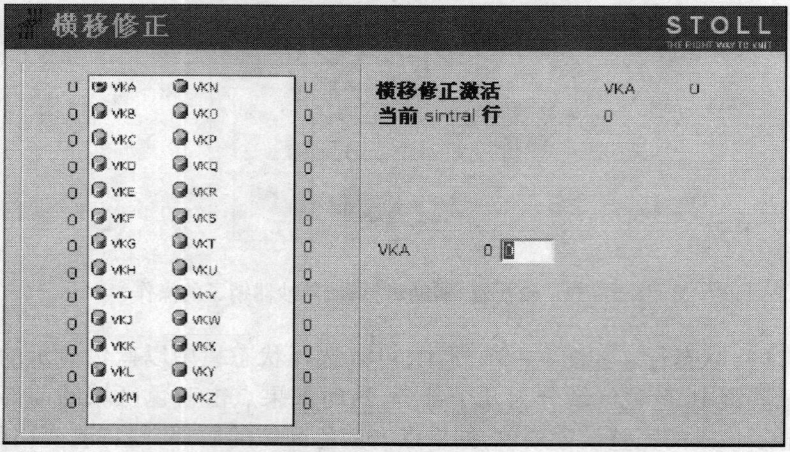

图 5－35　横移修正窗口

在横移修正窗口中可以对后针床相对于标准位置进行横移微调。这一指令只对当前的 Sintral 行起作用,无记忆性。在实际生产中一般不需调整。

VK 代表横移修正。

A ~ Z 代表组号,共 26 组;每一组内可以设定 - 10 ~ 10 任一数值,负值代表后针床向左移动修正,正值代表后针床向右移动修正。

12. 机器设定

在主菜单中点击图标  可以进入机器设定窗口,如图 5 - 36 所示。

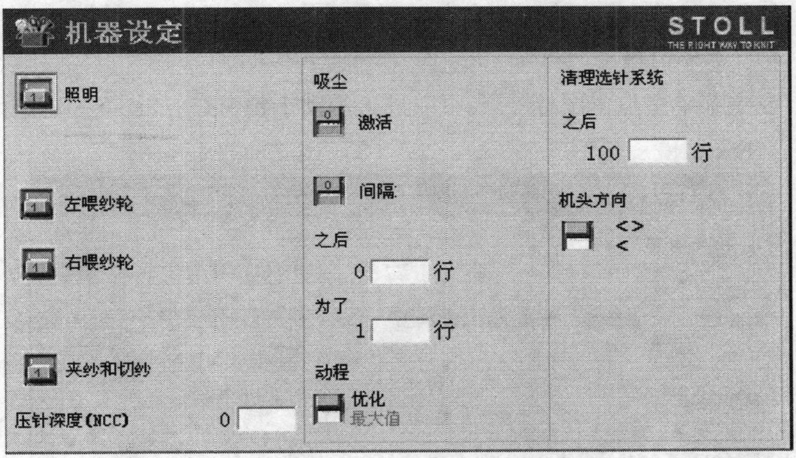

图 5 - 36　机器设定窗口

在机器设定窗口中主要针对机器的其他辅助设备进行启用或者关闭的设置。

(1)照明:指机器内的照明灯,1 为开,0 为关。

(2)左右喂纱轮:指机器左右两边的送纱辊,1 为开,0 为关。

(3)夹纱和切纱:指针床两侧的夹纱器,1 为开,0 为关。下面的压针深度(NCC)是指剪刀的压针深度,一般不设定而采用默认值。

(4)吸尘。

①激活:使吸尘器工作或停止工作,1 为开,0 为关。

②间隔：使吸尘器间断地工作。

a. 之后：指吸尘器在关闭状态下机头工作多少行之后重新开启。

b. 为了：指吸尘器在开启状态下机头工作的行数。

(5)动程：设定机头运行动程。其中优化即为机头按最佳编织动程运行；最大值即为机头走到针床两端。

(6)清洁选针器。

①之后：指机头工作了多少行之后，自动走到针床的两端进行选针器的清洁，在针床的两端各有一个小毛刷，它是为清洁选针器表面而设计的。

②机头方向：指机头往两个方向还是只往左方向清洁选针器。

13. 手动干预

在主菜单中点击图标可以进入手动干预窗口，如图5－37所示。

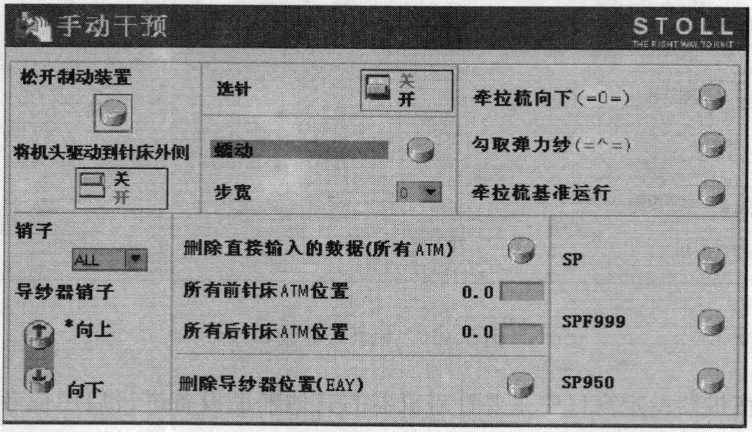

图5－37　手动干预窗口

手动干预窗口就是将其他指令窗口内经常用到的一些指令集中放在这里，便于操作工日常使用，不必每次调用每个专用指令窗口。

(1)将机头驱动到针床外侧，可以用于使机头运行到针床的两端，以方便挡车工对针床上的异常进行处理。

(2)导纱器销子向上向下，可以在断纱时使导纱器从机头销子上离开，便于挡车工将导纱器拉出来进行穿纱。

(3)选针可以使挡车工在必要时强制关闭选针系统，对机器出现的异常进行处理。

(4)牵拉梳向下、勾取弹力纱和牵拉梳基准运行都是在牵拉梳工作出现异常时便于挡车工通过手动进行处理。

以上这几项在挡车工的日常工作中经常使用。

14. 传感器

在主菜单中点击图标→→可以进入传感器窗口，如图5－38所示。

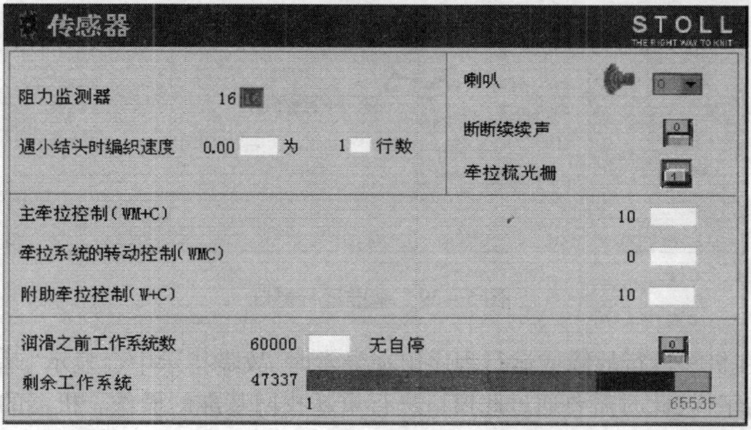

图5－38　传感器窗口

(1)阻力检测器：用于调节机头对运动阻力的灵敏程度，范围为0～32，0为关闭，32为最灵敏。

(2)喇叭：用于调节机器因故障停机时发出警报声的大小，从0～3共分四档设定值，0为关闭，1～3为不同的警报音量。

(3)断断续续声：表示警报声设定为连续声还是间隔声。

(4)润滑之前工作系统数：表示机器在工作了多少个系统数后自动停机并提示需要加油，一般工厂内常采用定时加油，所以应在无自停处设置为1(开启状态)。

(5)遇小结头时编织速度:用于设定遇小结头时慢速运行的速度和运行的机头行程数。

15. 基准运行

在主菜单中点击图标进入维修菜单,然后点击图标出现基准运行窗口,如图 5-39 所示。

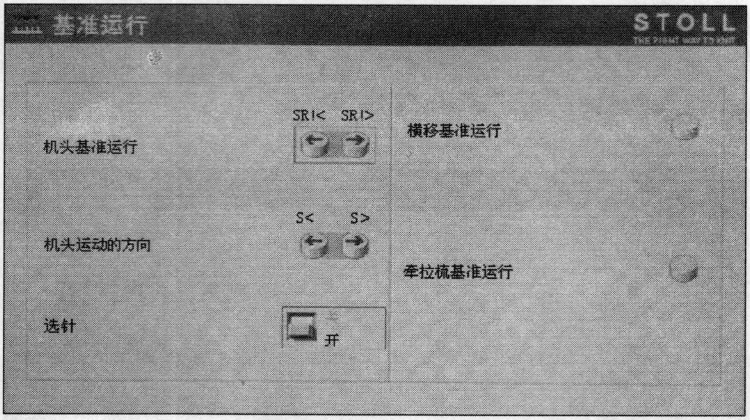

图 5-39 基准运行窗口

在机头运行故障或运行程序出现异常时,故障指示中会显示"基准丢失"的字样,此时需要通过此窗口进行重新找回基准的操作。机器的基准标志在针床的中间,因此在命令机头找基准时,总是让机头向针床中间运动。要注意的是,当有织针处于选针时(即检查发现,有织针冒出针床时),一定要让机头按原运动方向继续运动一段距离,让所有织针都恢复到原位后再进行找基准的操作,具体操作按钮如下:

(1)SR! >:使机头向右运动寻找基准。

(2)SR! <:使机头向左运动寻找基准。

(3)S > :强制机头向右运动。

(4)S < :强制机头向左运动。

在该窗口中除了可以对机头基准进行操作外,还可以对针床横移和牵拉梳进行基准操作,使他们回到基准位置。

16. 顺序编织

顺序编织的意思是指将几个独立的衣片组合在一起，一个接一个按顺序连续编织，如一件衣服分成前片、后片、袖子，一般情况下是分别编织几个前片、几个后片和几个袖片配成几件衣服。由于有些工厂对衣服的质量要求较高，每件衣服上对纱线的颜色、粗细等控制较严，在分片编织时，最开始编织的前片与最后编织的袖片不可能使用同一纱筒，容易出现前片、后片和袖片使用不同纱筒的纱线编织而造成色差现象，如采用顺序连续编织功能，一个前片、一个后片和两个袖片顺序连续编织，就可以有效防止和减少因纱线色差和粗细造成的衣服质量问题。

顺序编织的方法是将已在花型设计系统上设计好的前、后、袖片三个独立的程序存入机器的硬盘中，在主菜单中点击图标→→进入图5－40所示窗口。

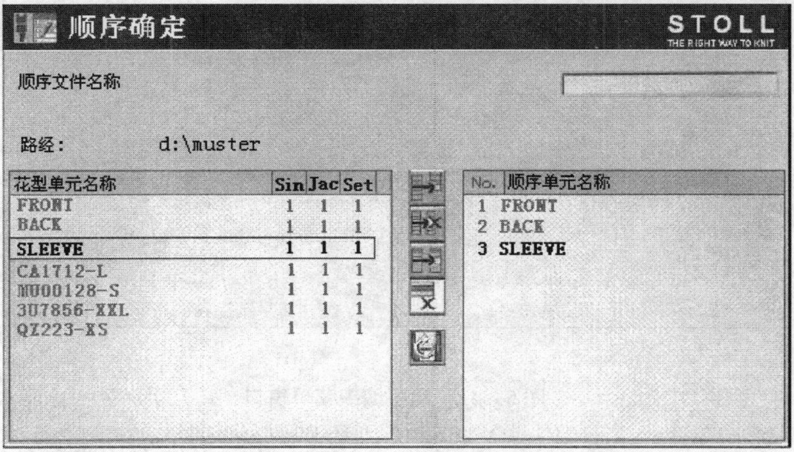

图5－40　顺序确定窗口

其中：左侧方框内是机器硬盘中存储的所有的花型单元名称，右侧方框内是要组成连续编织的花型单元，可以通过以下几个按钮将左侧方框内的花型选为要连续编织的单元：

:将“花型单元名称”下已选择的花型(黑框围住)传输到顺序单元名称下的方框内,并按顺序编号。

:将“花型单元名称”下已选择的花型(黑框围住)传输到顺序单元名称下的方框内,并替代已选择的编号。

:将“花型单元名称”下已选择的花型(黑框围住)传输到顺序单元名称下的方框内,并插入到已选择的编号的上方。

:将“顺序单元名称”中已经选择的花型(黑框围住)删除。

选择完毕后退回到图 5-41 所示的窗口。

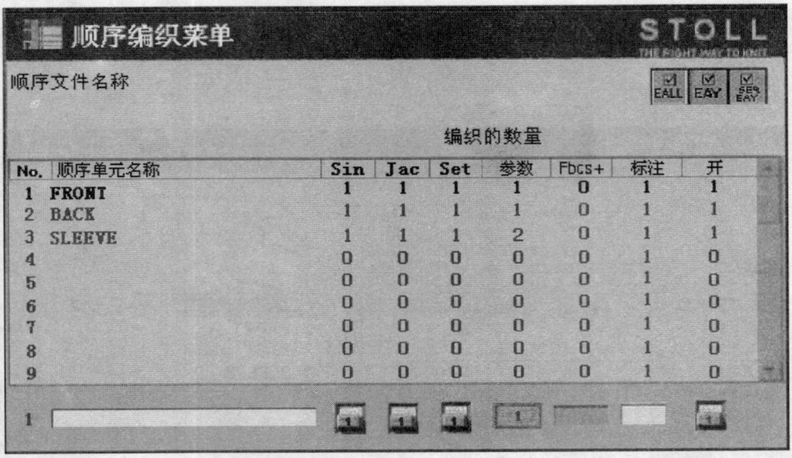

图 5-41 顺序编织菜单窗口

在图 5-41 所示的窗口中,在顺序单元名称下方框内的花型名称便是几个连续编织的花型。Sin、Jac、Set 分别表示编织程序文件、花型程序文件和设置程序文件,下面的 1 表示启用,0 表示关闭,在参数这一列表示重复的次数。图 5-40 窗口中,一个连续编织单元便是由一片前片、一片后片和两片袖子组成。

点击按钮后窗口将弹出若干控制按钮，其中常用的几个按钮作用如下：

：将设定好的顺序编织菜单存储或者调入，点击此按钮弹出如图 5－42 所示窗口。顺序编织单元的调入与存储和主菜单中的操作按钮的使用方法相同。

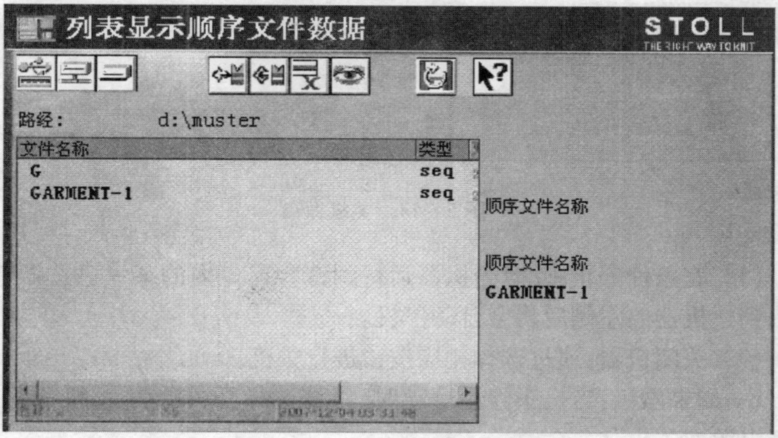

图 5－42　列表显示顺序文件数据窗口

：删除顺序单元名称下方框内的所有花型元素。

：启动连续编织功能。

：关闭连续编织功能。

：正在编织的花型单元将被终止，并针对当前的花型重新开始。

：对正在编织的花型设置，调出修改。

17. 关机

该机的关机是通过触摸屏上的按钮来进行操作，一般不要用机器上的旋钮开关直接关机。关机窗口如图 5－43 所示。

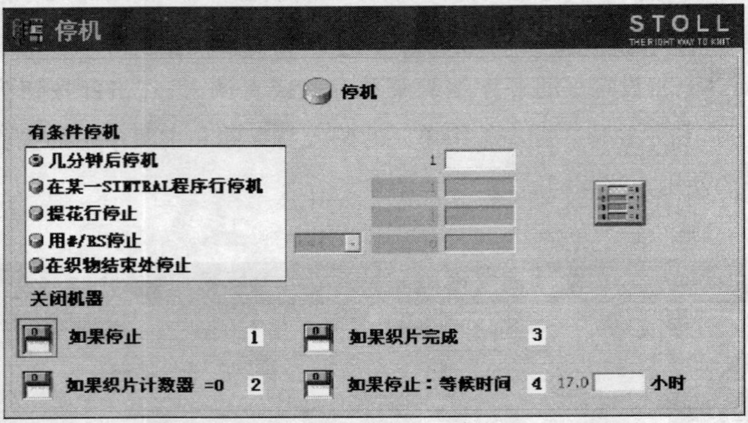

图 5 - 43　关机窗口

（1）有条件停止：此时当机器运行到符合窗口内的某一已选条件时，机头到达机器的左侧后将会自动停机。

（2）关闭机器：通过选择相应按钮进行关机。

1—如果停机：当机头停止运动时，将该选择开关选为 1，机器将自动切断电源而关机。

2—如果织片计数器 = 0：一旦设定的衣片数织完时，机器将自动切断电源而关机。

3—如果织片完成：一旦当前这一衣片织完时，机器将自动切断电源而关机。

4—如果停止：等候时间：一旦机头停止运动满设定的时间后，机器将自动切断电源而关机。

18. 故障信息

每当机器出现故障时，故障的信息便会显示在显示屏上，如图 5 - 44 所示。

常见的故障信号以图标的形式显示，如图 5 - 45 所示。

除图 5 - 45 所示的图标外，其他故障信息都是以故障代号和简称的形式来显示，如图 5 - 46 所示。

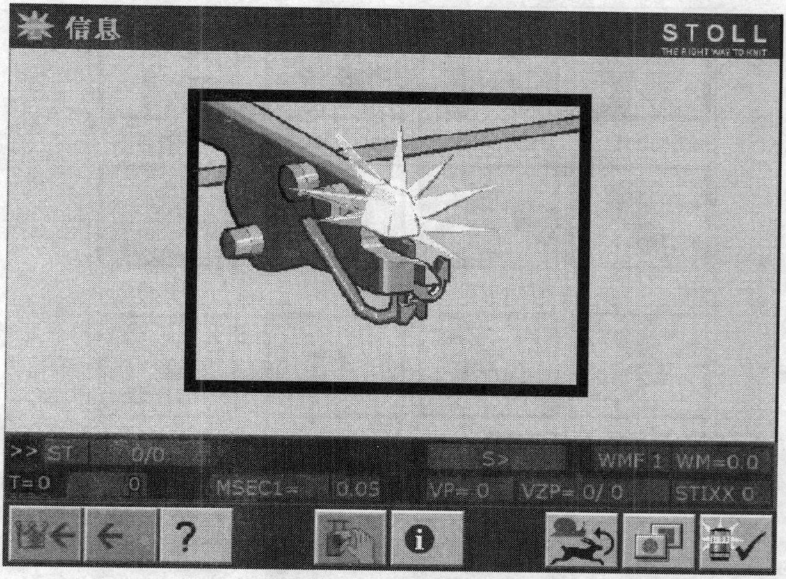

图 5－44　故障信息图示显示窗口

图 5－45

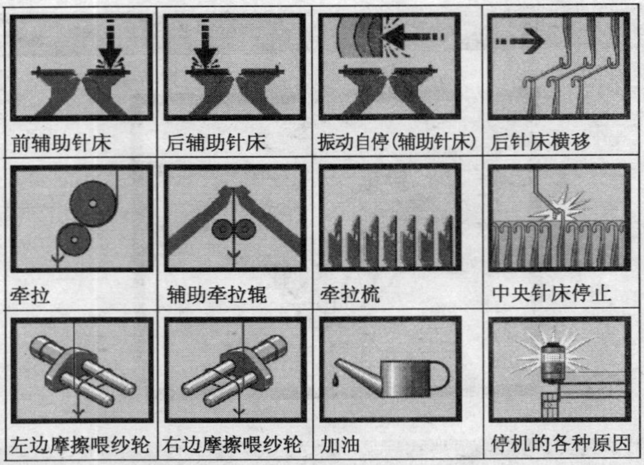

图 5-45　故障信息种类

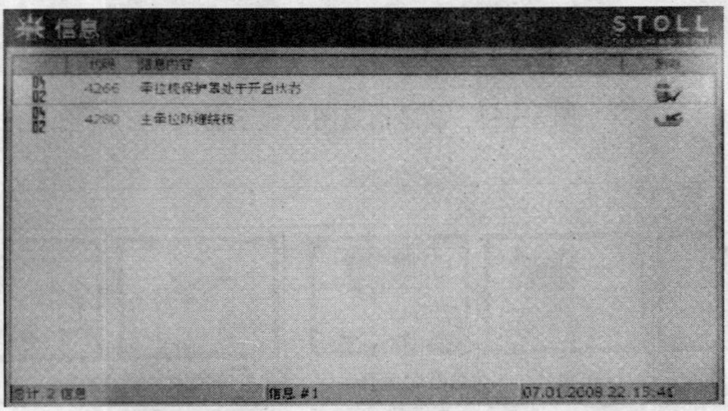

图 5-46　故障信息文字显示窗口

当屏幕上出现故障图标或者信号后，可以点击 ? 键来查看这一故障信号的详细信息，如图 5-47 所示。

19. 帮助

对于使用者来说，可能对屏幕上众多功能键的作用和意义难以完全记住，可以点击图标 ? 键，进入图 5-48 所示的帮助窗口，可以了解各个功能按钮的用途和使用方法等。

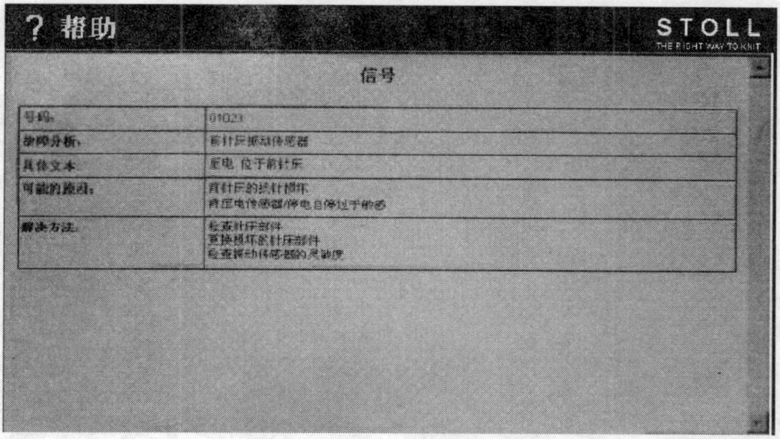

图 5-47　故障信息说明窗口

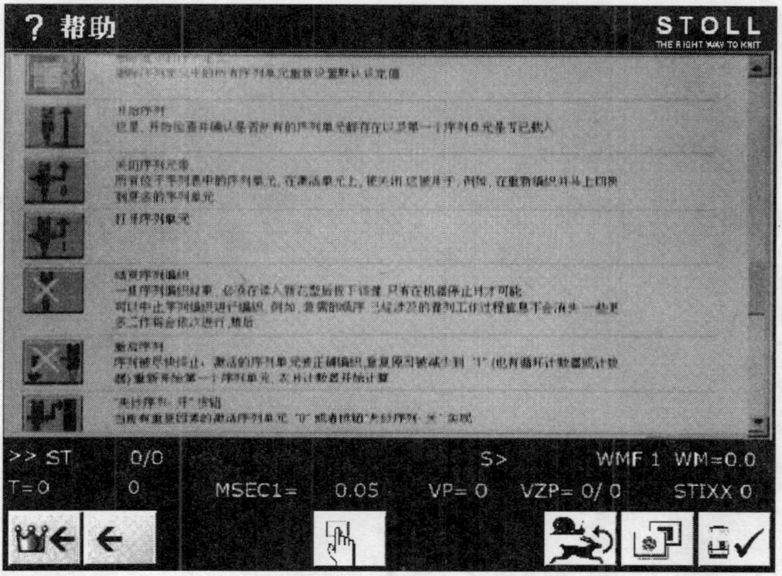

图 5-48　帮助窗口

程序篇

电脑横机程序的编制又叫打板，对使用者来说是一个关键。也就是说，要想使用电脑横机，首先必须掌握开机的钥匙，这就是它的程序。一个没有程序的电脑横机是寸步难行的。特别困难的是各电脑横机生产厂家都开发了各自不同的程序设计系统，因此，用户就不得不根据不同的机型掌握不同的程序设计方法。

随着计算机技术的发展，不仅在电脑横机的控制方面功能越来越强大，而且其程序设计系统的功能也越来越强大，系统界面更加友好，操作和使用更加方便。

第六章　M1 程序设计系统

第一节　M1 程序设计系统的主要功能

一、M1 程序设计系统的功能

M1 程序设计系统是继 SIRIX 之后斯托尔公司推出的新的设计系统。该系统在 windows 操作系统下运行，通过绘图方式绘制编织工艺图和织物结构图，形成所要求的织物结构；可以通过标准模块和创建自己的模块方便地进行程序的编制；通过成形模块生成成形衣片；通过工艺数据行和相应的对话框输入、修改和选择工艺参数，如密度、牵拉、速度等。其主程序设计系统界面如图 6－1 所示。

其各部分的主要功能如下：

(1)菜单栏(Menu Bar)：除了同很多通用的程序系统一样，包含了文件、编辑等常用的命令菜单，但其中的很多内容有该系统自己的特点。此外，它还有一些专用的菜单项，如编织工艺(Knitting technique)、Sintral 等。

(2)级联菜单(Content Menu) 显示下一级菜单。

(3)工具按钮(Tool Bar) 用于点击一些常用命令的按钮。

(4)色彩选择按钮(Color Bar)用于选择绘图所用颜色。

(5)模块栏(Module Bar)用于选择的系统的或自制的模块。

(6)织物视图(Fabric View) 用于以线圈结构图的形式绘制和显示所编织花型的三维图形。

(7)工艺视图(Technical View) 用于以编织图的形式绘制和显示所编织花型图案。

(8)全视窗口(Overview Window) 用于显示整个花型缩略图。

二、一个简单程序的编制流程

(1)点击 M1 图标，进入程序设计界面。

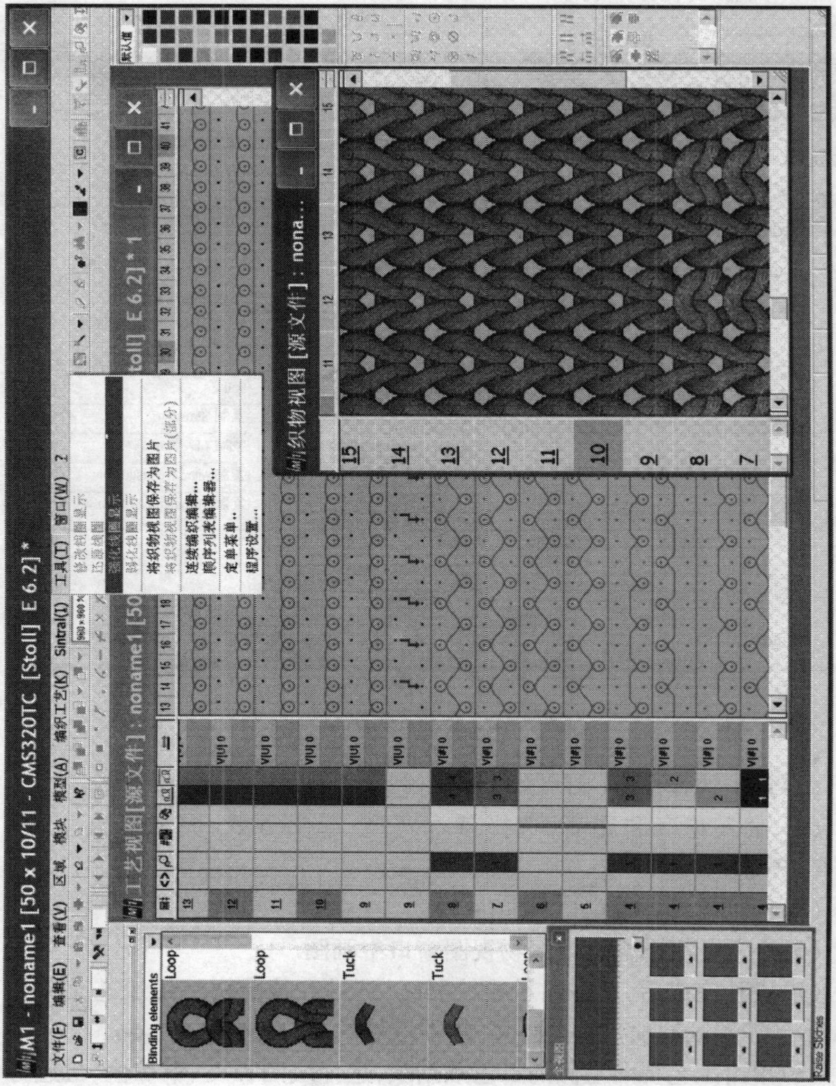

图 6-1　M1 程序设计系统窗口

(2)点击文件菜单,选择新建或点击新建图标打开新建花型对话框(图6-2),输入花型名称。

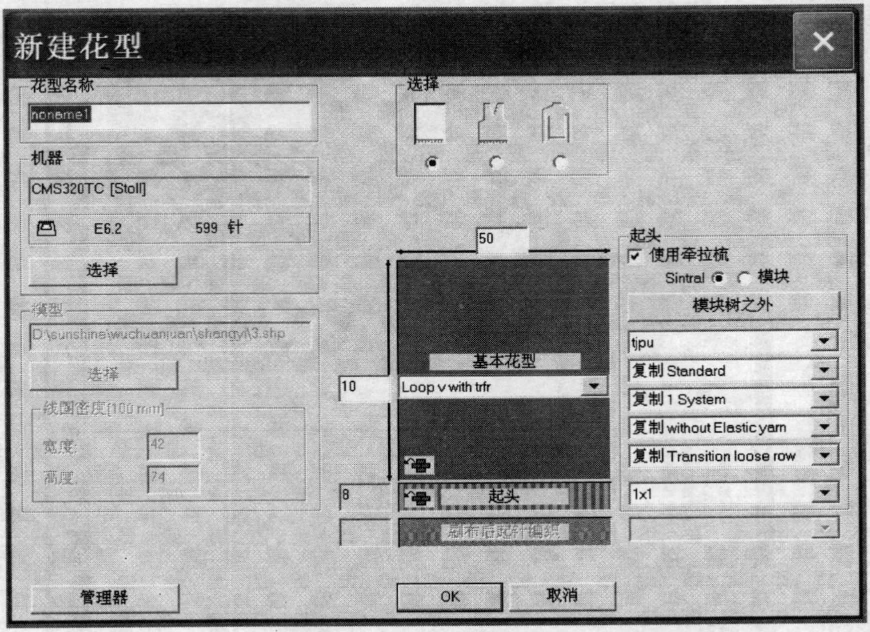

图6-2　新建花型窗口

(3)点击选择按钮(图6-2),弹出选择机型对话框,选择机型。

(4)输入花宽和花高,选择基本花型、起头方式,完成后点击OK(图6-2)。

(5)回到设计系统窗口(图6-1)。

(6)在工艺视图窗口或织物视图窗口中画图。

(7)设计完成后,点击显示导纱器区域图标(或点击编织工艺菜单中的显示导纱器区域项)打开显示导纱器区域的窗口,排列导纱器。

(8)单击工艺视图左侧的工艺数据线,选择线圈长度、牵拉值、机速等工艺参数,并设定相应的参数值。

(9)设定完成后,按F10键或点击编织工艺菜单下的自动工艺处理菜单，进行工艺处理。

(10)点击 Sintral 菜单的 Sintral 检验项，弹出检验窗口，点击检验窗口中的 Start 按钮，对程序进行检验。

(11)检验完成后，点击文件菜单中的存盘菜单，将程序存入硬盘，要上机编织，必须点击 Sintral 菜单的"数据保存到软盘上"，将程序存入软盘。

至此，程序就算编制完成，可以将软盘插入电脑横机中，调入相应的程序进行编织。

三、系统的基本结构与操作

(一)新建花型窗口

在图 6-2 所示的窗口中可以进行下述操作。

(1)输入文件名。

(2)选择机型。

(3)选择起头。它包括牵拉梳的选择、起头程序文件夹的选择、采用何种固定起头程序、是否用弹力纱和采用何种起头组织(如 1+1 罗纹、2+2罗纹等)。为了便于意匠图的绘制，在这里也可以将起头组织选择为空，即不要起头，而在设计完花型图后，点击编辑菜单下的更换起头来选择起头的组织结构。

(二)图形绘制

图形绘制是程序设计最重要的一步。该程序设计系统的意匠图绘制可以在工艺视图窗口中进行，也可以在织物视图窗口中完成。在工艺视图中可以保证精确地绘制每一个针位的编织方法，而在织物视图中绘制更加直观，但有时很难准确定位每一个针。因此最好的办法是在工艺视图窗口绘制，在织物视图窗口中验证效果。

1. 线圈结构模块的选择

在绘图时，首先要通过点击模块工具栏中的相应图标选择所要绘制的线圈结构。在模块工具栏中的基本结构栏中包括了一些最基本的结构单元，如正面线圈、反面线圈、双面(四平)线圈、前针床针集圈、后针床针集圈、前针床针编织后针床针集圈和后针床针编织前针床针集圈等。如果编织一些花式组织，如绞花、阿兰花或移圈网眼等，系统配置了相应的模块工具栏。还可以自己设计一些专用的模块，将经常使用的一些结构单元组合存储起来，作为模块来使用。

2. 色彩选择

在程序设计窗口的右面，有一个色彩选择按钮工具栏，如图 6-1 所示。在进行色彩花型编织时，可以通过选择其中的各种颜色来绘制编织图和织物图。

3. 区域操作和绘图工具的使用（图 6-3）

与各种绘图软件一样，该系统也有一些实用的绘图工具。这些工具可以通过点击相应的按钮来激活，包括徒手画、画线、画空心或实心矩形、画空心或实心圆形、画空心或实心多边形等图标。

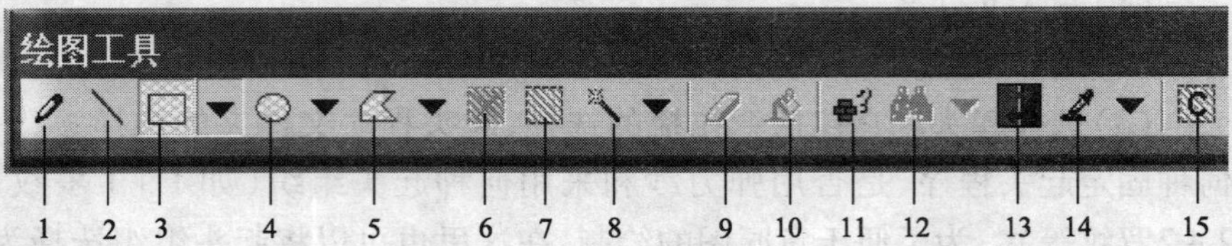

图 6-3　区域操作和绘图工具

为了使绘图更加方便快捷，系统配置了区域操作工具，可以通过选择图形中的一个部分或全部图形实现所选区域的拷贝、翻转拷贝、连续拷贝、删除等操作。在区域操作时，首先点击区域选择按钮，点击图标 15 可以选择图形中的一部分进行操作，而点击图标 7 就会将整个图形都选上，以便进行拷贝等操作。如果选择只对图形中的一部分进行操作，就用鼠标在图形中选择一块欲进行操作的区域。选择了相应的区域后，点击编辑菜单中的复制项（或按下组合键 Ctrl + C）后就可以对所选的区域进行拷贝；如果要进行镜像拷贝，需点击编辑菜单中的对称插入（或按下组合键 Ctrl + T）进行拷贝。各图标功能见表 6-1。

表 6－1 区域操作和绘图工具菜单的功能与作用

序号	项 目	功 能
1	画笔	用于徒手画图
2	画线	用于画直线
3	画矩形	用于画矩形，可选择实心矩形或空心矩形
4	画圆	用于画实心圆或空心圆
5	画多边形	用于画实心多边形或空心多边形
6	取消区域	取消所选择的区域
7	全选	选择全部图形
8	魔笔	在魔笔所选区域填充模块
9	删除	删除花型中的一个区域
10	填充	用当前花型填充所选区域
11	识别和选择	在花型中识别和选择模块
12	寻找并选定	在花型中寻找并选定光标所带的功能或模型属性
13	寻找并替换	寻找一个花型单元并用其他花型单元替换它
14	取色	用于在图形中选取某一种颜色或某一种结构模块
15	选区域	用于在图形中选择一块区域，可对其进行复制等操作

(三)导纱器配置

当图形绘制完成之后，首先要排列导纱器。排列导纱器可以通过点击“显示纱线区域”图标(或点击编织工艺菜单中的显示纱线区域项)打开显示纱线区域视图[图6－4(1)]和纱线区域分配窗口[图6－4(2)]。

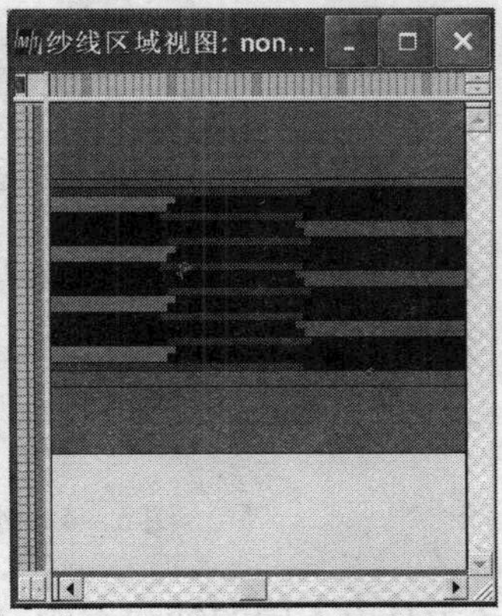

(1)
图 6－4

在纱线区域视图窗口中显示了所使用的纱线数目，一般来说，不同的色块就代表了不同的导纱器区域。在这里，凡是在图形绘制中用不同颜色绘制的区域都

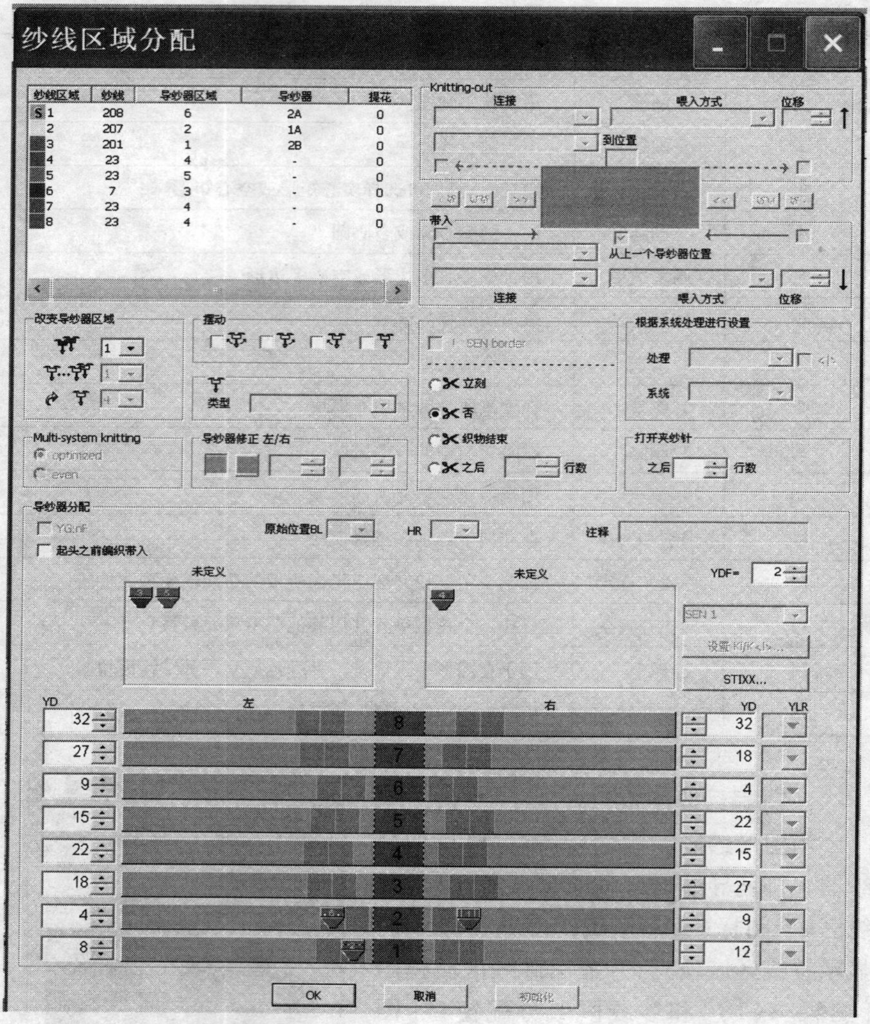

(2)

图 6－4　纱线区域和导纱器配置窗口

被认为是由不同的纱线编织，而对于用同一种颜色绘制的两块以上的区域，如果在编织时不能用同一把导纱器来编织（如嵌花），也被认为是不同的纱线区域。根据纱线区域窗口中的不同纱线区域数，在纱线区域分配窗口中相应地配置了不同的导纱器，当用鼠标选中了某一纱线区域时，导纱器分配中所对应的导纱器就会被围上一个红框。在纱线区域分配窗口中，那些在起头时所用到的导纱器，如弹力纱、罗纹纱和废纱等被安排在相应的导纱器轨道上，如图中废纱被安排在左边第一把导纱器上，起口用弹力纱被安排在左边第二把导纱器上，罗纹纱被安排在右边第二把导纱器上；而其他导纱器则处于未定义区域，可以用鼠标点击并拖动它们将其安排在合适的导纱器轨道上。当然，那些起头纱线等的导纱器也可以被重新安排位置。由于罗纹纱通常与大身编织的某一种颜色用同一种纱，可以将它们合并起来，这时可以选中所要与罗纹纱合并的导纱器，再点击改变导纱区域栏中的合并导纱器下拉框，从下拉列表中选择"1+1 罗纹"，即可将其与罗纹导纱器合并。

在导纱器轨道的每一端都有一个数字选择框，在那里可以调整导纱器距布边的针数，其单位为1.58mm(1/16英寸)，一般导纱器应该在保证距布边有一定距离的情况下，离布边越近越好，太远容易垫不上纱或使纱线松弛，但各把导纱器之间应该至少相距4针距以上。

(四)工艺参数设定和修改

在工艺视图窗口的左边是工艺参数控制列。这些控制列可以通过编织工艺菜单打开，也可以通过将鼠标放置在工艺视图窗口左边的工艺行处，点击鼠标右键弹出相应的菜单进行选择。在工艺参数控制列中包括线圈大小、牵拉值、机速、机头运行方向、循环变量、STIXXX等内容。通常，线圈长度、牵拉值、机速和循环变量都需要进行查看，必要时要进行修改。

1. 线圈长度

编织的线圈长度是通过NP值确定的，它是工艺中的一个重要指标，直接影响到织物的密度和克重。在花色织物编织时，特别是编织一些结构花形织物时，它也影响到织物的平整度、宽度以及编织的效率和难易程度，需要细心调整。在弹出菜单中选择了线圈长度选项后，就会将其添加到工艺行中，它占控制列的两列，分别是前针床线圈长度和后针床线圈长度。此时，点击此两列上方的图标，将会弹出一个菜单，其中包括了所使用的NP值，其中的最后一项是"编辑数据"，点击该项后，就会弹出"线圈长度表”窗口,如图 6 - 5 所示。

线圈长度表

应用在花型中 | 设定未定义

	颜色	状态				[NP]	名[中文]	类型	NP 索引	NPJ	组
		修改	总体	使用	Sin f	E 6.2 (8)					
1			×	×		9.0	Setup Row	间接	1	=	-
2			×	×		10.0	Setup Tub	间接	2	=	-
3			×	×		9.0	1x1-Cycle	间接	3	=	-
4			×			10.0	2x1/2x2-Cycle	间接	3	=	-
5			×			10.0	1x1-Cycle-2	间接	?	=	-
6			×			10.0	2x172x2-Cycle-2	间接	?	=	-
7			×			11.0	Tubular Cycle front	间接	2	=	-
8			×			11.0	Tubular Cycle back	间接	3	=	-
9			×	×		11.0	Loose Row	间接	4	=	-
10			×			9.5	Transition-RR	间接	4	=	-
11			×			11.0	Transition-2	间接	?	=	-
12			×			9.5	Setup-MG	间接	1	=	-
13			×			10.5	Setup-Tub-MG	间接	2	=	-
14			×			10.0	1x1-MG	间接	3	=	-
15			×			11.5	2x1/2x2-MG	间接	3	=	-
16			×			10.0	1x1-MG-2	间接	?	=	-
17			×			11.5	2x1/2x2-MG-2	间接	?	=	-
18			×			12.5	Tub-front-MG	间接	2	=	-
19			×			12.5	Tub-rear-MG	间接	3	=	-
20			×			13.0	Transition-loose-MG	间接	4	=	-

图 6 - 5 线圈长度表窗口

在此窗口中,主要包括以下内容:

(1)颜色。用不同的颜色表示在织物中所使用的不同密度区域。在工艺视图左边的线圈长度控制列中,与每一编织横列相对应的位置就有一种密度颜色,它就代表了这一行所使用的 NP 值,而在该表的颜色列中,列出了可使用的所有线圈长度颜色代码。

(2)状态。在状态栏中,已经使用的 NP 值会在其中的使用栏里打叉表示出来。

(3)[NP]。这一栏所显示的是直接弯纱深度值,取值范围从 5.6 ~ 23.3。所谓直接弯纱深度值,是指它的大小直接反映了弯纱深度的大小,数值越小,弯纱深度越小,数值越大弯纱深度越大。当然它只是一个相对的量,并不是弯纱深度的毫米数。程序中也给出了与相应的 NP 值相对应的线圈长度(mm)数,但其数值并不能完全与实际的线圈长度相吻合。这一栏的数值通常要根据所编织的密度要求进行修改。

(4)名[中文]。该栏所显示的是所编织织物的部位。对应某一部位,系统给出了默认的 NP 值。

(5)NP 索引。与直接弯纱深度值相对应,这一栏所显示的是间接弯纱深度值的组号,它的取值范围是从 1~25,即 NP1~NP25。它与直接弯纱深度值不同,它的数值大小并不表示实际弯纱深度的深浅,而只是一种代号,其具体弯纱深度值要看上面所述的 NP 值。

还有一些内容在这里就不一一介绍了。

2. 牵拉值(WM)

与线圈长度值一样,牵拉值也是影响编织的一个重要参数。在弹出的菜单中选择了牵拉值后,在控制栏中就会出现牵拉值栏,对于相应的每一工艺行,将会用不同的颜色表示相应的牵拉值。同样,也可以通过牵拉值表对相应的数值进行修改,牵拉值表见图 6-6。

表中各符号的具体含义如下:

(1)WM/WMN:牵拉值是否随针数变化。选择 WM,牵拉值不随参加编织的针数变化,选择 WMN,牵拉值将会随针数的增减变化,当参加工作的针数为最多时,牵拉值取最大值,当参加工作的针数为最小时,牵拉值取最小值。其他情况下,牵拉值取最大和最小之间的值,也与参加工作的针数相适应。左键点击相应行可从箭头处切换。

(2)Wm 最小:织物宽度为最小时的牵拉值,启动时必须同时使用 WMN。

(3)Wm 最大:织物宽度最大时的牵拉值,启动时必须同时使用 WMN。

(4)N 最小:最小织物宽度的针数。

(5)N 最大:最大织物宽度的针数。

(6)WM:主牵拉值。范围从 0~31.5,带一位小数。

(7)WMI:牵拉脉冲值(0~15),用于对织物进行瞬时牵拉。

(8)WM^:织物牵拉反转角度(0~120°),用于暂时放松织物,以便进行翻针等操作。

(9)WMC:主牵拉停机控制,例如,当织物牵拉转动太快时,则停机。这里:0—没有灵敏度,1—灵敏度很小,32—最灵敏。

(10)WM+C:定义在多少编织系统工作之后,主牵拉仍未达到预定

牵拉表

应用在花型中 | 设定未定义

	颜色	状态				主牵拉牵拉											辅助牵拉牵拉			名[中文]	类型	WMF索引	组
		修改	总体	使用	Sin f	WM/W	WM最	WM最	N最小	N最大	WM	WMI	WM^	WMC	WM+C	WMK+	W+	W+P	W+C				
1			X	X		WMN	0.0	0.0	0	0	0.0	3	0	10	20	50	10	0	10	Forward	间接	1	-
2			X			WM	0.0	0.0	0	0	0.0	0	0	10	10	10	10	0	10	Relieve	间接	2	-
3			X			WM	0.0	0.0	0	0	2.0	0	20	10	10	10	10	0	10	Turn-back	间接	3	-
4			X			WM	0.0	0.0	0	0	2.0	7	0	0	0	0	10	4	0	Picking-up	直接	-	-
5			X			WMN	0.0	0.0	0	0	0.0	3	0	10	20	20	10	0	10	Default Knit	间接	?	-
6			X			WM	0.0	0.0	0	0	2.0	3	0	10	10	10	10	0	10	Default 50	间接	?	-
7			X			WM	0.0	0.0	0	0	2.0	3	0	10	10	10	10	0	10	Default Transfer	间接	?	-
8			X			WM	0.0	0.0	0	0	30.0	3	0	0	10	10	1	0	10	Cast-off 30	直接	-	-
9			X			WM	0.0	0.0	0	0	2.0	0	20	0	10	10	1	0	10	Cast-off 2	直接	-	-
10			X			WM	0.0	0.0	0	0	0.0	0	0	0	0	0	1	0	10	Link-off	间接	?	-
11			X			WMN	2.0	4.0	0	0	0.0	3	0	10	20	20	15	0	20	Relieve k&w	间接	?	-
12			X			WM	2.0	4.0	0	0	0.0	3	10	10	20	20	15	0	20	Turn-back k&w	间接	?	-
13			X			WM	0.0	0.0	0	0	0.0	0	0	0	0	0	6	0	10	Link-off k&w	间接	?	-
14			X			WM	0.0	0.0	0	0	0.0	0	0	0	0	0	1	0	10	Ending Link-off k&w	间接	?	-
15			X			WM	0.0	0.0	0	0	2.0	3	0	10	10	10	10	0	10	Remaining Narrowing k&w	间接	5	-
16			X			WM	0.0	0.0	0	0	0.0	0	30	10	10	10	1	0	10	Combine Sleeves k&w	间接	4	-
17			X			WM	0.0	0.0	0	0	4.0	3	0	10	10	50	10	0	10	Setup Row 2x2 k&w	间接	6	-

图 6－6　牵拉值表

值时就停机，可取 0 ~ 100。

(11) WMK + C：定义在多少编织系统工作之后，牵拉梳仍未达到预定值时就停机（0 ~ 100）。

(12) W +：辅助牵拉的速度（1 ~ 15）。

(13) W + P：辅助牵拉的压力（0 ~ 10）。

(14) W + C：定义在多少编织系统工作之后，辅助牵拉仍未达到预定值时，就停机（0 ~ 100）。

(15) WMF 牵拉索引：间接牵拉组号，用 WMF 表示，取值 1 ~ 8。若放了问号“?”则由程序自动安排。

一般情况下只需对前面六项进行修改或赋值，其他采用默认值。

3. 机速

在弹出的菜单中选择了机速后，在控制栏中就会出现机速栏，对于相应的每一工艺行，将会用不同的颜色表示相应的机速。同样，也可以通过机速表对相应的数值进行修改。在选择机速时，可以根据编织的不同部位设置不同的速度。机速用符号 MSEC 表示，其可取范围为 MSEC = 0.1 ~ 1.4 m/s（编织时速度最大为 1.2 m/s）。不同速度可以用不同的速度组数来表示，共有 10 组，即 MSEC0 ~ MSEC9，一般 MSEC0 用作空程的速度；MSEC1 用作翻针时的速度。

4. 循环变量

循环变量是用来使某些横列重复编织，以避免重复作图的麻烦。循环变量用 RS*n* 表示，*n* 表示不同循环部段的号，可在编程时自行选择。RS1 通常用于下摆罗纹的循环。所要重复执行的横列数一般应为偶数，所循环的次数可以在上机时给出，如 RS2 = 10，就表示 RS2 所代表的这部分横列要编织 10 次。

四、Sintral 指令简介

Sintral 指令是斯托尔电脑横机程序设计系统的专用指令，在最早的设计系统中，程序设计就是通过编写 Sintral 指令来完成的，程序编写起来比较麻烦。采用了新的设计系统之后，一般程序设计都可以用上述方式通过可视化的视窗界面方便、快捷和友好的完成，但所设计的程序最后还是要生成 Sintral 指令,用以传输到电脑横机里并控制机器进行工作。因此,对于程序设计来说,如果能够了解和掌握 Sintral 指令,将会使程序设计更加灵活,也有利于在机器上对程序进行修改。

Sintral 指令的结构类似于计算机的 Basic 语言,它也是由一条一条语句组成,每一条语句同样有行号、"语句体"和"语句定义符",只是其符号和含义都有所不同。

(一)行号

从 1 ~9999,可连续或不连续。

(二)注释

程序注释语句放在大写字母 C 的后面,也可用它加在已经存在但不需要执行的指令之前,如:

```
1   C   CMS330TC(机型)
2   C   2×1-START (2×1 罗纹)
110   REP*20   C   Repeat 20 times
```

(三)START 和 END

START 为程序开始执行语句,它以前的语句一般只起说明作用;END 为程序结束语句,在它后面的语句是用符号表示的图形部分。如:

```
1   C 2 color jacquard
·
·
·
30 START
·
·
·
100《S:。-R/A-R;Y:2/3;S2S3
·
·
·
999 END
```

1000.....AAAAA....

·

·

·

(四)导纱器初始位置的定义

在程序开始后,首先要定义导纱器初始位置,即在程序中使用的导纱器号及导纱器在开始编织之前处于机器的左边还是右边。其语句是:

50 YGC:3=G/1=E 2=K 4=A

这里"/"将导纱器分为两部分,前面的3为机器左边的导纱器号,后面的1、2、4表示机器右边的导纱器号,G、E、K、A分别是这几把导纱器所对应的图形中的色号或相应的纱线,如主纱、辅纱、弹力丝或废纱等。

(五)弯纱值

如前所述,间接弯纱值用NP1~NP25表示;直接弯纱值用5.6~23.3之间的数值给出,它包括一位小数,如NP1=11.5、NP5=9.0等。

(六)牵拉值

在这里,织物牵拉值的定义如前所述,分别用WM表示牵拉值(0.1~31.5);用WMI表示换向时的牵拉脉冲值(1~15);用W+1表示辅助牵拉工作,W+0表示辅助牵拉不工作;用WMF表示牵拉组(WMF1,WMF2等);用WMC表示主牵拉停机灵敏度控制;用WM+C定义在多少编织系统工作之后,主牵拉仍未达到预定值时就停机等。

(七)机器速度

如前所述,机器速度值用MSEC=0.1~1.4 m/s(编织时速度最大1.2 m/s)表示;速度组数用MSEC1~MSEC9表示。

(八)编织语句

下面是一行编织语句:

60 《S:R(1)-R(2)/R(9.5)-0;Y:1/2;VR1 S2S3 WMF1 MSEC4

它包括下面一些内容:

1. 机头运行方向

符号"《"表示机头从右向左运行,符号"》"表示机头从左向右运行;也可以用符号"《》"让程序自动选择机头方向。

2. S

S只是表示运行指令开始的符号,没有实际意义。

3. 编织组织结构

编织组织结构反映了各系统前后针床的选针与编织情况,如上述语句中的R(1)-R(2)/R(9.5)-0就表示了所编织的结构。这里的横杠"-"连接的是前后针床,它前面的符号代表前针床的编织情况,后面的符号代表后针床的编织情况。斜杠"/"分开的是各系统,它前面的符号是一个系统的编织情况,后面的符号是另一个系统的编织情况。这里的R、0就是相应的编织情况,具体含义在下面详述。而跟在这些符号后面用括号括起来的数字则是它们相应的NP值,当它为整数时所指的是相应的NP值组号,带有一位小数时则是实际的NP值大小,如此例中的1、2为NP1和NP2,而9.5则表示NP=9.5。各编织符号的含义如下:

(1)不选针和固定选针编织符号。不选针和固定选针编织符号与所画的意匠图无关,有以下几种:

R—表示所有织针成圈;

F—表示所有织针集圈;

0—表示所有织针浮线;

UVSR—所有织针由后向前翻针;

U^SR—所有织针由前向后翻针;

DI.—1隔1选针编织,这里I表示编织针,.表示不编织针,如2隔2选针编织,相应的符号就是:DII..;

(2)根据意匠图选针编织符号。根据意匠图编织时,意匠图中的某一种颜色在这里用相应的符号表示,程序中用19种符号表示意匠图中的19种颜色,分别是".、A、Y、*、T、I、+、B、G、H、O、W、Z、E、K、L、M、P、Q"。如分别用.、A、Y三种颜色绘制的三色提花意匠图,且编织的是横条反面双面提花,其编织程序是:

.-R/A-R/Y-R

如果在意匠图中,不同颜色表示的是不同的编织方法,如A表示集圈编织,Y表示从前向后移圈,则程序将写成:

A%-0/Y^N-0

4. 所用导纱器

Y:1/2 表示所用导纱器号，斜杠前为第一系统所用的导纱器号，斜杠后为第二系统所用的导纱器号。

5. 针床位置

VR1 为针床位置。针床位置用 VR*n* 或 VL*n* 表示，分别表示针床位于右侧(VR)或左侧(VL)的第 *n* 针位置。当位于零位时，用 V0 表示。如果前后针槽相对时还要加上 V#，移圈时则要加上 VU。

6. 所用系统号

S1S2 分别表示此时用第 1 和第 2 系统来进行编织。

7. 所用牵拉组号

WMF1 为使用牵拉值表中的第 1 组牵拉值，它包括该组中的所有参数，如主牵拉、辅助牵拉和牵拉脉冲等。当牵拉值为 0 时，用 W0 表示。

8. 所用机器速度

MSEC4 表示为第 4 组机速，MS 表示停机。

9. 空程语句

一般将第 999 句设置为空程语句，此时机头空走，语句的结构为：999 < > V0 S0 W0。此时机头方向为任意方向，前后针床对位为 0 位置(原点)，没有系统工作，牵拉值为 0。可能有时第 999 句写入了其他程序，而空程的内容写入其他行，例如 1022，此时在编织时一定要注意。

(九)导纱器指令

导纱器初始位置：左边的导纱器号/右边的导纱器号，如 8/124 表示左边的穿纱为 8 号导纱器，右边的穿纱为 1 号、2 号和 4 号导纱器。

(1)2A:F1 * 表示 2 号导纱器编织“ * ”区域。

(2)Y:0 表示不带导纱器。

(3)YD:导纱器与布边距离。如 YD1 = 1 - 32 表示导纱器 1 距布边左边 1 个单位，距布边右边 32 个单位，每个单位大约为 1.58mm(1/16 英寸)。

(十)编织宽度参数

花型数据：例如 JA1 = 1326 (1100 - 1100)，其中 JA1 表示花型名称，可为 JA1 ~ JA8；1326 表示编织时花型的起始行号，括号内为循环行号，即在花型的第 1100 行到 1326 行之间循环。

1. F1

衣片宽度(针数),如 F1 =5 ~142,就表示从意匠图中的第 5 纵行编织到第 142 纵行。

2. PM

花型在机器上的排列,如 PM:101:F1,就表示从机器上的第 101 针开始编织 F1 所表示的花型宽度。

3. SEN

选针区域,指参与编织的针数,如 SEN =101 ~200,就表示从机器上的第 101 针开始编织到第 200 针。

(十一)子程序(函数)

在程序中,可以将一些重复使用的程序定义为子程序(函数),在主程序中对其进行调用,使程序结构更加合理、简洁。

子程序以 FBEG:后跟该子程序的名称开始,以 FEND 结束。如某 1 +1 罗纹子程序可以写成:

FBEG:1 ×1RIB

·

·

·

FEND

在主程序中调用子程序,则以 F:子程序名表示。如要调用上述子程序,可写成:

F:1 ×1RIB

(十二)循环指令

对于需要重复执行的某一部分指令,可以有以下两种指令形式:

(1) RBEG * n(或 * RSn)

·

·

·

REND

(2) REP * n(或 * RSn)

·

·

·

REPEND

在期间用省略号省略的部分就是要重复执行的内容。这两种形式的功能完全一样，只是在嵌套时为了避免混淆采用两种形式表示。这里的 n 表示的是这部分循环内容需要执行的次数，它是一个常量，即所要执行的具体次数。RSn 也表示这部分循环内容需要执行的次数，但它是一个变量，具体循环多少次需要在程序中另行给出或在运行程序前在机器上输入，如 RS1 = 20，就表示这部分程序要循环执行 20 次。

(十三) 变量(计数器)

为了程序运行和编写的方便灵活，在程序中可以用变量来代表某些不确定的数据，根据程序编写的情况自动赋值或在程序运行时在机器上赋值。该系统所规定的变量主要有两种，一种用"#"加字母或数字表示，一种用 RSn (n 为整数)表示。这些变量可以根据自己的需要设定；也有一些变量已经具有特定的含义。例如：#L 用于左边缘针，#R 用于右边缘针；#51 用于左边缘的起始针，#52 用于右边缘的起始针；#53 用于 V 领左边缘的起始针，#54 用于 V 领右边缘的起始针；RS1 主要用于罗纹的循环等。

(十四) 转置语句

1. GOTO 语句

程序转到指定行，而不会再回到原来位置。如：100 GOTO 300，程序就会从 300 语句开始执行以后的内容，而不会再回来执行 100 与 300 语句之间的内容。

2. G + n 语句

程序向前跳过 n 句执行。如：100 G + n，程序就会跳过 100 语句后面的 n 行语句，执行第 $n+1$ 行的语句。

3. GOSUB n 或 GOSUB n ~ m

程序转到 n 行或 $n \sim m$ 行执行，执行完毕后再回到原行号的下一行执行。如：100 GOSUB 300，则程序在此时去执行 300 语句的内容，执行完之后再回来执行 100 语句下面的内容。如果写成 100 GOSUB 300～310，则表示程序要执行从 300 到 310 语句之间的内容，执行完之后再回到 100 语句下面一行程序运行。

（十五）判断语句

判断语句有两种形式：IF 和 IFN。IF 语句表示条件存在时，转向相应的操作；如：

IF　RS19 = 1　F：Rib - 2 × 1

即如果 RS19 为 1 时，执行函数 Rib - 2 × 1。而 IFN 语句则表示如果条件不满足时，转向相应的操作，如：

IFN　RS19 = 1　F：Rib - 1 × 1

即如果 RS19 不为 1 时，执行函数 Rib - 1 × 1。

还有一些 Sintral 指令和一些特殊用法，这里就不一一赘述，可以在使用中逐渐熟悉。

五、模块的设计

模块为一种可以随时调用的结构或花型单元，用户可以在绘制工艺图和织物图时使用，从而更方便快捷地进行花型绘制，减少重复劳动。在模块管理器中有一些由程序自带的常用模块，如绞花、阿兰花和各种结构单元等。用户也可以根据需要建立自己的模块，或对所提供的模块进行修改。一些最基本的结构，如平针、四平、半畦编或畦编等也是常用模块的一部分。模块中可以包含线圈长度、沉降片设置（四针床）、机头速度、织物牵拉、编织系统、机头方向、牵拉梳作用、循环和工艺行数据等工艺参数，但大多数模块只包括编织的结构和组织。

一个新模块的建立可以在模块编辑器中做一新模块，也可以从花型中选取一部分来生成模块，还可以拷贝现存的模块，重新编辑修改生成。

模块的建立过程与上面所述的程序设计过程类似。先在“模块”菜单下选择“新模块”，在弹出的对话框中输入模块的名称、一个循环的宽度和高度，确定后就会进入相应的工艺图绘制窗口，此时，可以在此窗口中用编织符号和所选用的颜色绘制该模块的编织图。相应的编织符号如图 6-7 所示。

将绘制好的编织图存入新模块的文件夹中退出后，所建立的新模块就和其他标准模块一样，可以在绘图中使用了。

如果需要，可以在“属性”窗口中设计相应的参数。如：可在“循环”窗口中设置模块可循环的方向；在“机号”窗口设置此模块可适用的机号；在“工艺”窗口中设置模块所属的编织类型、方向等。

除了一些简单的模块之外，程序还可以设置组合模块。一个组合模块最多可以由 9 个单元模块组成。下面就给出一个进行收针编织组合模块的例子。本模块共有 3 个单元模块。

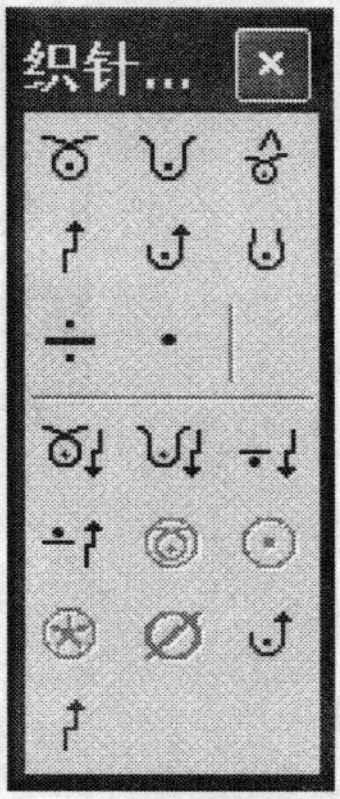

图 6－7 编织符号

(1)左右编织部分。做新模块，高度为 3 个工艺行，宽度为 1 针，在“属性”(Properties)中定义其编织类型为单面编织结构。合并工艺行为一个花型行(选中要合并的工艺行后按快捷键 F8)，如图 6－8(1)所示。

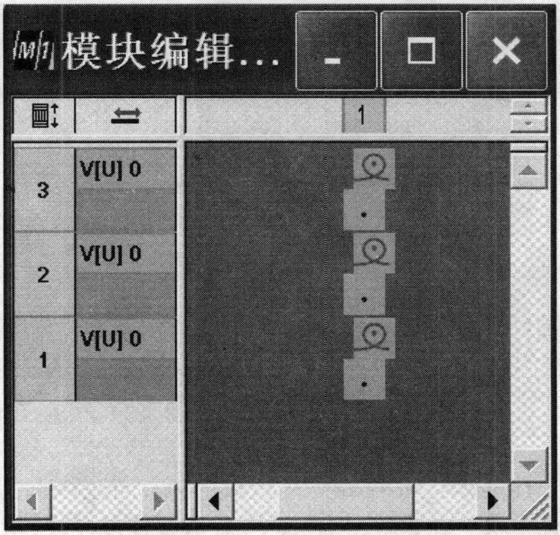

(1)

图 6－8

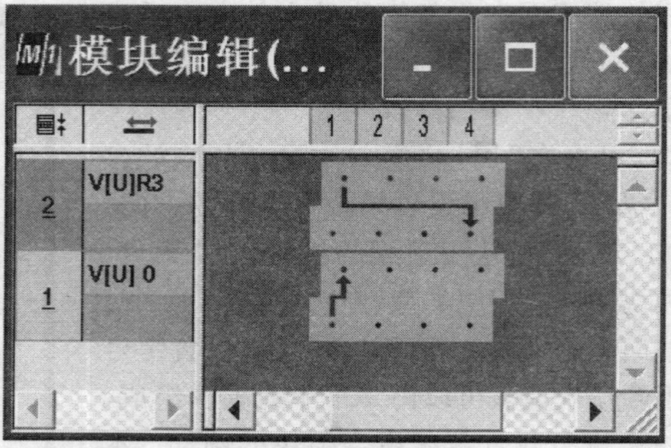

(2)

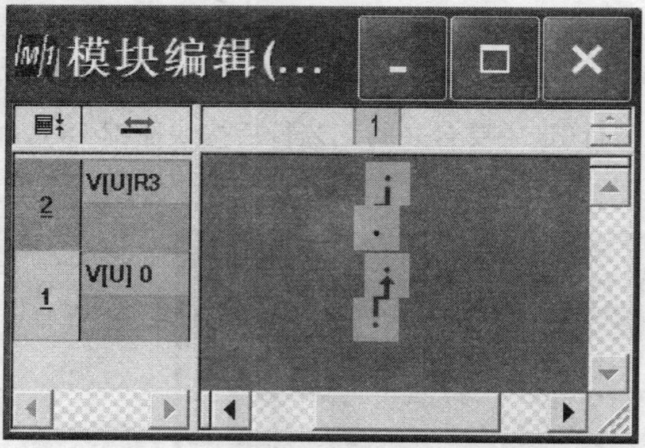

(3)

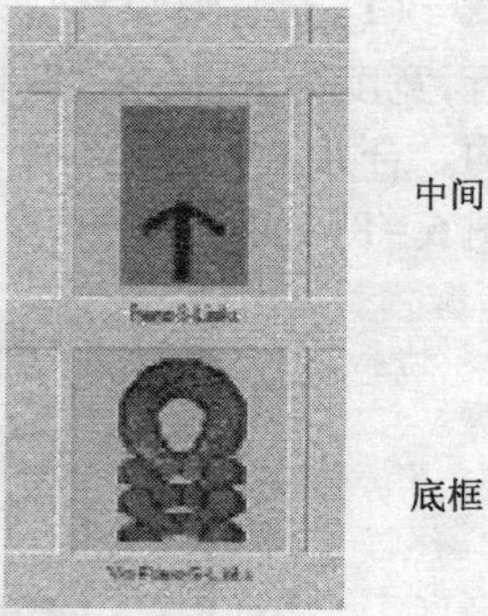

(4)

图 6-8 收针编织组合模块

(2)左边翻针部分。做新模块,高度为 2 个工艺行,宽度为 4 针,将翻针符号根据收针数画上,合并工艺行,如图 6-8(2)所示。因所要的收针是一针挨一针进行,所以在保存之前先将接圈部分删除,结果如图 6-8(3)所示。

(3)右边翻针部分。同单元模块 2,只是从右向左移 3 针。

(4)做组合模块。在模块/创建工艺菜单下打包模块,形成如图 6-8(4)所示的组合模块。

新做好的打包模块临时存放在当前花型左侧的模块栏中,选择它们后按右键选择“保存到数据库中”，则将它们移动到模块管理器的“新模块”中。打开新模块文件夹，可以将它们存放到相应的文件夹中。

第二节　成形程序设计

在 M1 程序设计系统中，在成形编织时要通过调用成形模板来形成相应的成形样板，包括相应的收放针工艺，在程序中被称为模型。设计系统已经为客户储存了一些通用的模型，可供用户使用，但大多数情况下，需要用户自己根据所要编织的衣片大小、织物密度和收放针要求等情况自行建立相应的模型。

一、模型编辑（Edit Shape）界面及其主要功能

做模型就是用户根据自己所要编织衣片的尺寸大小和所计算的收放针工艺编写相应的收放针程序，形成相应的衣片模板，该模板与花型程序复合后就形成了相应的衣片编织程序了。

做模型要首先打开“模型”（Shape）菜单，选择“创建/编辑模型…（Generate/Edit Shape）”，弹出相应的编辑窗口，如图 6－9 所示。

1. 模型参数

模型参数主要包括类别、创建日期、输入格式、显示格式和密度等。在类别项中通常选择默认值。输入格式栏中包括三种选择。

（1）功能行：以长度为单位的输入方式，可以转换成线圈模型。

（2）线圈：以线圈为单位的输入方式，此时以各部段的总线圈数输入。

（3）幅度：以线圈为单位的输入方式，此时以几行收（放）几针几次的方式输入。

密度（Stitchdensity）栏中以 100mm 为单位，在相应的输入框中可以输入横向密度和纵向密度。

2. 所选单元（Elements）

它包括预览窗口和调整栏两部分内容。预览窗口用图形的形式显示每个单元的内容，如果使用“选择所有单元”，这里将显示复合图形（如收 V 领时，要用基本单元和开领单元复合）。调整栏显示单元最后一行用蓝

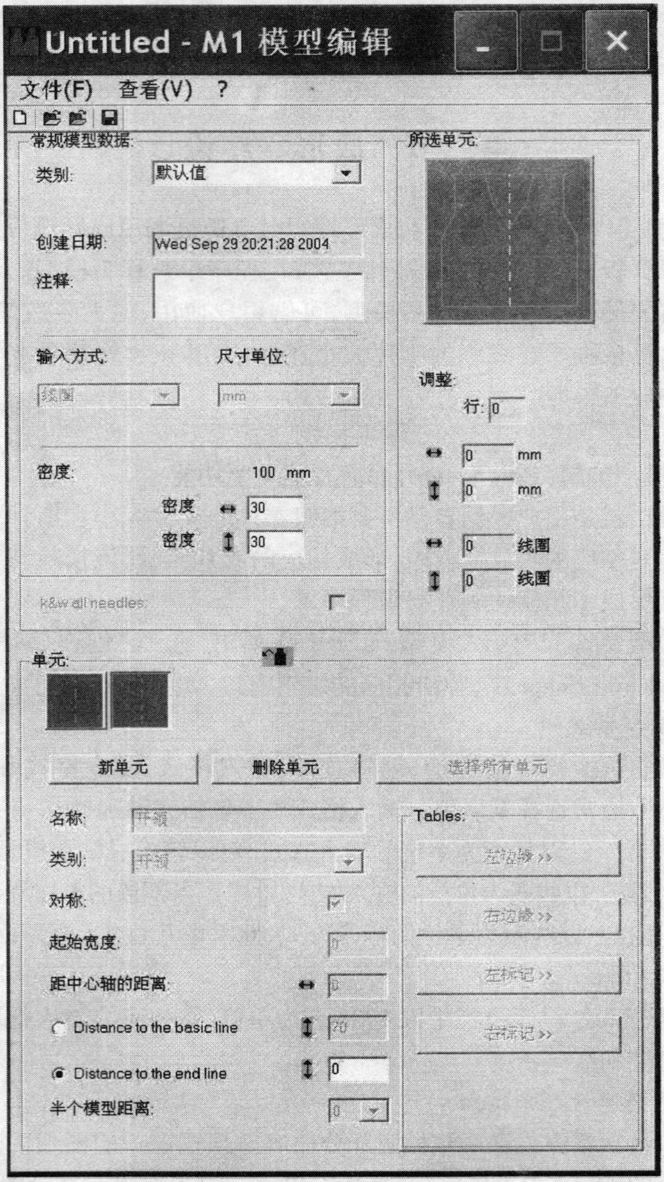

图6－9　创建/编辑模型窗口

线标注的内容。

3. 单元

单元是一个基本的成形结构。一个模型可以包括几个单元,例如有开领的前片需要由两个单元组成,包括一个“基本”单元和一个“开领”单元。每点击一次“新单元”按钮就会产生一个新单元的图形,可以在“名称”输入框中输入相应单元的名称,而在“类别”栏中选择相应的单元类别,它包括基本模型、开领、洞(自动拷针再起针)和楔形(分两把纱嘴,边缘用集圈)。也可以通过选中某单元后点击相应的按钮将其删除,但“基本单元”不能被删除。

4. 对称(Mirrored)按钮

它用于选择模型的对称与否,选择后自动将左功能行拷贝到右功能行,此时右行和右标记变灰。

5. 起始宽度(Starting width)框

它用于输入模型的起始宽度。

6. 到中轴线距离(Distance fromcenter axis)框

输入距中心轴的水平距离,正值表示远离中心轴,负值表示向中心轴方向移动。例如:输入4,则左右两片将各离开中心轴4针(注意这8针不参加工作,并且不能加开领模块)。

7. 到底线距离(Distance form base line)框

所输入的是一个单元(如开领单元)的起始点相对于基本单元底边的纵向距离。

8. 半个模型的距离(Distance of shape halves)

在模型中间插入编织行,此时花型将增加宽度。例如在做V领时,如果想做1针领尖,选择开领单元后,可以在这设置1。对于对称的模型,当衣片的针数为奇数针时,这里也应该输入1。

9. 表格(Tables)栏

它包括行和标记按钮。其中行按钮分左行和右行,标记也分左标记按钮和右标记按钮。这里的左行就是所要做的成形模型的左半部分,而右行就是所要做的成形模型的右半部分。当所做模型为对称时(选择对称按钮),就只有左行按钮起作用。而左右标记则是在衣片模型左右两边可能不对称时根据需要选择，最多可显示两个。当点击这些按钮时，就会弹出相应的行或标记编辑窗口。

10. 行编辑窗口

如图 6 – 10 所示，它包括相应的工具按钮、设定和默认属性选择框以及输入表。在工具按钮中，共有 6 个按钮，其图标和相应功能见表 6 – 2。其中合并组只有在“功能”处的内容相同时才能合并（例如不同部分收针包括边缘组织、收针针数等相同）。

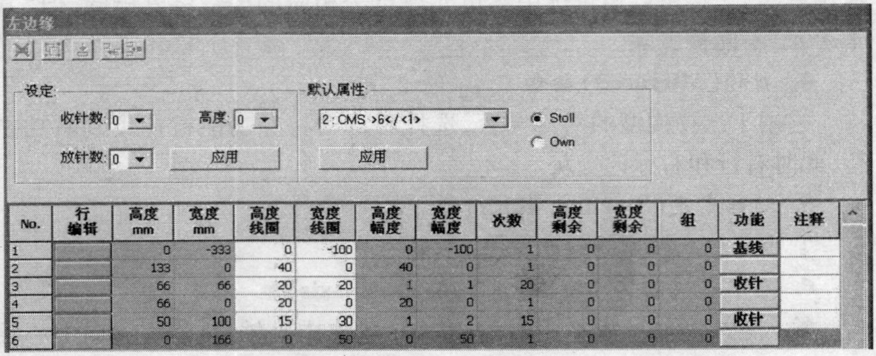

图 6 – 10 行编辑窗口

表 6 – 2 行编辑窗口图标功能

Delete all line	取消所有功能行和标记。假如没有功能行存在就不被激活
Cut	删除所选行。也可用右键菜单执行同样的功能
Group or un group selected line	合并组，至少选择两行
Generate end line	模型结束行，且用绿色标注，如果已经存在就不能被激活
Add new line at end	在表格的末行加入新行。如果是新模型，第一次点击后为基础行。光标在末行时按 Tab 键即添加了新行。注意在没有结束行时才能加入新行
Insert new line before selected line	在所选行之前插入行，注意符号在如下情况时不能使用： 1. 没有功能行 2. 选中基础行时

设定和默认属性选择框主要包含了收放针的宽度、编织技术等设置。选择之后，新行自动按设置执行，也可在后期统一选择重新执行[点应用(apply)]。输入格式须使用“线圈”、“幅度”的方式。各选项的作用见表 6－3。

表 6－3　设定和默认属性选择框的功能

默认属性 (Specifications)	预先将收、放针的宽度、编织技术等进行设置，特别是可将常用边缘组织、收针针数、收针模块设置为一种默认属性，以备调用。区域中的数字代表属性的编号
默认值 (Default attributes)	有 5 种默认选择： 1. Basis：无任何编织技术。自动用在第一行“基础”行中 2. CMS >6 </ <0 >：用于收针为 6 针的模块，无放针模块 3. CMS >6 </ <6 >：用于收针为 6 针的模块，放针宽度为 6 4. CMS TC4 >6 </ <0 >：用于 4 针床机器的收针方式，收针宽度为 6 针，无放针模块 5. CMS 1 ×1 >4 </ <0 >：用于 1 隔 1 技术的收针模块，收针宽度为 4 针，无放针模块
应用(Apply)	确认
设定	
收针数(Narrowing)	每次收针数(0～100)
放针数(Widening)	每次放针数(0～100)
高度(Height)	行数，即几行收或放设定的线圈数 0～100
应用(Apply)	采纳上面的设置

行编辑窗口是模型制作的主要内容。如图 6－10 所示，其表头包括序号 No、行编辑、高度、宽度、列的变化、循环次数、剩余高度和剩余宽度、组和功能等项。相应的位置可以输入工艺单中的相应内容。

其序号就是各功能行的序号。在工具按钮中每点击一次添加行按钮，就自动增加一行，添加一个序号。第一行是基础行，在该行中自动显示衣片的起始针数，起始针数在宽度线圈列中显示。高度和宽度列是要输入的主要内容，有三种输入方式，即毫米、线圈和幅度，分别对应于前面所述的输入格式。如果在输入格式中选择长度，则对应的高度和宽度将在毫米栏中输入,其他栏不可输入,其他两项也是如此。如果选择以毫米的形式输入,则输入的就是衣片各部分的尺寸,如下摆尺寸、胸围尺寸、肩阔尺寸等。根据前面所输入的密度,程序将自动将其换算成相应的针数和行数。如果选择以线圈数来输入,则要输入各部分线圈的横列数和纵行数。在这两种方式中,在高度和宽度栏中所输入的数值都是在原基础上增加或减少的数值。在宽度方向上,向左为正值,向右为负值;在高度方向上,向上为正值,向下为负值。收放针的方式将根据前后两行数值的差值,按照行编辑器所选择的收放针方式自动生成。以幅度方式输入比较接近工艺员的习惯,此时可以分别在高度幅度、宽度幅度和次数三栏中输入数据。如果工艺是每 4 行收 2 针收 3 次的对称方式,选择以“左行”输入,则应在高度幅度中输入 4,在宽度幅度中输入 2,在次数中输入 3;如果是放 1 针,则应该在宽度幅度栏中输入 -1。这里应该注意的是,高度幅度的单位是横列数或行数,而不是习惯上的转数。随着这些数值的输入,在图6-9“所选单元”的图形显示框里同步显示衣片的形状,这样使工艺设计人员可以直观的了解输入的情况。

剩余高度和剩余宽度只是在宽度和高度不匹配时有数值,需要进行修正。

行编辑栏是一种收放针方式的编辑器,点击后,会出现一个相应的窗口,可以从中选择所希望的某一收放针段的收放针方式,如直线型、J 型或 S 型等,从而形成所希望得到的曲线形态。当选择了用幅度来进行输入时,其意义就不大了。

在功能列中将显示各行的工艺方式,如收针、放针或拷针等。当点击时,将会显示一个功能窗口,显示出相应的操作方式,如边缘线圈、收针方式等,可以对其进行修改。

二、模型制作实例

1. 选择“线圈”(Stitch)做模型

以线圈为单位输入。

(1)首先选择输入方式。如图 6-11 所示,点击“线圈”。

(2)再输入“起始宽度”(Starting width),例如 200。如果模型对称,激活“对称”（Mirrored）（打勾）（图 6－9）。

（3）编辑左边缘线。点击“左边缘 > >”（Left line > >），出现图 6－10 所示的行编辑窗口。

在对称的情况下，衣片的左右收放针完全相同，因此，只要编辑左边缘线就可以了，否则就要分别编辑左右边缘线。

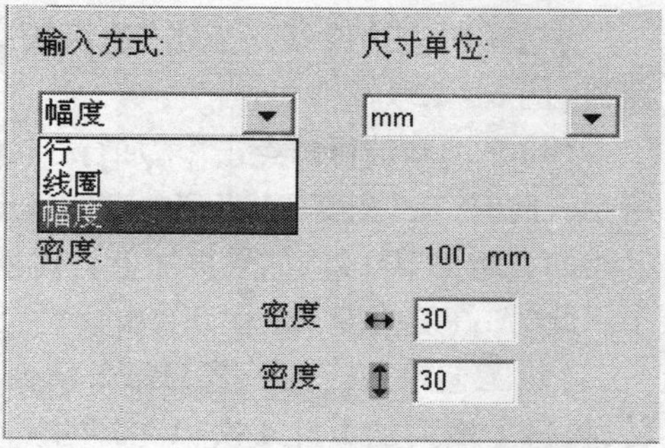

图 6－11　模型输入方式

（4）显示基础行。点击“增加行”按钮，基准线的内容出现。此时，在“宽度线圈”列中已经显示出数据“－100”针，即从衣片的中间开始向左增加 100 针，如果再加上与其相对称的右半边，就是起始针 200 针了。此时高度线圈列为“0”，功能栏中显示为“基线”。

（5）进行工艺输入。再一次点击增加行按钮，加入一行新行，开始按工艺输入，如平摇 40 行，则在“高度线圈”列中输入“40”，在“宽度线圈”列中输入“0”；再加入一行新行，进行 20 行内收 20 针的收针输入，则在“高度线圈”下输入“20”，“宽度线圈”下输入“20”，程序自动将其平均分配为每 1 行收 1 针收 20 次，并在相应的高度幅度、宽度幅度和次数栏中显示出来，在功能栏中显示“收针”。如果不想让其平均分配而采用其他的收针方式，则可以到“行编辑”栏中进行选择和设置；此时再加入一行新行，在“高度线圈”下输入“20”，“宽度线圈”下输入“0”，表示平摇 20 行；再加入一行新行，进行 15 行内收 30 针的收针输入。最后点击结束行按钮，则将最后一行用绿色标注出来成为结束行，如图 6－10 所示。此时可以点击相应的功能栏对其边缘组织、收针辫子和收针方式等进行设置和调整。

2. 选择“幅度”（Step）做模型

以线圈为单位输入。

（1）首先选择输入格式。如图 6－11 所示，但此时应点击“幅度”。

（2）再输入“起始宽度”（Starting width），如“200”。如果模型对称，激活“对称”（Mirrored）（打勾）（图 6－9）。

(3)编辑左边缘线。点击“边缘线 > >”(Left line > >),出现行编辑窗口(图 6 – 12)。

(4)显示基础行。点击“增加行” 按钮,基准线的内容出现,如图 6 – 12 所示。此时,在“宽度幅度”列中已经显示出数据“ – 100”,即从衣片的左边开始向右增加 100 针,如果再加上与其相对衬的右半边,就是起始针 200 针了。此时“高度幅度”列为“0”,次数栏为“1”,功能栏中显示为“基线”。

(5)工艺输入。如工艺为每 2 横列减 2 针 10 次(2 – 2 – 10);平摇 30 转;再每 1 横列加 1 针 4 次(1 +2 – 4)。则依次点击增加行按钮,按表 6 – 4 进行输入。点击结束行按钮后,将会显示图 6 – 12 所示的结果。这里,最后一行是自动加入的。此时,也可以点击相应的功能栏对其边缘组织、收针辫子和收针方式等进行设置和调整。

表 6 – 4　幅度输入

No.	高度幅度	宽度幅度	次数
2	2	2	10
3	30	0	1
4	1	– 1	4

No.	行编辑	高度 mm	宽度 mm	高度线圈	宽度线圈	高度幅度	宽度幅度	次数	高度剩余	宽度剩余	组	功能	注释
1		0	-333	0	-100	0	-100	1	0	0	0	基线	
2		200	0	60	0	60	0	1	0	0	0		
3		66	66	20	20	2	2	10	0	0	0	收针	
4		100	0	30	0	30	0	1	0	0	0		
5		13	-13	4	-4	1	-1	4	0	0	0	放针	
6		0	279	0	84	0	84	1	0	0	0		

图 6 – 12　行编辑窗口(幅度)

3. 收 V 领

收 V 领是在作完基本单元后,点击新单元按钮,产生新单元。在名称中选择开领,如图 6 – 13 所示,再调出行编辑窗口进行相应的编辑,生成相应的领口收针结构。在作完后,点击选择所有单元按钮,基本单元与开领单元就会合成为一个完整的成形模型。

做好的模型要点击存盘按钮存入硬盘,才能调用。

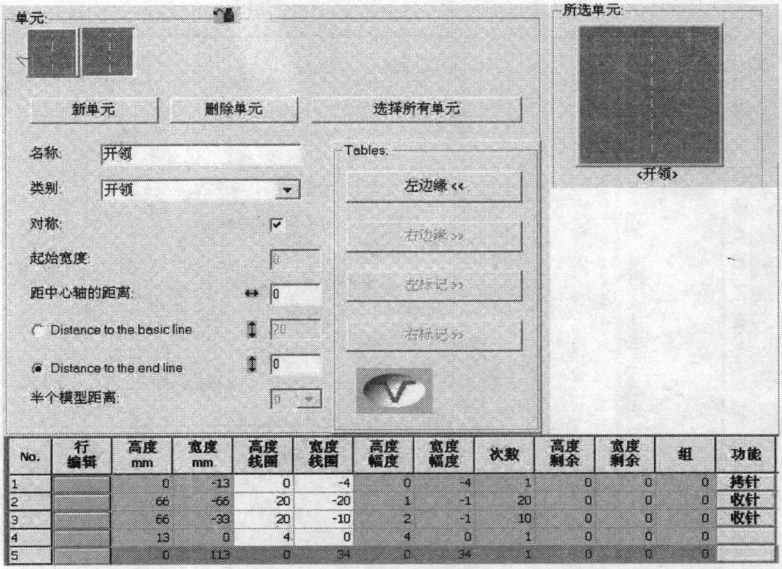

图6－13 开领操作

三、模型的调用

模型可以在做花型之前调用，也可以在做完花型之后制作和调用。

在做花型之前调用，可以在新建文件时，在新建花型窗口中选择成形选项，并在模型项中点击选择，如图6－2所示。此时，将会弹出文件选择对话框，从中选择已经编制好的模型文件，确定后就会被调入绘图窗口，可以在它上面绘制图案。

大多数情况下是在已经绘制完花型图案后制作模型文件并调用。此时，可以通过“模型/打开和定位模型（Shape/Open and Position Shape）”菜单把已经储存的模型选择出来，从而使模型套在花型上，再点击“模型/应用模板{剪切，边缘组织，收针[Shape/Use Shape（Cut，Fade Out，Narrow）]}”，程序通过自动计算，将模型外的花型部分删除，同时加入边缘组织及其成形工艺，形成相应的工艺和织物图，如图6－14所示。

当一次收针数较多，如超过3针（用户可以自定）时，可以设计程序进行拷针操作。此时的拷针操作如图6－15所示，它是从织物的边缘通过

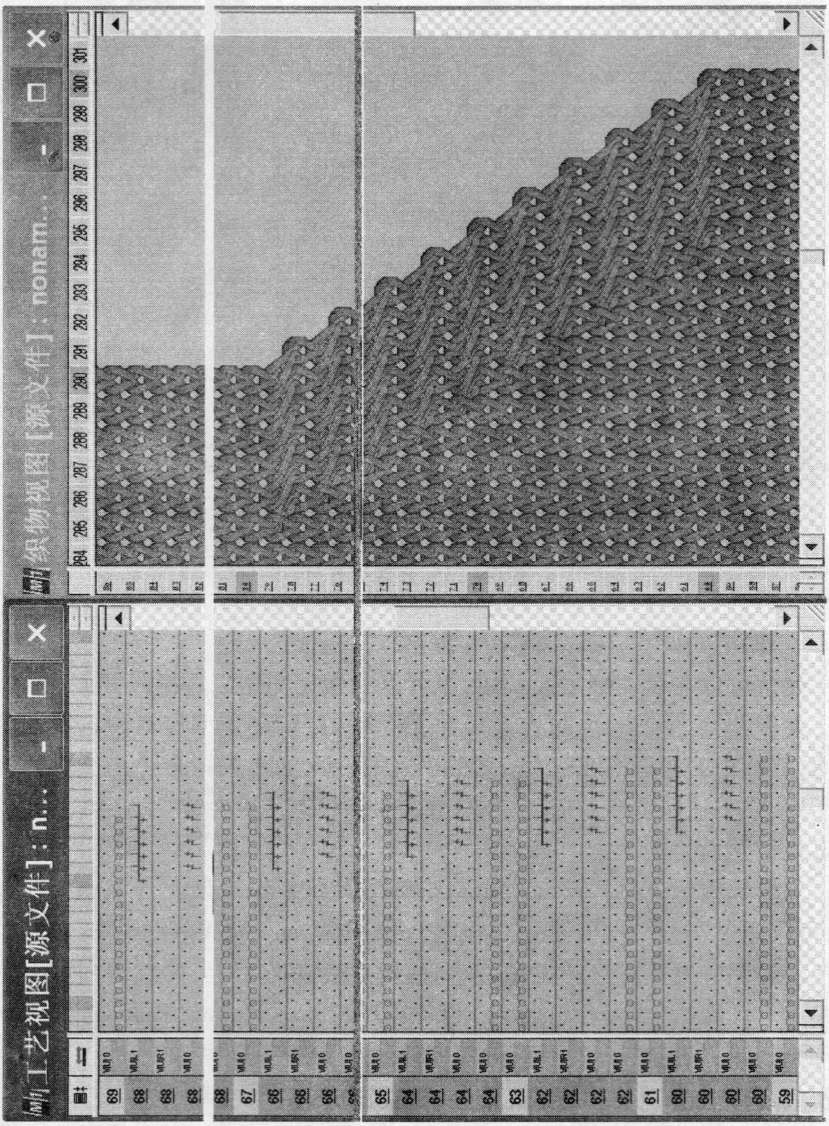

图 6－14　成形工艺和织物图

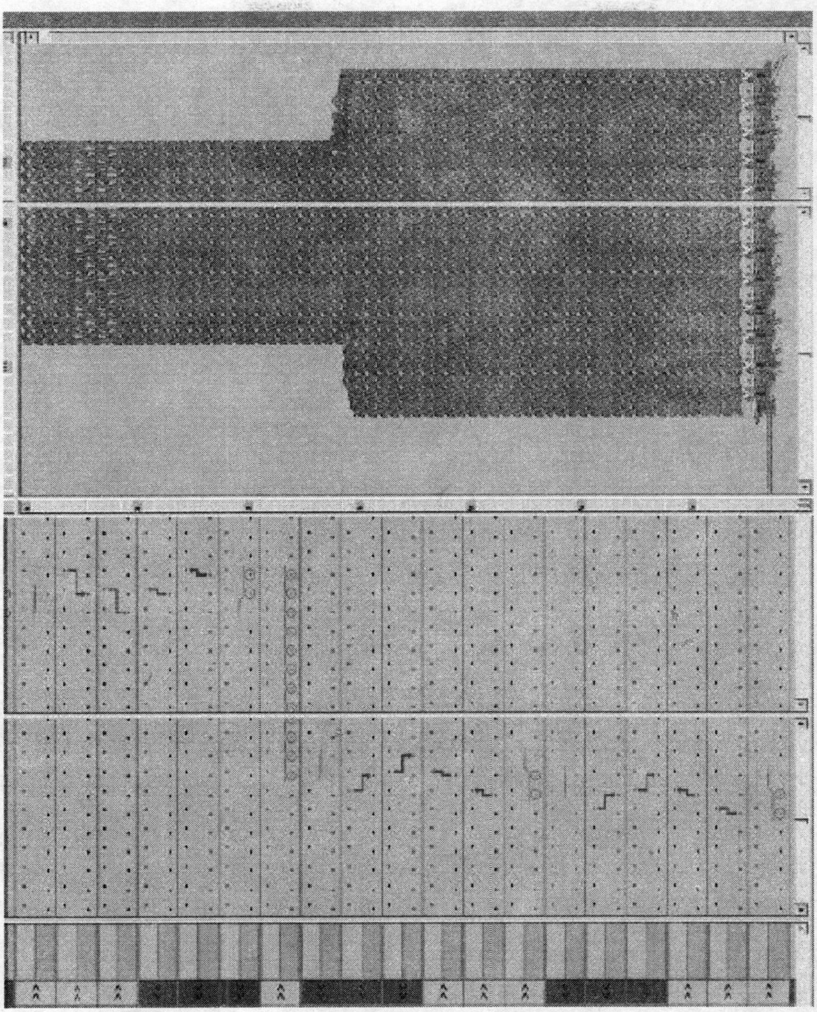

图 6-15　挎针（平收针）工艺图和织物图

将需要减去的织针两针两针的边织边移圈的方式逐渐收去，从而在织物边缘形成光滑的锁边效果。

第三节　花型设计

在电脑横机的程序设计中，现在将所编织织物，不管是色彩图案还是结构图案都以图形的方式表示出来，使程序设计更加直观、快捷，也更加专业化和人性化。

如前面所述，斯托尔公司的 M1 程序设计系统的花型设计是在设计窗口中以编织图和线圈结构图与各种色彩结合的方式进行绘制的。在绘制中可以用到各种工具，如选色工具、图形工具、复制工具以及模块工具等。

一、色彩花型设计

色彩图案花型包括嵌花和提花两大类。

嵌花图案的绘制比较简单，只需要用相应的颜色在编织图区域或线圈图区域将所要编织的图案绘制出来，然后经过对导纱器等工艺参数进行相应的配置，由程序自动处理后就可以进行编织了。当然，一些复杂的嵌花织物要想比较顺利、高效的编织，还需要程序设计人员对导纱器等进行精心的处理。

因为花型结构不同，提花花型有不同种类，如单面提花和双面提花，在双面提花中又有横条反面、芝麻点反面、空气层反面和抽针空气层反面等。提花花型设计的第一步与嵌花相同，也是要用不同颜色将所要编织的图形以编织图或线圈图的方式绘制出来，与嵌花不同的是要对所绘制的图形进行相应的处理，即选择不同的反面结构。此时要选中所要处理的花型区域，然后选择“编辑/提花（Edit/Jacquards）”，出现如图 6－16 所示的窗口。

此时，可在该窗口中打开相应的文件夹（如 Stoll），从中点击各种结构提花的文件夹，其中的内容包括：Float（单面浮线）、Stripe（横条反面）、Twill（芝麻点反面）、Net（空气层反面）、Net1 ×1（1 隔 1 空气层反面）、Net1 ×2（1 隔 2 空气层反面）、Net1 ×3（1 隔 3 空气层反面）等。各种提花织物

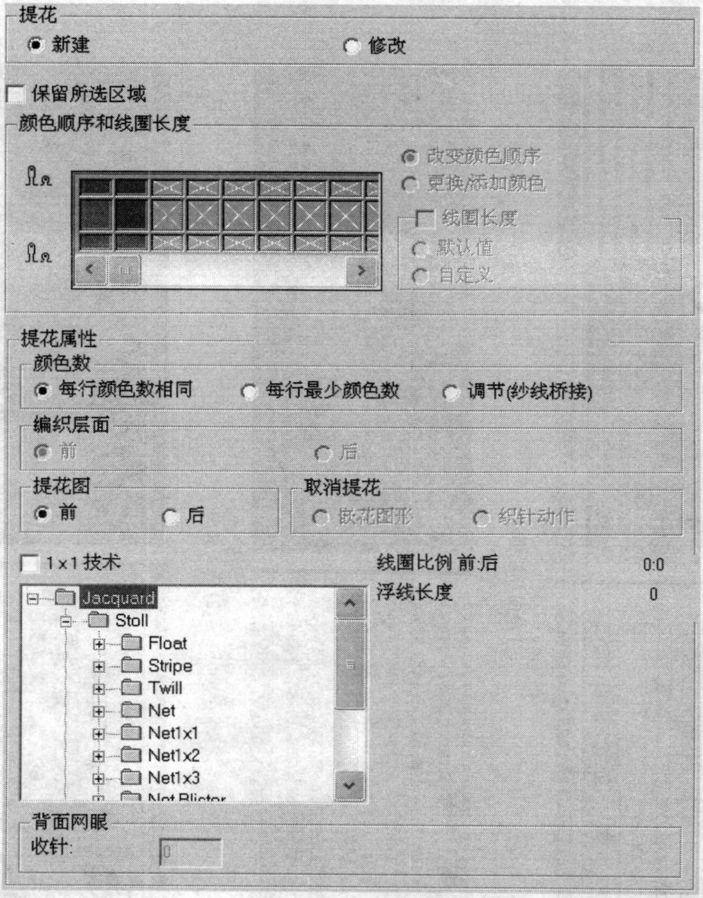

图 6－16　提花编辑窗口

的编织图和织物图如图 6－17 所示。

翻针提花是一种特殊的提花方式。它是将双面提花的正面线圈转移到反面线圈上，并根据所设计的花型需要，在其后的一个区域内由后针床织针所编织的反面线圈形成花型。根据反面组织不同，可以分别显示出各自反面的效果，如芝麻点效果或横条效果等。如在设计两色芝麻点翻针提花时，把要露底的地方用第三种颜色画出来，选择区域后进入“编辑/

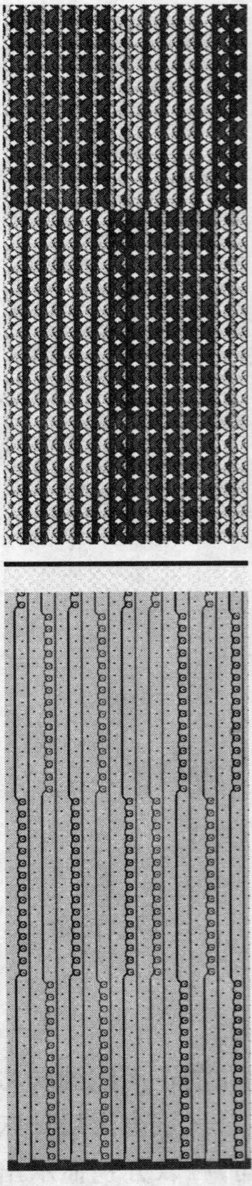

(1) 单面浮线提花

(2) 横条反面

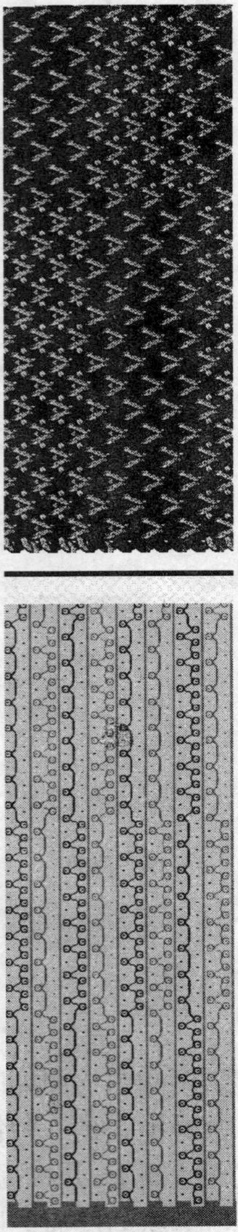

(3) 芝麻点反面

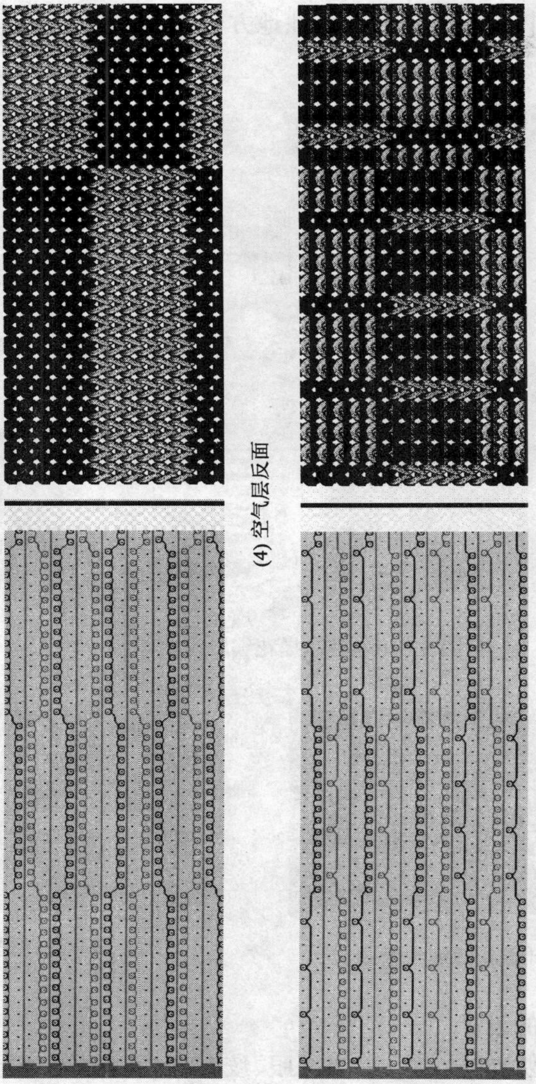

(4) 空气层反面

(5) 1隔 2 空气层反面

图 6－17 提花织物的编织图和织物图

提花”，定义提花类型为“Twill relief(芝麻点翻针提花)”，这时可以注意到第三色上有一字母“R”，如图 6－18 所示，它不代表导纱器颜色，这一部分就成为单面的后针床芝麻点结构，其他地方仍为双面两色芝麻点提花(图 6－19)，其编织工艺如图 6－20 所示。

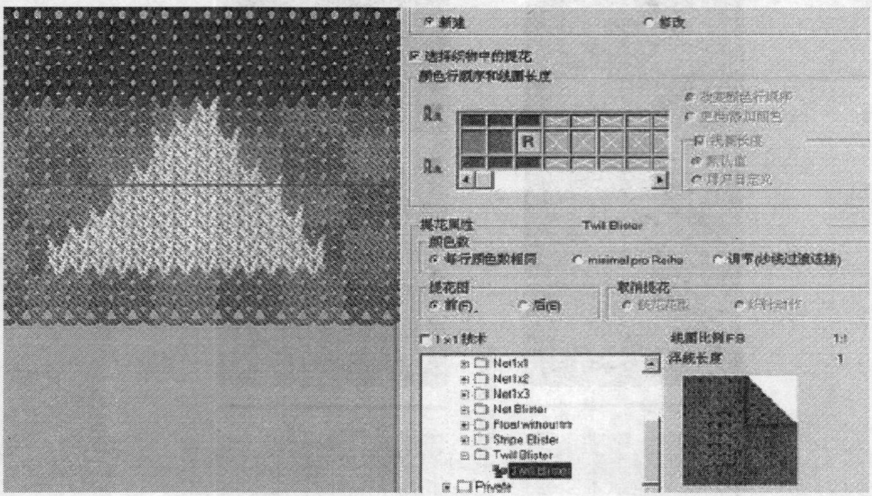

图 6－18　翻针提花编辑窗口

图 6－19　翻针提花线圈织物图

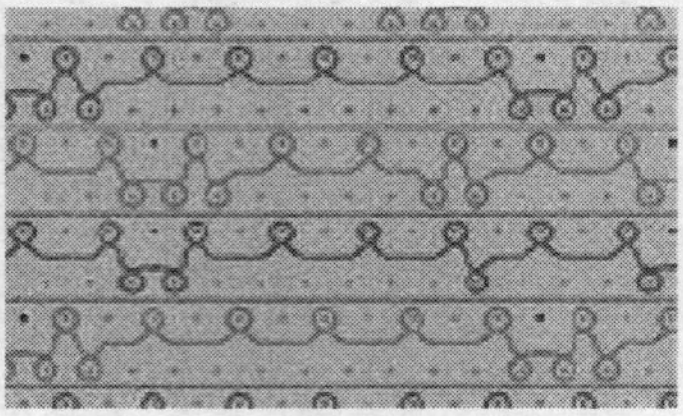

图 6－20　翻针提花编织图

二、结构花型的设计

对于结构花型，如桂花针、移圈网眼、绞花、阿兰花等，也是直接在工艺图窗口或线圈图窗口用相应的结构进行画图。可以通过选择颜色、画图工具和相应的模块来完成。如前所述，这些模块包括各种线圈结构及其相应的组合。对于单个线圈，在标准模块中包括正反面线圈、正反面集圈、正反面浮线以及各种移圈，对于组合线圈，包括了四平线圈、前针床成圈后针床集圈或后针床成圈前针床集圈等；在组合图形中，绞花可以从 1×1 绞花到 4×4 绞花，阿兰花则有各种几何图形，如菱形、双菱形等。图 6-21 和图 6-22 分别为绞花和阿兰花的编织图和织物图。

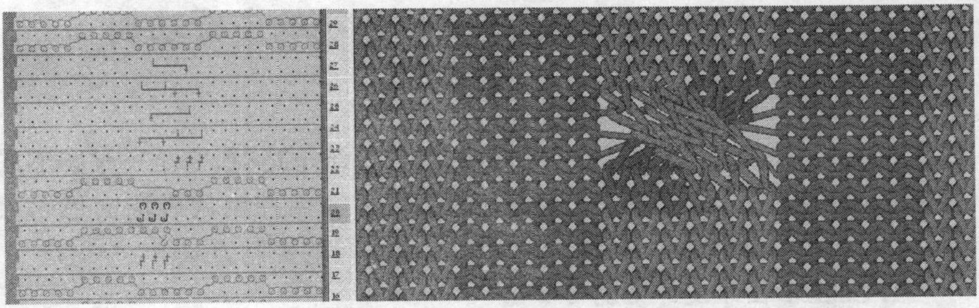

图 6-21　绞花的编织图和织物图

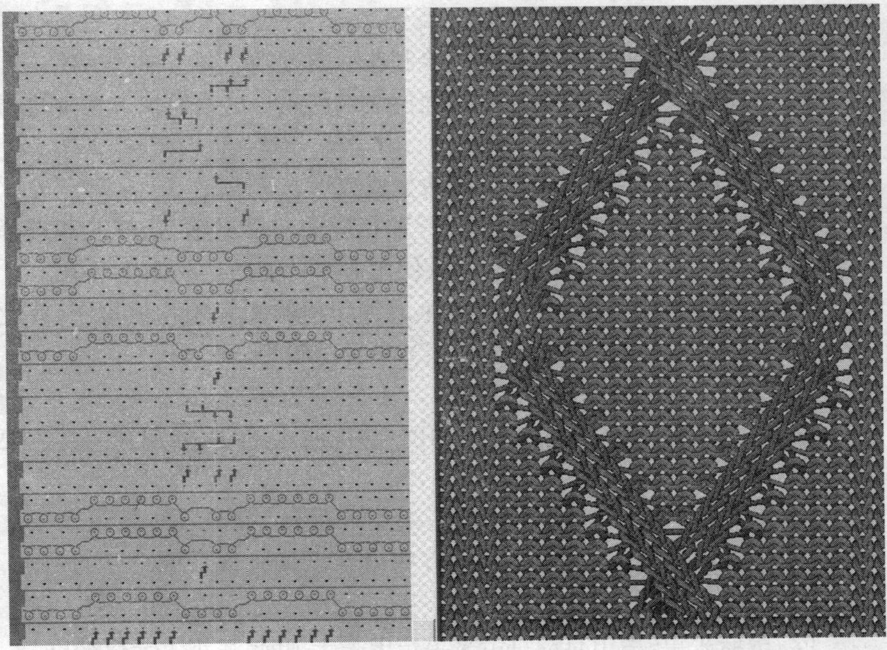

图 6-22　阿兰花的编织图和织物图

第七章　Logica 程序设计系统

第一节　Logica 程序设计系统的主要功能

一、Logica 程序设计系统简介

Logica 程序设计系统是在 Windows 操作系统下运行，它是一种图形式或称色码式程序设计系统，即其所有的编织方式或控制代码均由色码绘出，不同的色号就代表了不同的编织方式或不同的控制方式。

1. Logica 程序设计系统的功能

Logica 程序设计系统除具有花型和程序的输入、输出及编辑等基本功能之外，还有以下主要功能。

(1)绘图功能，即通过绘图方式绘制花型图，形成所需要的织物结构。

(2)模块处理功能，可以通过标准模块或创建自己的模块方便地进行花型绘制。

(3)模型处理功能，通过成形模块生成成形衣片。

(4)命令行设置功能：通过命令行和相应的对话框输入、修改和选择工艺参数，如密度、牵拉、速度等，以及使用命令行辅助生成提花组织。

(5)花型处理及检验：处理花型生成编织检验图和织物模拟图，在此两图中可以检验所绘制花型的编织工艺是否正确等。

2. Logica 程序设计系统主界面

Logica 程序设计系统的主界面如图 7－1 所示，下面分别介绍其主要部分。

(1)菜单栏：命令列表，如同很多通用的程序系统一样，它包含了文件、编辑等常用的命令菜单，但其中有些内容也具有该系统自己的特点，此外它还有一些专用的菜单项。

(2)级联菜单：当用右键点击菜单栏中某一项时，显示下一级菜单。

(3)工具栏按钮：用于点击一些常用命令的按钮。

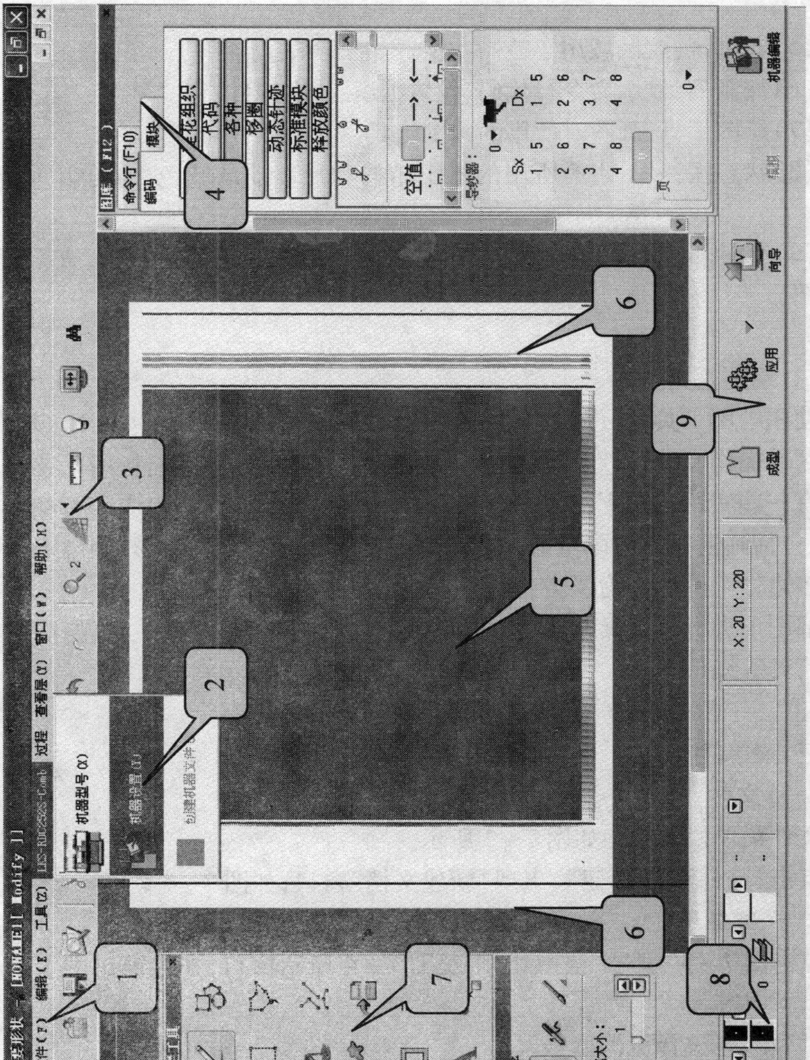

图 7-1 Logica 程序设计系统主窗口

(4)图库:用于选择绘图时所用的组织结构、导纱器、模块、命令行代码。

(5)花型区:此区域用于绘制花型。

(6)控制列:显示命令行代码,设置编织工艺参数。

(7)绘图工具:画图时所用的画图工具。

(8)状态区:显示当前所用的组织结构和导纱器的颜色,也可以重新设置。

(9)工具列应用程序:用于对花型、成形等编织工艺进行处理,查看模拟视图。

二、绘图工具

使用绘图工具,既可以用光标直接画图,又可以在花型中选择区域,进行区域操作,还可以对花型区域进行编辑。与各种绘图软件一样,该系统也有一些实用的绘图工具,这些工具可以通过直接点击相应的按钮来激活,包括画笔、画线、画空心或实心矩形、画空心或实心圆形、画空心或实心多边形等图标。为了方便操作,也可以通过选择图形中的一个部分或全部图形进行区域操作,对所选区域可进行拷贝、保护区域、翻转拷贝、连续拷贝等操作。

三、菜单栏

(一)文件

文件菜单栏的结构如图 7-2 所示。

点击“文件”中“新建”,出现“新建文档”窗口,如图 7-3 所示。

1. 机器型号

点击图 7-3“型号”空白处,出现图 7-4 所示窗口,在该窗口中主要包括以下内容。

(1)型号:选择机器型号。

(2)织针号:选择机号。

(3)钳子/剪刀:显示左右剪刀工作状态。

(4)脱圈沉降片:显示这一机型有没有起底板。

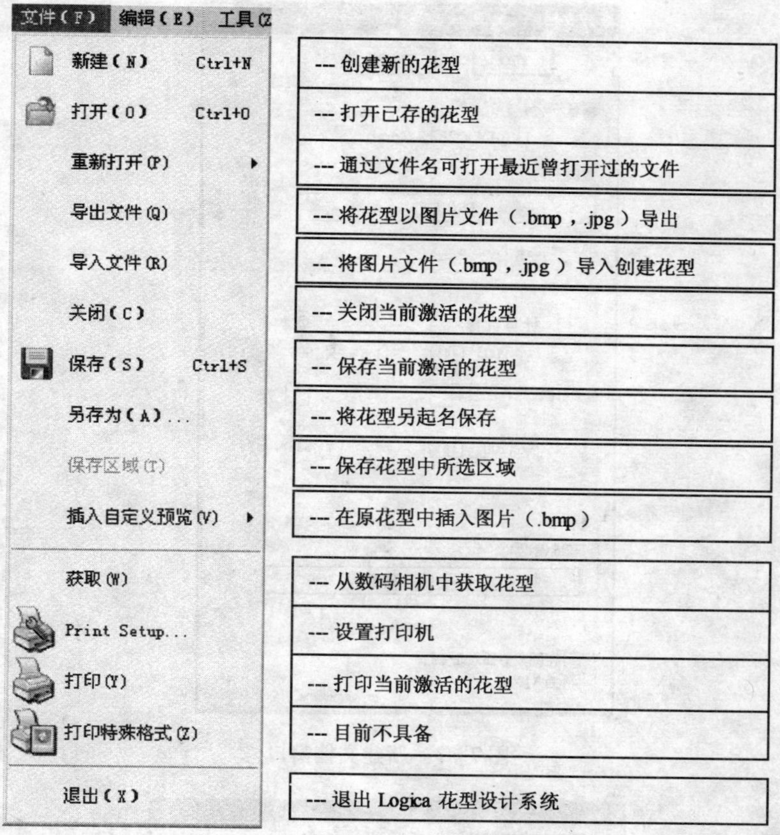

图 7－2　文件菜单

（5）双联：显示双机头（合机头、分机头）。

2. 在图案旁插入命令行

在花样旁插入标准功能线。

3. 插入罗纹

在花样下插入自动罗纹结构，如选择插入罗纹，选择“同意”后会出现如图 7－5 所示窗口，在该窗口下选择所需罗纹组织（如 1×1 罗纹、2×2 罗纹等），如不选择插入罗纹，可在设计完花样图后，点击“过程”菜单下的“插入罗纹”来选择起头的组织结构，也可以手绘；同时选择是否选用起

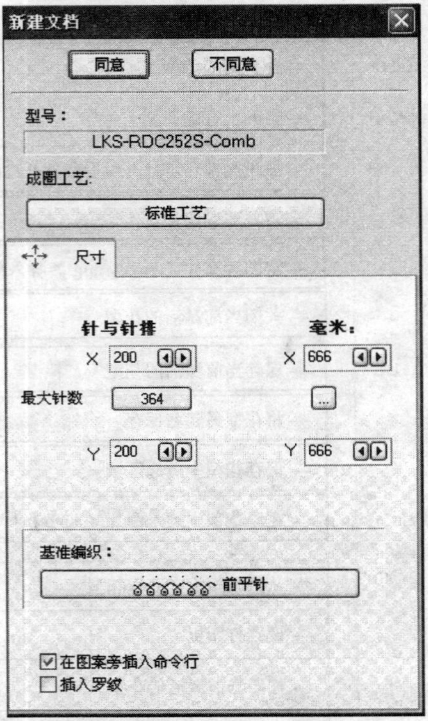

图 7-3 新建文档窗口

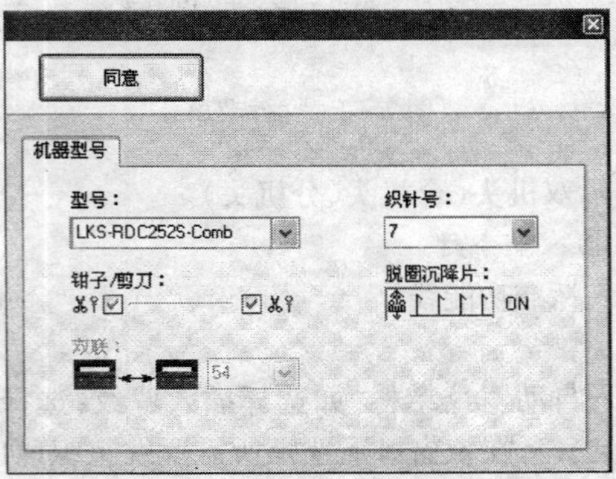

图 7-4 机器型号

底板的功能，目前大部分机器都是配有起底板的。

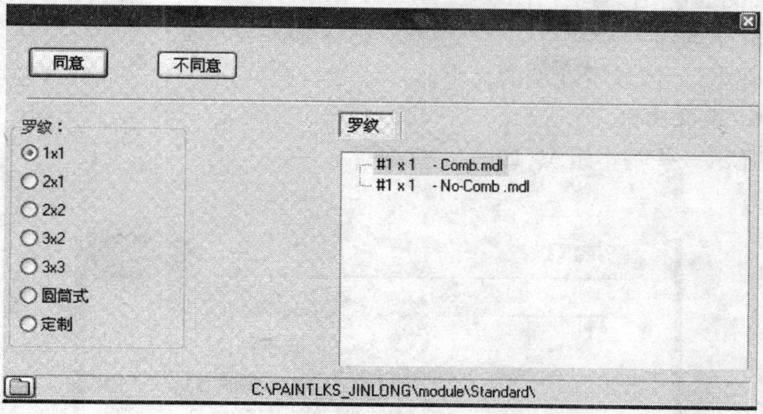

图 7－5　罗纹组织

4. 成圈工艺

选择编织技术，如图 7－6 所示。

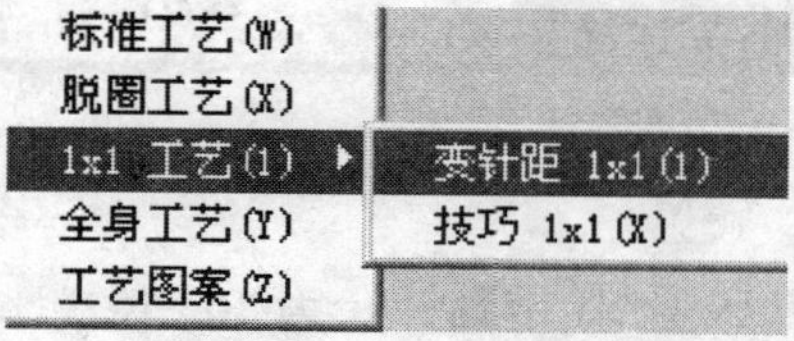

图 7－6　成圈工艺

(1)标准工艺：普通横机排针、编织方式，如前针床编织（带翻针）为 163 色。

(2)脱圈工艺：两个针床都编织，一个针床脱圈，如前/后针床编织（后针床带翻针）为 220 色，表示第一行满针编织（带纱嘴），第二行后针床起针（不带纱嘴）。

(3)1×1 工艺：变针距 1×1（163 色/82 色），技巧 1×1（163 色/182 色）。

(4)全身工艺：后针床编织（带翻针）/前针床编织（带翻针）为 164

色/163 色，用于做“织可穿”。

(5)工艺图案：空白图。

5. 尺寸

花型尺寸，设置花型的大小。

6. 基准编织

显示一些基本组织，如图 7－7 所示。

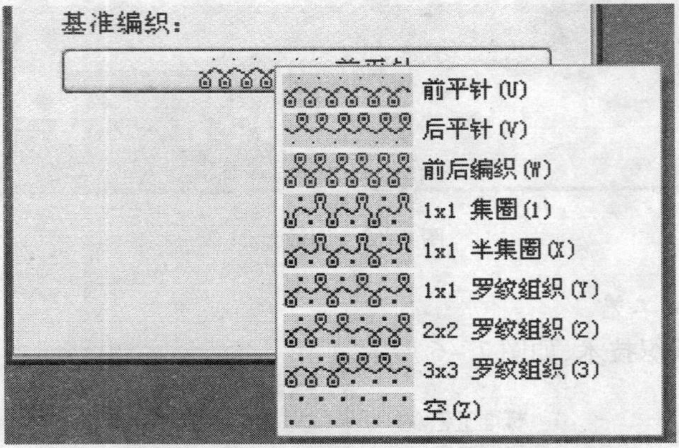

图 7－7 基准编织

(1)前平针：前针床编织（带翻针），为 163 色。

(2)后平针：后针床编织（带翻针），为 164 色。

(3)前后编织：满针编织（四平），为 161 色。

(4)1×1 集圈（畦编）：第一行前针床编织（带翻针），为 163 色/后针床集圈（带翻针），为 223 色；第二行前针床集圈（带翻针），为 222 色/后针床编织（带翻针），为 164 色。

(5)1×1 半集圈（半畦编）：第一行前针床编织（带翻针），为 163 色/后针床编织（带翻针），为 164 色；第二行前针床编织（带翻针），为 163 色/后针床集圈（带翻针），为 223 色。

(6)1×1 罗纹组织：1 隔 1 选针，前针床编织（带翻针）/后针床编织（带翻针），为 163 色/164 色。

(7)2×2 罗纹组织:2 隔 2 选针,前针床编织(带翻针)/后针床编织(带翻针),为 163 色/164 色。

(8)3×3 罗纹组织:3 隔 3 选针,前针床编织(带翻针)/后针床编织(带翻针),为 163 色/164 色。

(9)空:无编织符号,0 色。

选择“导入文件”后,出现一对话框(图 7-8),根据路径选择需要导入的图片。

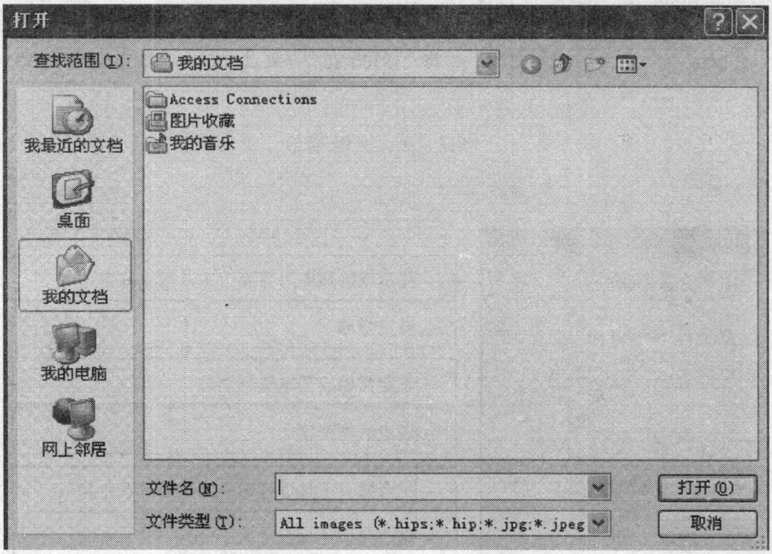

图 7-8 导入文件对话框

(二)编辑

编辑菜单与通用的工具软件类似,用于花形的剪切、复制和粘贴等操作,如图 7-9 所示。

(三)工具

如图 7-10 所示,工具菜单可显示 Logica 程序设计系统主界面中各功能按钮或窗口。主窗口中一个图标代表一种功能,可以用它快速运行这种功能。这些图标可以用鼠标移动并安排在工具栏上任何空白处。

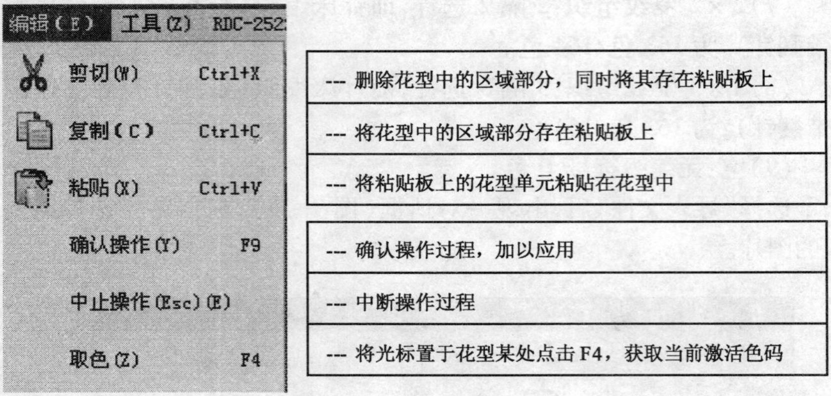

图7-9 编辑菜单

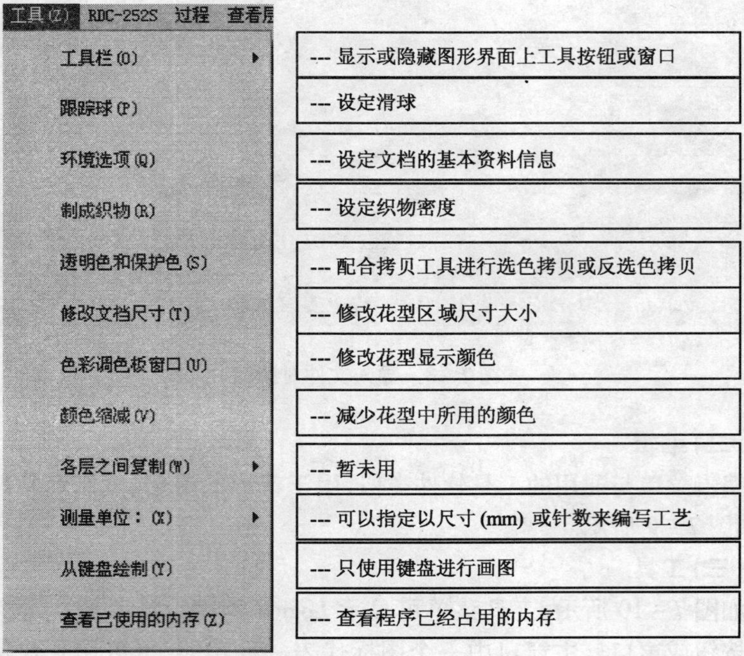

图7-10 工具菜单

点击“工具/工具栏”，出现一个级联菜单，根据选项显示或隐藏图形界面上的工具按钮或窗口。

（四）机器设置

当在“文件/新建”中选择机器型号后，会出现机器型号菜单，本例中使用的机型为 LXC－252SC，如图 7－11 所示。

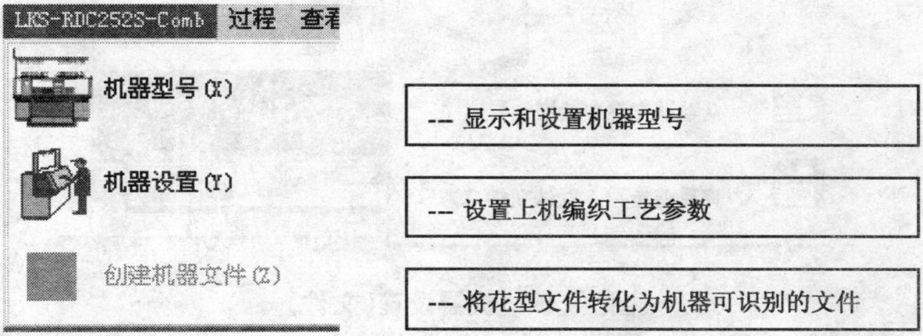

图 7－11 机型菜单

1. 机器型号

机器型号窗口同图 7－4。

2. 机器设置

在“机器设置窗口”中可对编织时的密度、速度、牵拉、横移和循环进行设置。

（1）文件（图 7－12）。在“文件”处打开需要设置的程序文件，保存参数修改后的文件，将相应的参数设置为默认值。

（2）度目（图 7－13）。选择“度目”，出现图 7－13 所示窗口，在此窗口中可设置编织时的密度。

①所有：所有成圈系统的密度值。设定密度时，如每一段中各成圈系统的密度都一致，则可在此输入密度值；如各成圈系统密度不同，则不选择此项，在各系统前、后针床分别输入密度值。备注：两个编织系统（S1 和 S2）、前后针床（F 和 R）、不同编织方向（＜＜＜和＞＞＞）。

②对不同段数进行设置。

③S1 ＜＜＜1F（＜＜＜1R）：机头从右向左运行时第一系统前（后）针床的密度；S1 ＞＞＞1F（＞＞＞1R）：机头从左向右运行时第一系统前

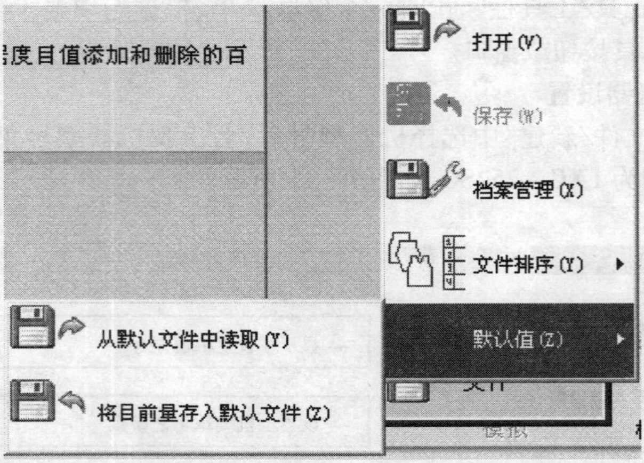

图 7－12 机器设置(文件)

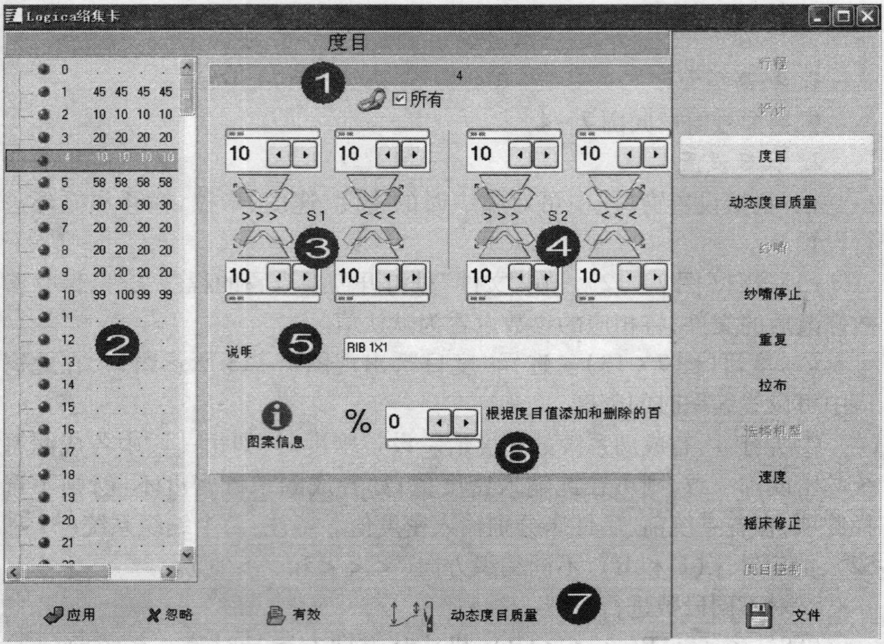

图 7－13 机器设置(度目)

(后)针床的密度。

④S2 < < <2F(< < <2R):机头从右向左运行时第二系统前(后)针床的密度;S2 > > >2F(> > >2R):机头从左向右运行时第二系统前(后)针床的密度。

⑤描述修改段数的编织组织及其他特征。

⑥根据度目值以百分比进行增加和删减。

⑦对于使用"可变度目"(二段度目)功能的花型进行"动态度目质量"的设置。

(3)牵拉和机速。选择"拉布",出现图 7-14 所示窗口,在此窗口中可设置编织时的牵拉值。

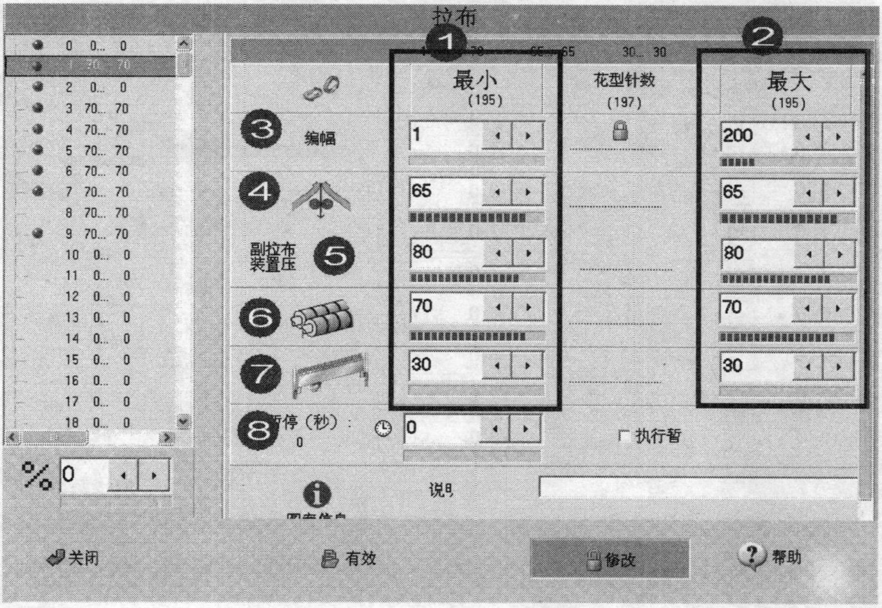

图 7-14 机器设置(拉布)

①这一栏的参数值表示在每一行参与编织的针数最小时的数值,如果编织行的针数小于或者等于最小数值,则对应这个数值。

②这一栏的参数值表示在每一行参与编织的针数最大时的数值,如

果编织行的针数大于或者等于最小数值,则对应这个数值。

③最小和最大编织针数。

④副牵拉值。

⑤副牵拉辊的角度。

⑥主牵拉值。

⑦起底板的牵拉力。

⑧拉布装置的暂停时间。

(4)摇床修正。选择“摇床修正”,出现图 7－15 所示窗口,在此窗口中可对编织时的针床横移进行设置。

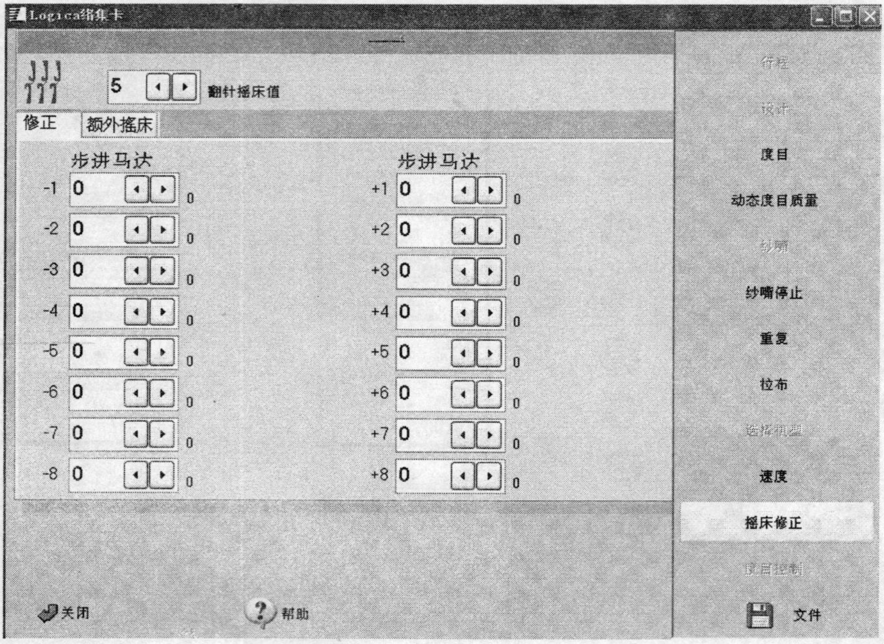

图 7－15 机器设置(摇床修正)

(5)重复。选择“重复”,出现图 7－16 所示窗口,在此窗口中可设置循环。

①选择重复循环编织的段数。

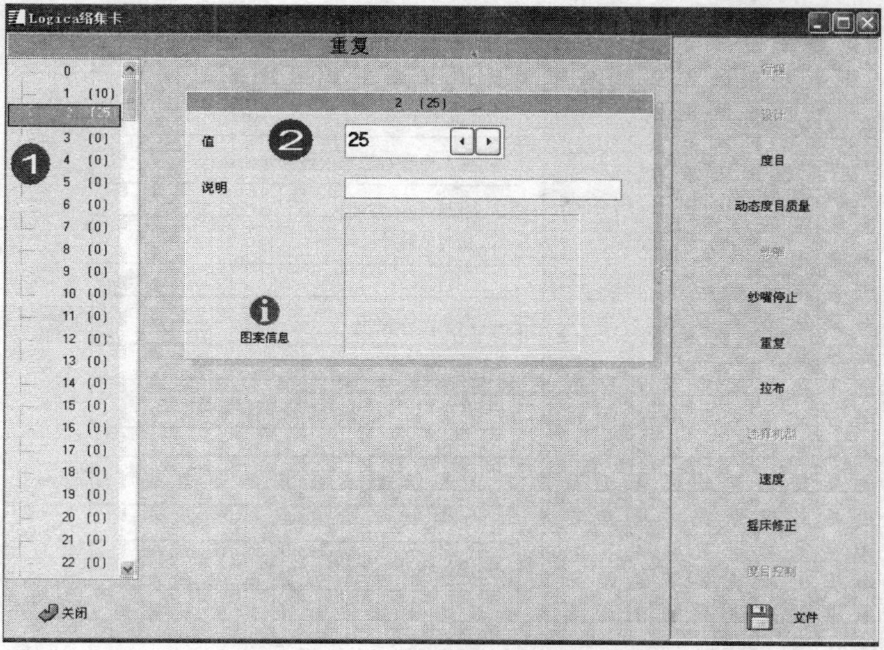

图 7－16　机器设置(重复)

②循环编织的次数。

3. 创建机器文件(图 7－17)

针域中的四个表指是否选用在“机器设置”中设置的参数值,开机针数是指设置花型在针床上的起始针位置,点击“确认”后出现保存列表窗口。点击“同意”后,生成文件后缀分别为, CNT、. PAT、. PRM、. SET/或 LGM 的文件。

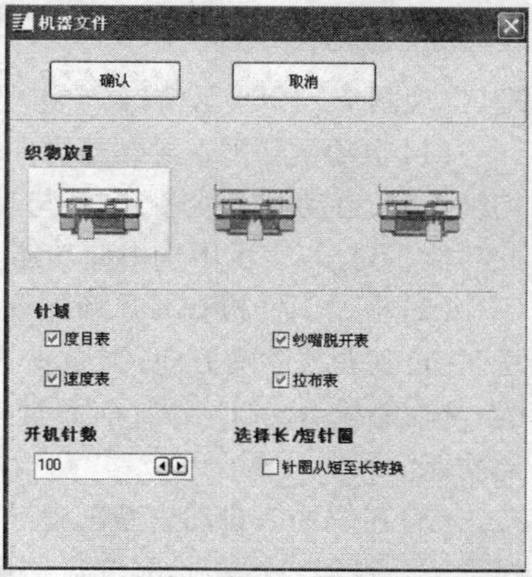

图 7－17　设置针区

(五)过程

图 7－18 所示为过程菜单。

1. 应用

点击“应用”,可对花型进行处

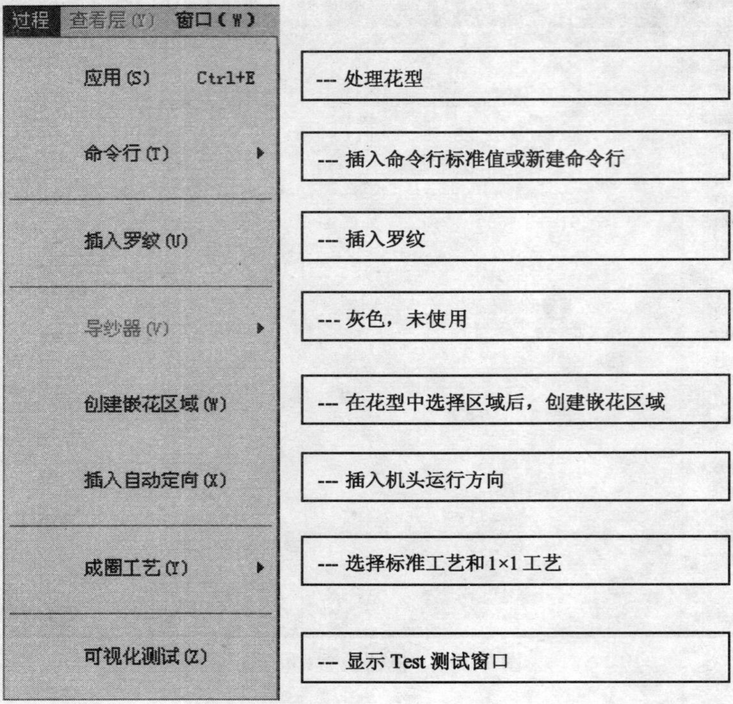

图 7－18　过程菜单

理,出现图 7－19 所示窗口,它主要包括以下功能。

(1)自动重新配置导纱器方向(提花组织):织物组织为提花组织或结构组织时,自动调整纱嘴方向;与功能线 R7－1 相同;前面打勾表示选中此功能,不打勾表示不选中此功能。

(2)根据织针检查并重新配置导纱器(嵌花组织):织物组织为嵌花组织时,自动调整纱嘴方向;当做 V 领收针时,纱嘴在收针处时会自动踢纱嘴;与功能线 R7－1 相同;前面打勾表示选中此功能,不打勾表示不选中此功能。

(3)在织物头自动重新配置导纱器:在织物结束时编织废纱封口叫做织物头。打勾表示在此部位自动调整纱嘴方向,不打勾表示不选中此功能;与功能线 R7－1 相同。

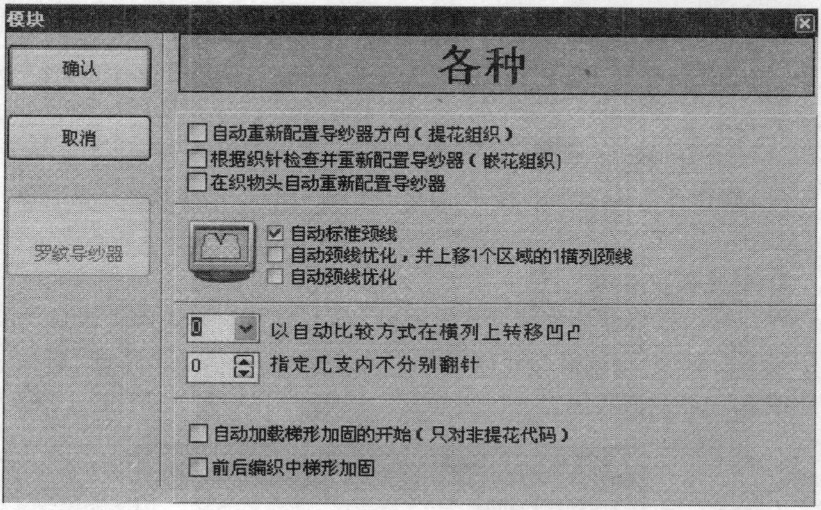

图 7-19 应用模块窗口

(4) V 领功能(图 7-20):V 领功能与功能线 R2 作用相同。

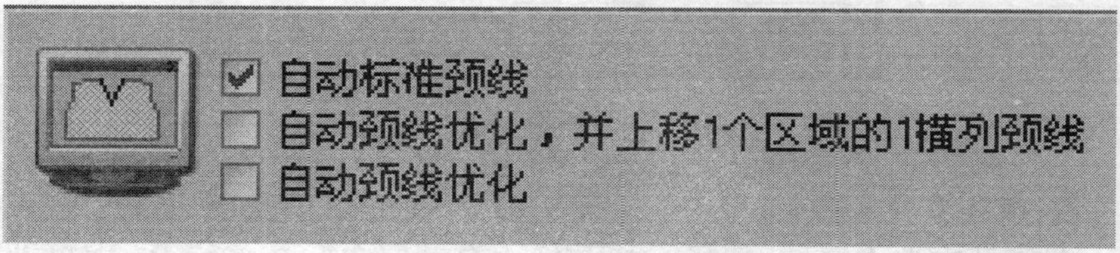

图 7-20 V 领功能

①自动标准颈线:同 R2-251 色。

②自动颈线优化,并上移 1 个区域的 1 横列颈线:同 R2-252 色。

③自动颈线优化:同 R2-253 色。

(5)以自动比较方式在横列上转移凹凸:设置分别翻针,前面选项中内容如下:

101　1×1 翻针(遇翻针时 1 隔 1 翻针,奇数针先翻)

111　1×1 翻针(遇翻针时 1 隔 1 翻针,偶数针先翻)

102　1×2 翻针(遇翻针时 1 隔 2 翻针,先翻单针)

112　1×2 翻针(遇翻针时 2 隔 1 翻针,先翻双针)

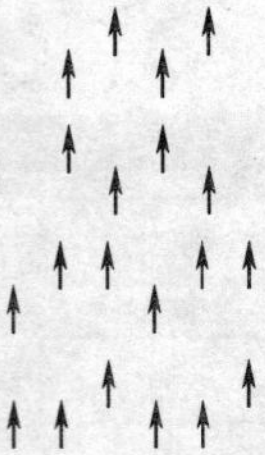

(6)指定几支内不分别翻针:设定翻针在几针之内不执行“分别翻针”方式。

2. 创建嵌花区域

在花型中选择需要创建的嵌花区域,点击“过程/创建嵌花区域”出现图 7-21 所示窗口,选择嵌花区域导纱器进纱方向,点击“同意”后,花型功能线 R23 显示嵌花区。

图 7-21　创建嵌花区域

3. 插入自动定向

在花型中选中区域,选择“过程/插入自动定向”,功能线 R4 中自动填入机头运行方向。

四、编码和导纱器

在“图库(F12)”栏中选择“编码”,将出现编织工具栏和导纱器栏,如图 7-22 所示。它们是画花型时所要用到的重要工具。编织工具栏中包含有各种基本组织符号和标准模块符号,在画花型时可选择这些符号表示织物的组织结构;导纱器一栏中不同的导纱器用不同的颜色代码表示,画花型时可选用相应的色码来表示所用的导纱器。

图 7－22“编码”中各工具图标分类放置，如点击“提花组织”，下面一栏会出现提花组织对应的编织符号。

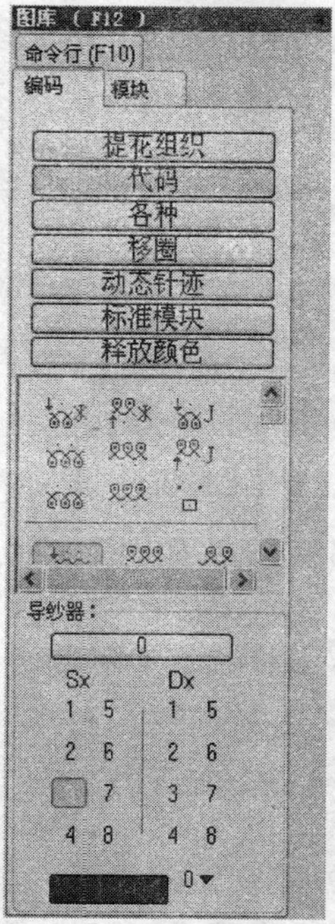

图 7－22　图库/编码

（一）提花组织

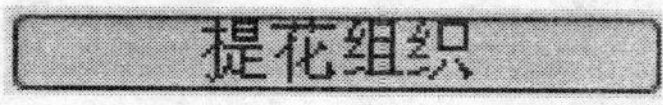

提花

图 7－22 中对应提花组织的编织符号如下：

 107 色：此提花颜色后床不织，只前床织；其他提花颜色前后床都不织，但带纱嘴，如图 7－23 所示。如可将提花组织边缘几针设为正针。

 108 色：此提花颜色前床不织、只后床织；其他提花颜色前后床都不织，但带纱嘴，如图 7－24 所示。如可将提花组织边缘几针设为反针。

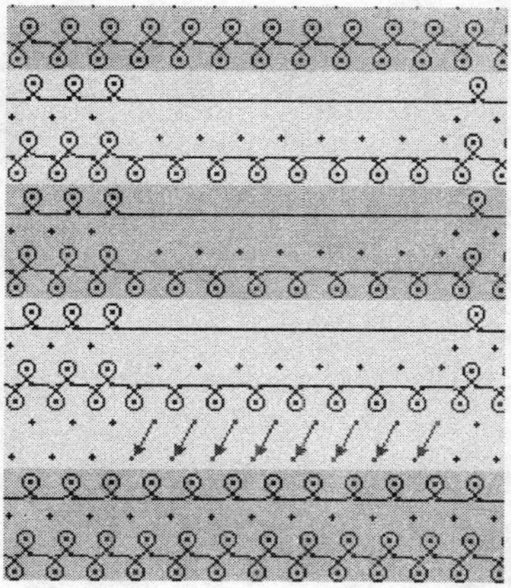

图 7－23　提花组织 107 色

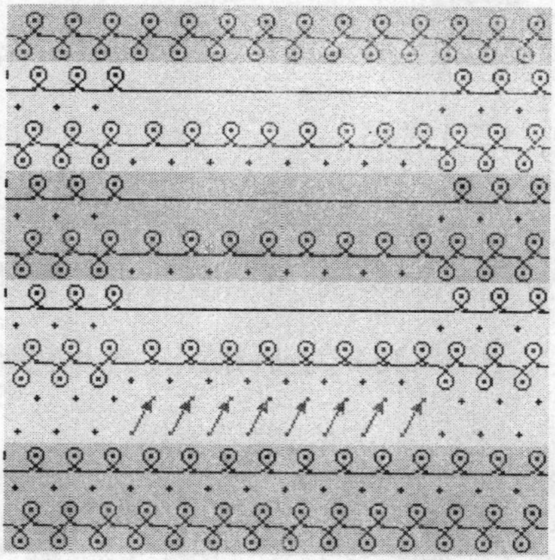

图 7－24　提花组织 108 色

 104 色：前床织（不翻针），圆筒使用。

 105 色：后床织（不翻针），圆筒使用。

 233 色：前床织（不翻针），提花和圆筒使用。

 235 色：后床织（不翻针），提花和圆筒使用。

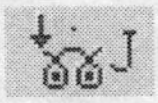 99 色：此提花颜色前床不织，只后床织，其他提花颜色都织后床，如图 7－25 所示。

 100 色：此提花颜色先翻后，只后床织，前床不织，其他提花颜色都后床织，如图 7－26 所示。

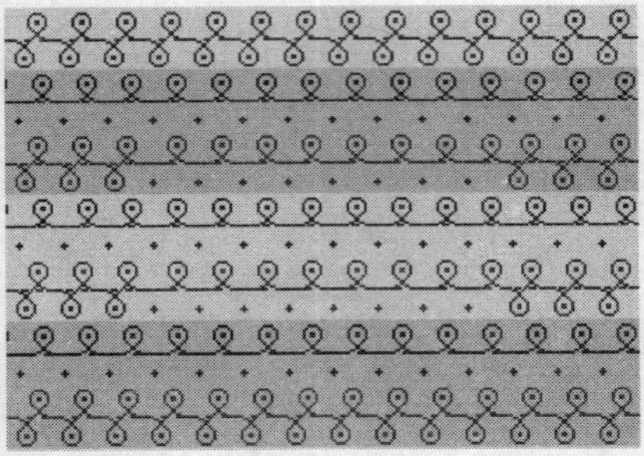

图 7－25　提花组织 99 色

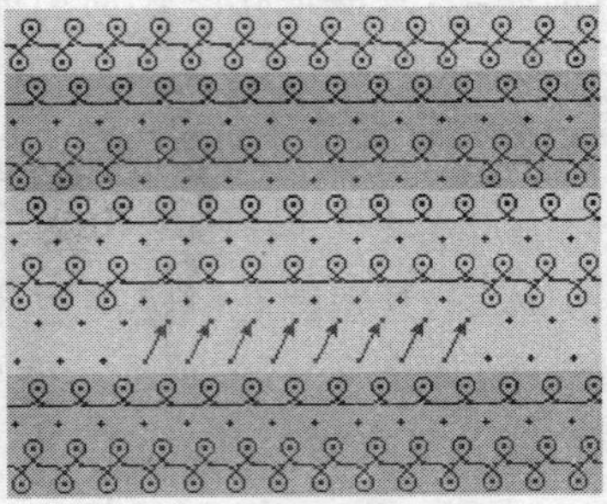

图 7－26　提花组织 100 色

（二）代码

基本组织。

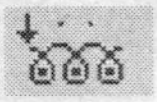 163 色：前床织（自动翻针）。

 164 色：后床织（自动翻针）。

 161 色：前后编织。

 73 色：前床织（不带翻针）。

 74 色：后床织（不带翻针）。

 222 色：前床集圈（自动翻针）。

 223 色：后床集圈（自动翻针）。

 127 色：前集后织。

 128 色：后集前织。

 249 色：前集后集。

 167 色：前集（不带翻针）。

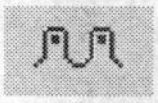 168 色：后集（不带翻针）。

 225 色：后织前补线圈。

 224 色：前织后补线圈。

（三）各种

[各种] 特别组织

空值 182 色：不编织（ 提花也可用 ）。

0　0 色：不编织，一般用于模组，颜色同组织符号（提花也可用）。

—> 227 色：暂无此功能，用于四针床机器。

<— 226 色：暂无此功能，用于四针床机器。

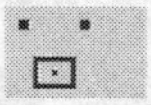 166 色：导纱器停止工作，不织 ——（空车带纱嘴）。

例：不织符号不带纱嘴颜色时，不带纱嘴 ⊙⊙⊙⊙ ，〒纱嘴到此停止。

例：不织符号带纱嘴颜色时，带纱嘴 ⊙⊙⊙⊙ ———。

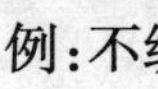 251 色：导纱器和前织停止工作。

例：不带纱嘴颜色 = 后翻前不织。

第二行	前织 ⊙⊙⊙⊙⊙		前不织
第一行		↓↓↓↓↓↓	后翻前

例:带纱嘴颜色 = 后翻前不织。

第二行　　前织 ⊙⊙⊙⊙⊙ ——————　　前不织

第一行　　↓ ↓ ↓ ↓ ↓ ↓　　后翻前

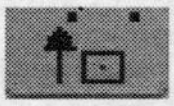 252 色:导纱器和前织停止工作。

例:不带纱嘴颜色 = 前翻后不织。

第二行　　后织 ⊙⊙⊙⊙⊙　　后不织

第一行　　↑ ↑ ↑ ↑ ↑ ↑　　前翻后

例:带纱嘴 = 前翻后不织。

第二行　　后织 ⊙⊙⊙⊙⊙ ——————　　后不织

第一行　　↑ ↑ ↑ ↑ ↑ ↑　　前翻后

(四)移圈

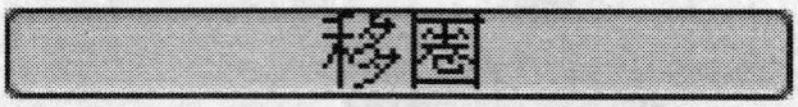

翻针

 125 色:后翻前（不带纱嘴）。

例:不带纱嘴颜色。

第二行　　前织 ⊙⊙⊙⊙⊙

第一行　　↓↓↓↓↓　强制翻针

 126 色:前翻后（不带纱嘴）。

例:不带纱嘴颜色。

第二行　　后织 ⊙⊙⊙⊙⊙

第一行　　↑↑↑↑↑　强制翻针

 231 色:后翻前（不带纱嘴）。

例:不带纱嘴颜色。

第二行　　前织 ⊙⊙⊙⊙⊙

第一行　　↓↓↓↓↓　自动翻针

 232 色:前翻后（不带纱嘴）。

例:不带纱嘴颜色。

第二行　　后织 ⊙⊙⊙⊙⊙

第一行　　↑↑↑↑↑　自动翻针

(五)动态针迹(两段度目)

二段度目

 169 色:前床编织/细密度(自动翻针)。

 170 色:后床编织/细密度(自动翻针)。

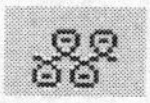 234 色:前、后针床编织/细密度(不带翻针)。

 171 色:前床集圈/细密度(自动翻针)。

 172 色:后床集圈/细密度(自动翻针)。

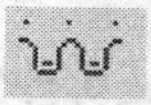 14 色:前床集圈/细密度(不带翻针)。

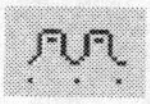 15 色:后床集圈/细密度(不带翻针)。

 106 色:前床编织/细密度(不带翻针)。

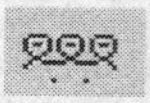 162 色:后床编织/细密度(不带翻针)。

创建针迹密度级别。

删除密度级别(X):删除在花型上显示的粗密度/细密度颜色。

选择密度色彩(Y):调出设定粗密度/细密度表格。

查看针迹密度级别(Z):可查看花型上设定的粗密度/细密度颜色。

(六)标准模块

特殊组织

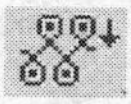 218 色:前织/后织/再翻前(强制动作)。

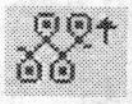 219 色:前织/后织/再翻后(强制动作)。

 215 色:后织/再翻前(强制动作)。

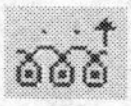 214 色:前织/再翻后(强制动作)。

 217 色:后织/再翻后(强制动作)。

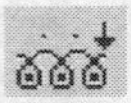 216 色：前织/再翻前（强制动作）。

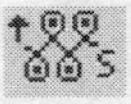 221 色：翻后/前、后织/再脱前（自动动作）。

 220 色：翻前/前、后织/再脱后（自动动作）。

 109 色：翻后/前织/再脱前（自动动作）。

 110 色：翻前/后织/再脱后（自动动作）。

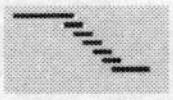 174 色：拷针（平收）向左收。

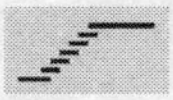 173 色：拷针（平收）向右收。

图 7－27 为拷针窗口，可以从中选择拷针方式。图 7－28 是 6 种常用的拷针方式。其中图 7－28（1）、（3）、（5）是从右向左拷，图 7－28（2）、（4）、（6）为从左向右拷。

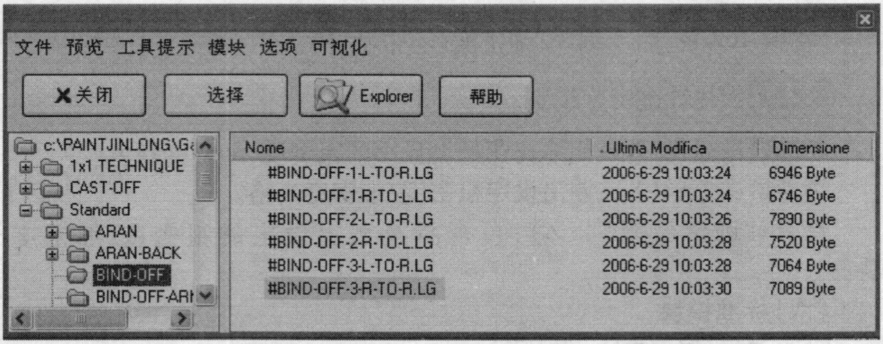

图 7－27　拷针窗口

（七）复捻线

特殊组织（绞花、阿兰花、拷针、收针等）（图 7－29）

1×1　Technique　＝对应 1×1 工艺

－ARAN（阿兰花）：前床线圈移针，后床线圈补空，///\。

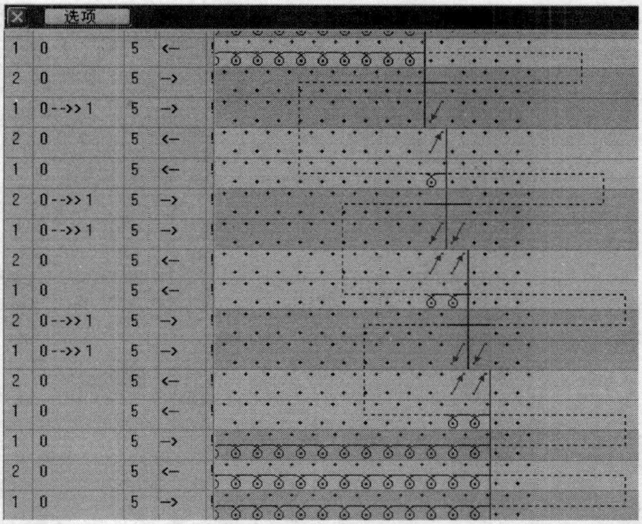

(1) Bind-off-1-R-TO-L.LG

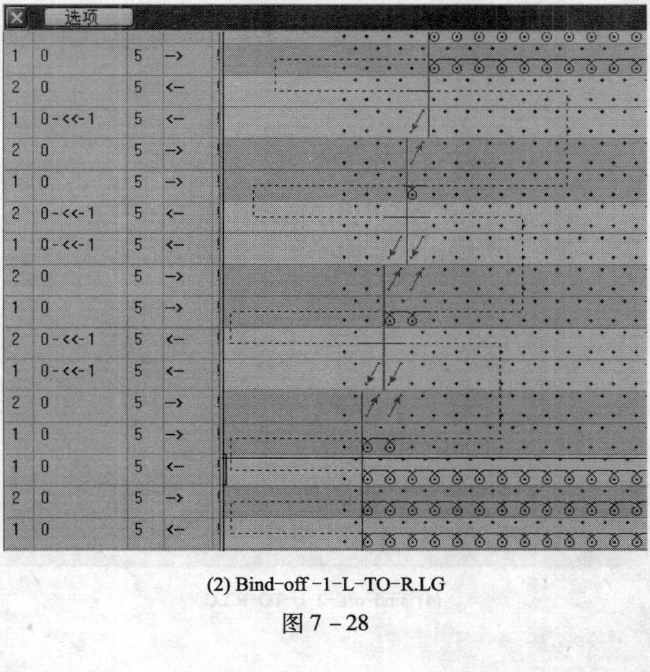

(2) Bind-off-1-L-TO-R.LG

图 7-28

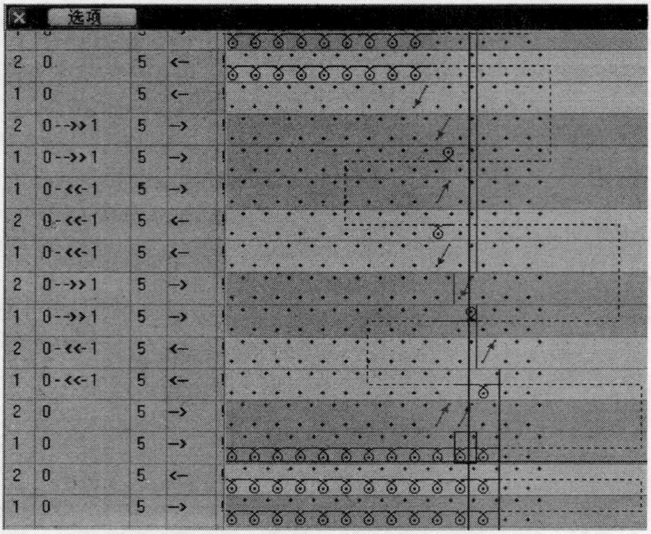

(3) Bind-off -2-R-TO-L.LG

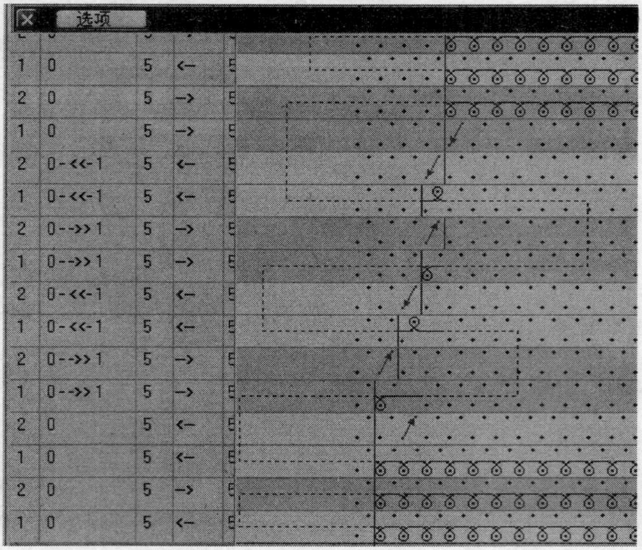

(4) Bind-off -2-L-TO-R.LG

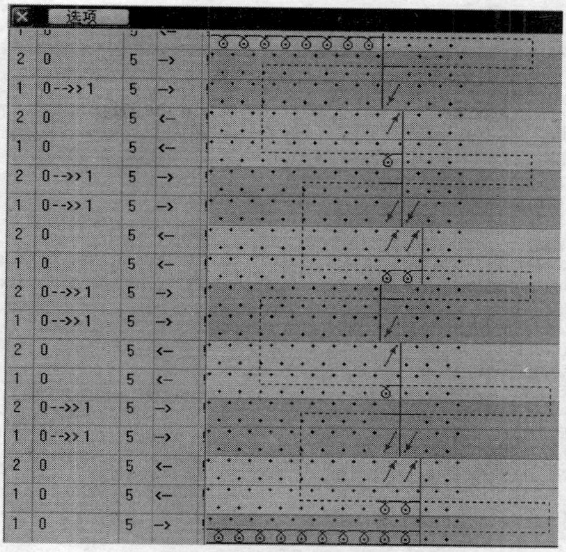

(5) Bind-off-3-R-TO-L.LG

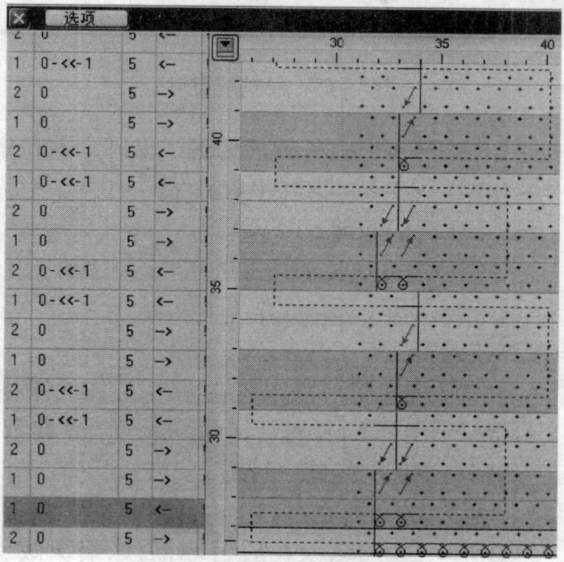

(6) Bind-off-3-L-TO-R.LG

图 7－28　拷针(平收)方式

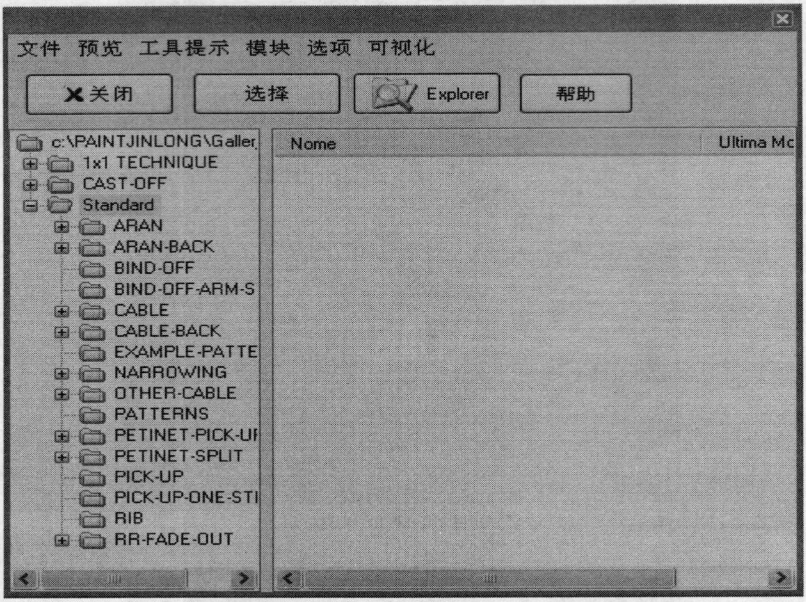

图7-29 复捻线窗口

- ARAN—BACK:针对后床编织做阿兰花花型,///\。

- BIND —OFF:拷针(平收),√。

- CABLE:绞花前,//\\。

- CABLE—BACK:绞花后(针对后床编织做绞花花型),//\\。

Cast off = 脱圈技术

- ARAN(阿兰花):前床线圈移针,后床线圈补空,///\。

- ARAN—BACK:针对后床编织做阿兰花花型,///\。

- BIND —OFF:拷针(平收),√。

- CABLE:绞花前,//\\。

- CABLE—BACK,绞花后(针对后床编织做绞花花型),//\\。

Standand = 特殊组织(标准工艺)

– ARAN(阿兰花):前床线圈移针,后床线圈补空,///\。

– ARAN—BACK:针对后床编织做阿兰花花型,///\。

– BIND —OFF:拷针(平收),√。

– CABLE:绞花前,//\\。

– CABLE—BACK:绞花后(针对后床编织做绞花花型),//\\。

1. 阿兰花(Aran)

进入文件夹:C:\PAINTJINLONG\Gallery\Standard\ARAN\open,可选择阿兰花编织模块,主要有以下几种。

(1)1 ×1 左阿兰花。

Standard—ARAN:前编织,前动作。

1 ×1 – L – ARAN. LG:237 色 ×242 色动作(图 7 – 30)。

1 ×1 – L2 – ARAN. LG:238 色 ×244 色动作(图 7 – 30)。

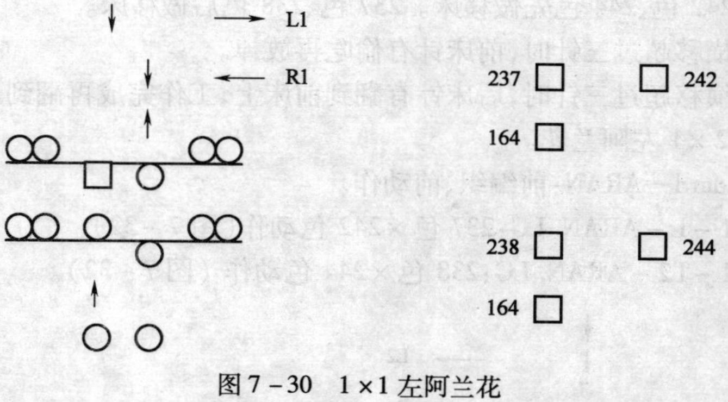

图 7 – 30　1 ×1 左阿兰花

*:164 色、164 色翻到后,编织 164 色、164 色后。再织 242 色、244 色前,237 色、238 色不织。

*:242 色、244 色先做移床。237 色、238 色后做移床。

*:横移超过三针时,前床针有偷吃再放掉。

*:横移超过三针时,后床针有翻到前床上,工作完成再翻到后。

(2)1 ×1 右阿兰花。

Standard—ARAN:前编织,前动作。

1×1－R－ARAN. LG:242 色×237 色动作(图 7－31)。

1×1－R2－ARAN. LG:244 色×238 色动作(图 7－31)。

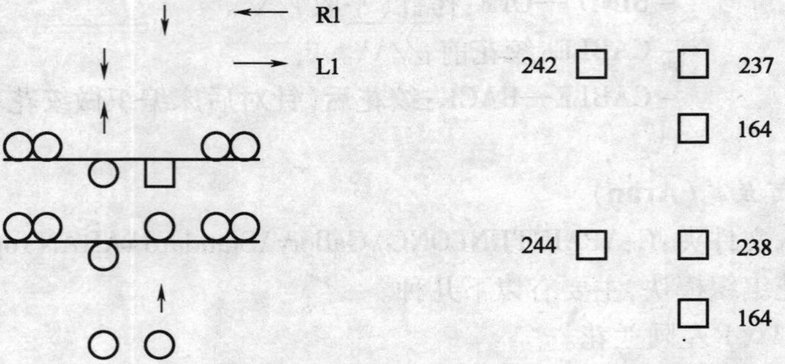

图 7－31　1×1 右阿兰花

*:164 色、164 色翻到后,编织 164 色、164 色后。再织 242 色、244 色前,237 色、238 色不织。

*:242 色、244 色先做移床。237 色、238 色后做移床。

*:横移超过三针时,前床针有偷吃再放掉。

*:横移超过三针时,后床针有翻到前床上,工作完成再翻到后。

(3)2×1 左阿兰花。

Standard—ARAN:前编织、前动作。

2×1－L－ARAN. LG:237 色×242 色动作(图 7－32)。

2×1－L2－ARAN. LG:238 色×244 色动作 (图 7－32)。

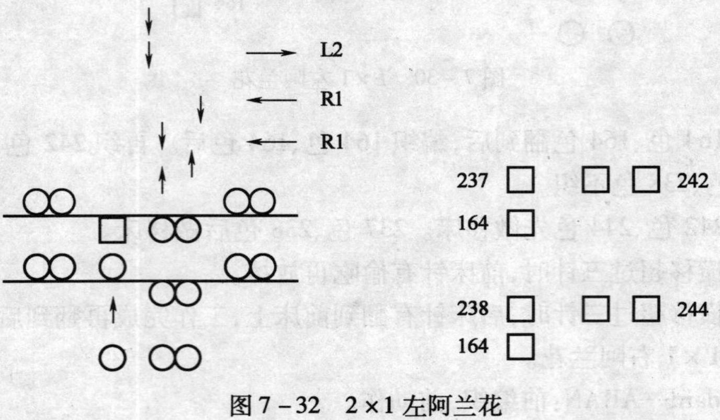

图 7－32　2×1 左阿兰花

*:164 色、164 色翻到后,编织 164 色、164 色后。再织 242 色、244 色前,237 色、238 色不织。

*:242 色、244 色先做移床。237 色、238 色后做移床。

*:横移超过三针时,前床针有偷吃再放掉。

*:横移超过三针时,后床针有翻到前床上,工作完成再翻到后。

(4)2×1 右阿兰花。

Standard—ARAN:前编织、前动作。

2×1 – R – ARAN. LG:242 色×237 色动作(图 7 – 33)。

2×1 – R2 – ARAN. LG:244 色×238 色动作(图 7 – 33)。

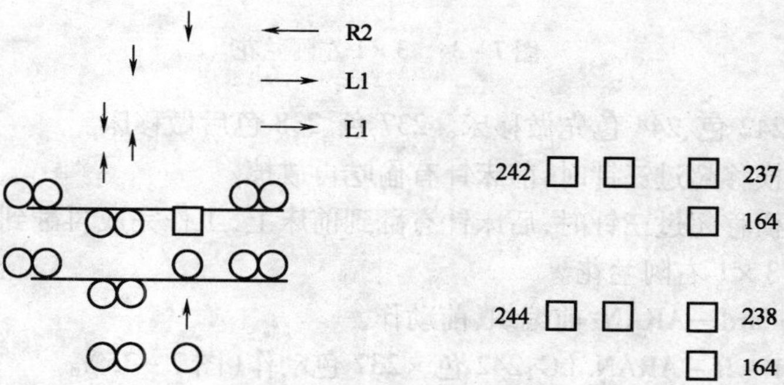

图 7 – 33 2×1 右阿兰花

*:164 色、164 色翻到后,编织 164 色、164 色后。再织 242 色、244 色前,237 色、238 色不织。

*:242 色、244 色先做移床。237 色、238 色后做移床。

*:横移超过三针时,前床针有偷吃再放掉。

*:横移超过三针时,后床针有翻到前床上,工作完成再翻到后。

(5)3×1 左阿兰花。

Standard—ARAN:前编织、前动作。

3×1 – L – ARAN. LG:237 色×242 色动作(图 7 – 34)。

3×1 – L2 – ARAN. LG:238 色×244 色动作(图 7 – 34)。

*:221 色、221 色翻到后,编织 221 色、221 色满针,221 色、221 色前再放,237 色、238 色不织。

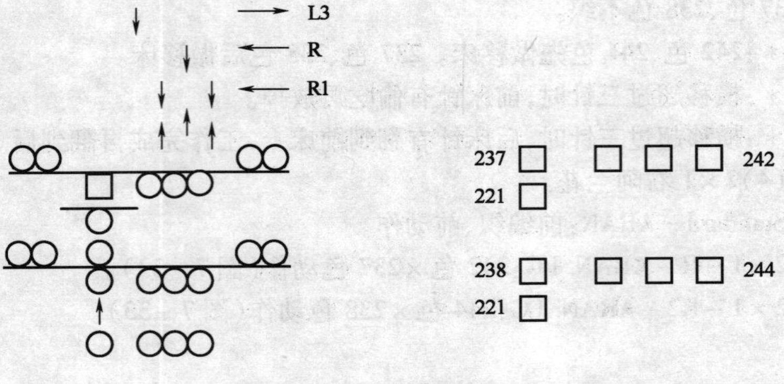

图 7-34 3×1 左阿兰花

*:242 色、244 色先做移床。237 色、238 色后做移床。

*:横移超过三针时,前床针有偷吃再放掉。

*:横移超过三针时,后床针有翻到前床上,工作完成再翻到后。

(6)3×1 右阿兰花。

Standard—ARAN:前编织,前动作。

3×1-R-ARAN. LG:242 色×237 色动作(图 7-35)。

3×1-R2-ARAN. LG:244 色×238 色动作(图 7-35)。

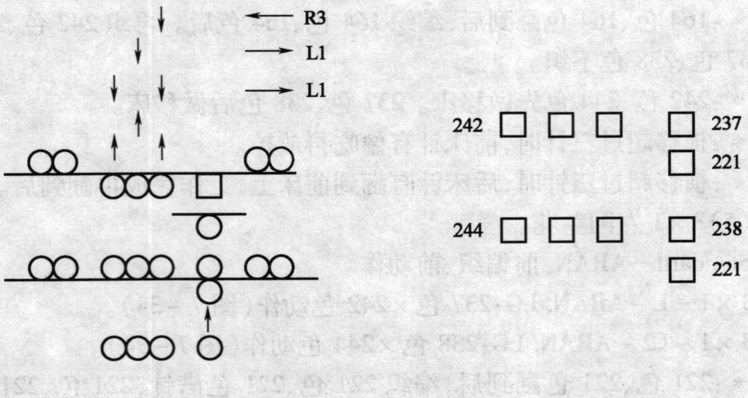

图 7-35 3×1 右阿兰花

*:221 色、221 色翻到后，编织 221 色、221 色满针，221 色、221 色前再放，237 色、238 色不织。

*:242 色、244 色先做移床。237 色、238 色后做移床。

*:横移超过三针时，前床针有偷吃再放掉。

*:横移超过三针时，后床针有翻到前床上，工作完成再翻到后。

*:Standard—ARAN - BACK（后）同 Standard—ARAN（前）相比，Standard—ARAN - BACK（后）前床与后床编织与翻针的顺序与Standard—ARAN（前）正好相反。

2. 绞花（Cable）

进入文件夹：C:\PAINTJINLONG\Gallery\Standard\CABLE\open，可选择绞花编织模块，其主要有以下几种。

（1）1×1 左绞花。

Standard—CABLE：前编织，前动作。

1×1 - L. LG:241 色×242 色动作（图 7 - 36）。

1×1 - L2. LG:243 色 × 244 色动作（图 7 - 36）。

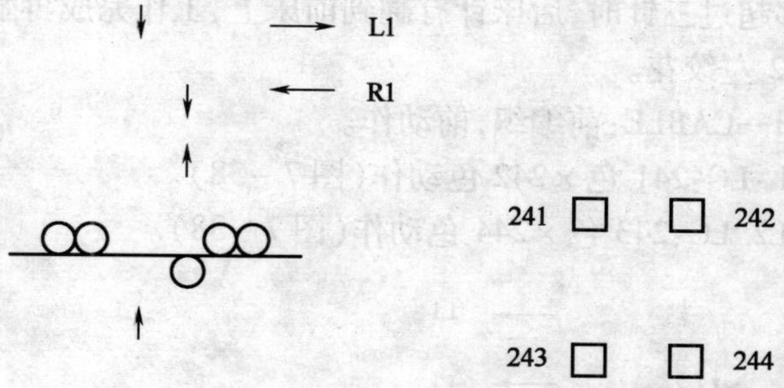

图 7 - 36　1×1 左绞花

*:241 色、243 色先翻到后，再编织 242 色、244 色前。

*:242 色、244 色先做移针。241 色、243 色后做移针。

*:横移超过三针时，前床针有偷吃再放掉。

*:横移超过三针时，后床针有翻到前床上，工作完成再翻到后。

（2）1×1 右绞花。

Standard—CABLE:前编织,前动作。

1×1－R. LG:242 色×241 色动作(图 7－37)。

1×1－R2. LG:244 色×243 色动作(图 7－37)。

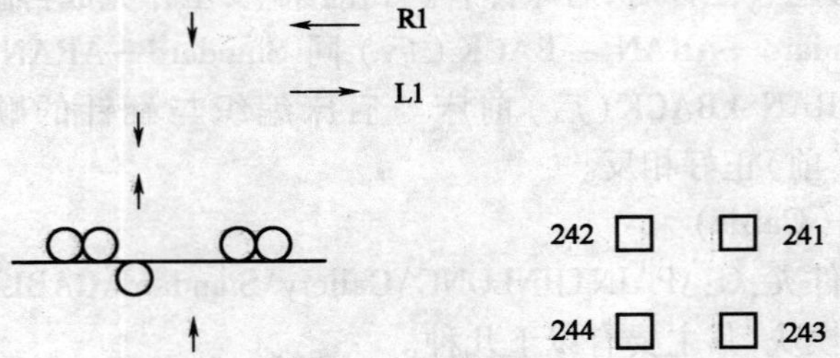

图 7－37　1×1 右绞花

*:241 色、243 色先翻到后,再编织 242 色、244 色前。

*:242 色、244 色先做移针。241 色、243 色后做移针。

*:横移超过三针时,前床针有偷吃再放掉。

*:横移超过三针时,后床针有翻到前床上,工作完成再翻到后。

(3)1×2 左绞花。

Standard—CABLE:前编织,前动作。

1×2－L. LG:241 色×242 色动作(图 7－38)。

1×2－L2. LG:243 色×244 色动作(图 7－38)。

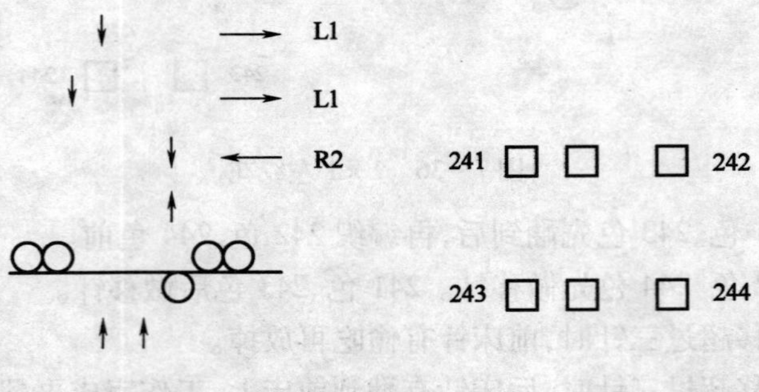

图 7－38　1×2 左绞花

＊:241 色、243 色先翻到后,再编织 242 色、244 色前。

＊:242 色、244 色先做移针。241 色、243 色后做移针。

＊:横移超过三针时,前床针有偷吃再放掉。

＊:横移超过三针时,后床针有翻到前床上,工作完成再翻到后。

(4)1 ×2 右绞花。

Standard—CABLE:前编织,前动作。

1 ×2 – R. LG:242 色 ×241 色动作(图 7 – 39)。

1 ×2 – R2. LG:244 色 ×243 色动作(图 7 – 39)。

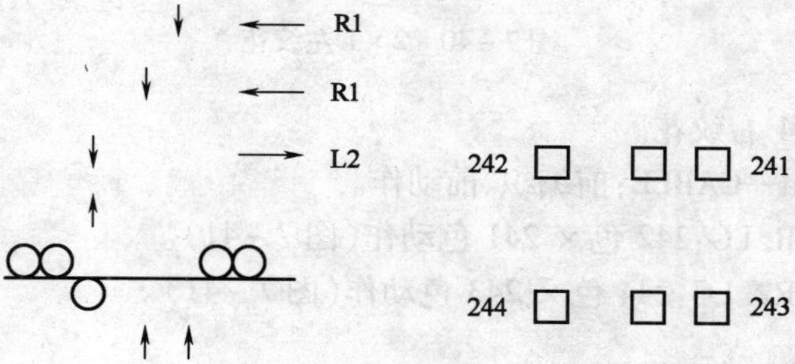

图 7 – 39　1 ×2 右绞花

＊:241 色、243 色先翻到后,再编织 242 色、244 色前。

＊:242 色、244 色先做移针。241 色、243 色后做移针。

＊:横移超过三针时,前床针有偷吃再放掉。

＊:横移超过三针时,后床针有翻到前床上,工作完成再翻到后。

(5)2 ×1 左绞花。

Standard—CABLE:前编织,前动作。

2 ×1 – L. LG:241 色 ×242 色动作(图 7 – 40)。

2 ×1 – L2. LG:243 色 ×244 色动作(图 7 – 40)。

＊:241 色、243 色先翻到后,再编织 242 色、244 色前。

＊:242 色、244 色先做移针。241 色、243 色后做移针。

＊:横移超过三针时,前床针有偷吃再放掉。

＊:横移超过三针时,后床针有翻到前床上,工作完成再翻到后。

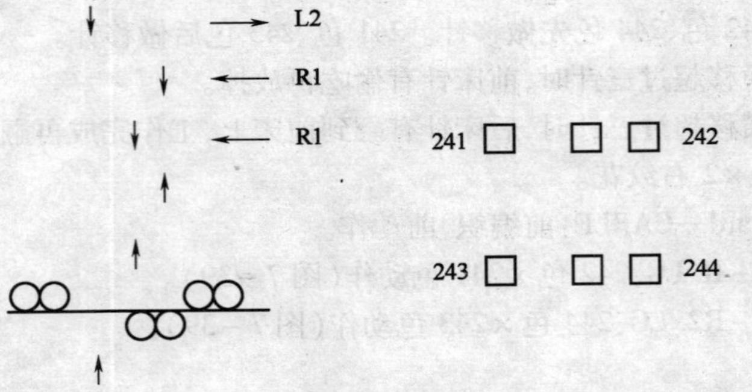

图 7-40　2×1 左绞花

(6)2×1 右绞花。

Standard—CABLE:前编织、前动作。

2×1-R. LG:242 色×241 色动作(图 7-41)。

2×1-R2. LG:244 色×243 色动作(图 7-41)。

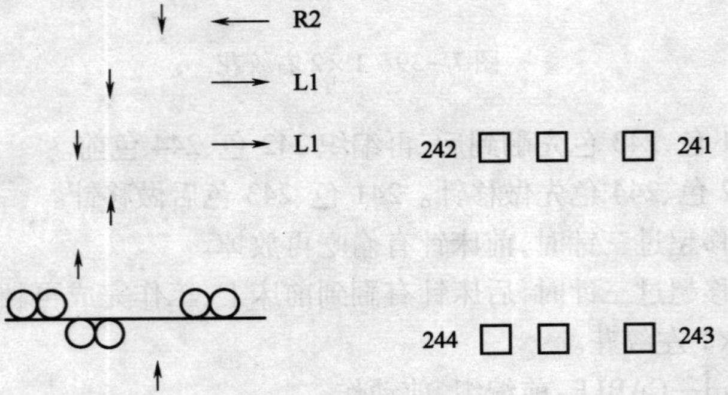

图 7-41　2×1 右绞花

*:241 色、243 色先翻到后,再编织 242 色、244 色前。

*:242 色、244 色先做移针。241 色、243 色后做移针。

*:横移超过三针时,前床针有偷吃再放掉。

*:横移超过三针时,后床针有翻到前床上,工作完成再翻到后。

*:其他绞花编织方法略。

(八)释放颜色

自制组织颜色

113 色 ~ 124 色:为自制色,用户在做自己的模块时可选用。

(九)导纱器(纱嘴)

导纱器色码如图 7 - 42 所示。

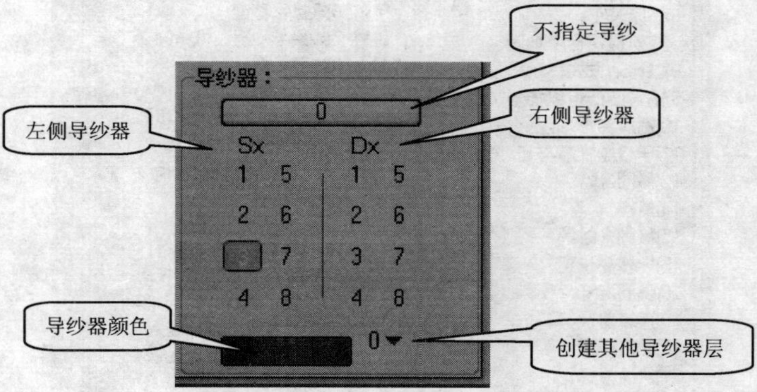

图 7 - 42 导纱器色码

五、命令行

命令行(F10)对应控制列(也叫功能线)的各项功能,分上、下、左、右四组功能线,上、下功能线主要在制作模块时使用,这两组功能线在模块的设计一节中再做详细介绍,这里主要介绍左、右两组功能线的使用。图库中选择"命令行(F10)",出现功能线窗口,如图 7 - 43 所示。

(一)左侧功能线组

L01 254 固定色彩

花型功能线固定色码。

L02 半横移

摇床

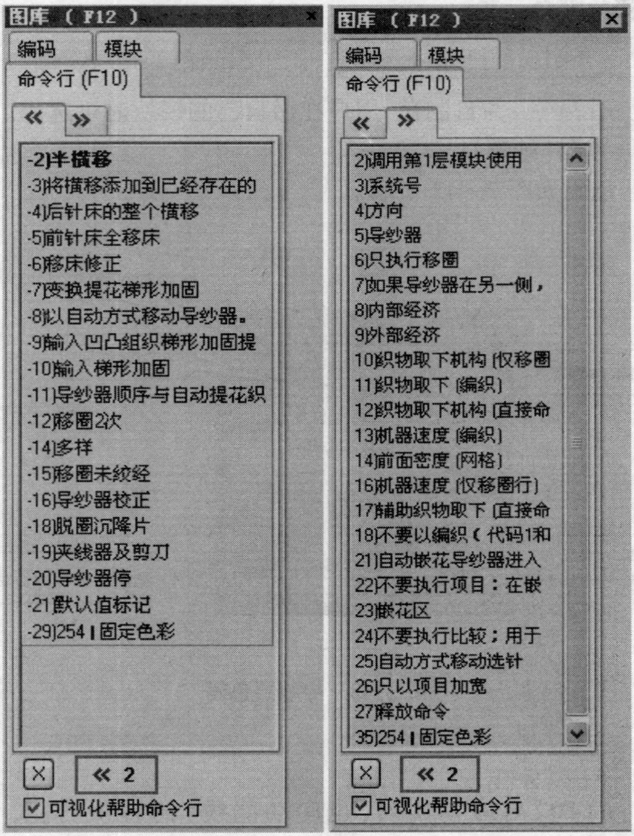

(1) 左侧功能线组　　(2) 右侧功能线组

图 7－43　左、右两侧功能线

0 针床相错(四平编织位)

＊:针床相错,如有翻针时,空车翻针。

3 针床相错（翻针＋四平编织位）

＊:针床相错,如有翻针时,同步翻针。

4 U 位（翻针＋编织）

*:翻针位编织,如有翻针时,同步翻针。

5 K 位(自动)

*:系统根据编织方式自动安排针床的位置。

6 U 位(翻针和编织时摇床固定在 U 位编织)

*:翻针位编织,如有翻针时,空车翻针。

*:一般情况下,使用 L02 ~ L05,由系统自动安排针床位置。

L03 将横移添加到已经存在的线圈上。

1..20 摇床针数

*:在已有的摇床上再加一次摇床。

*:仅在 L04 中给予数值的横移基础上再加摇床。

L04 后针床的整个横移

摇床针数(强制)

	色码	摇床针数		色码	摇床针数
-1	101	L1	+1	1	R1
-2	102	L2	+2	2	R2
-3	103	L3	+3	3	R3
-4	104	L4	+4	4	R4
-5	105	L5	+5	5	R5
-6	106	L6	+6	6	R6
-7	107	L7	+7	7	R7
-8	108	L8	+8	8	R8
-9	109	L9	+9	9	R9
-10	110	L10	+10	10	R10
-11	111	L11	+11	11	R11
-12	112	L12	+12	12	R12
0	自动				

*:正数(+)表示后针床从左向右摇床→R1 R2 R3 等

负数(-)表示后针床从右向左摇床←L101 L102 L103 等

L06 移床修正

摇床(反振)

[0] 正常 [1] 反振 0.5 [2] 反振 1 [3] 反振 1.5

L07 变换提花梯形加圆

提花背面 1 ×1 组织纵列移动

＊:向左移动← 向右移动→

1 = 向左移 1 针 11 = 向右移 1 针

2 = 向左移 2 针 12 = 向右移 2 针

3 = 向左移 3 针 13 = 向右移 3 针

↓ ↓

等 等

＊:通常用于罗纹与提花组织交接处,提花组织背面直条与罗纹组织对齐。

L08 以自动方式移动导纱器

以自动方式移动导纱器的形式如图 7 – 19 所示。

L09 [11] 凹凸组织梯形加圆提花(可与 L10 共同使用)

提花背面(横条反面、芝麻点反面)作法

[0] 自动。

[1] 背面全部,横条反面。

[2] 背面 1 ×1,芝麻点反面。

[3] 背面 1 ×2,芝麻点反面

[4] 背面 1 ×3,芝麻点反面。

[5] 背面 1 ×4,芝麻点反面。

[6] 背面 1 ×5,芝麻点反面。

[7] 背面 1 ×6,芝麻点反面。

[8] 背面 1 ×7,芝麻点反面。

[9] 背面 1 ×8,芝麻点反面。

[10] 背面 1 ×9,芝麻点反面。

＊:同功能线 L10 共同使用,在 L10 排针的基础上再抽针。

L10 输入梯形加圆

提花背面排针

[11] 单面浮线提花。

＊:若背面浮线过长,可在提花组织的最大浮线针内设置隔几针集圈。

＊:提花组织窗口(图 7-44):在“向导”中打开,用法见第四节。

＊:浮线提花功能线不需与 L9 共同使用。

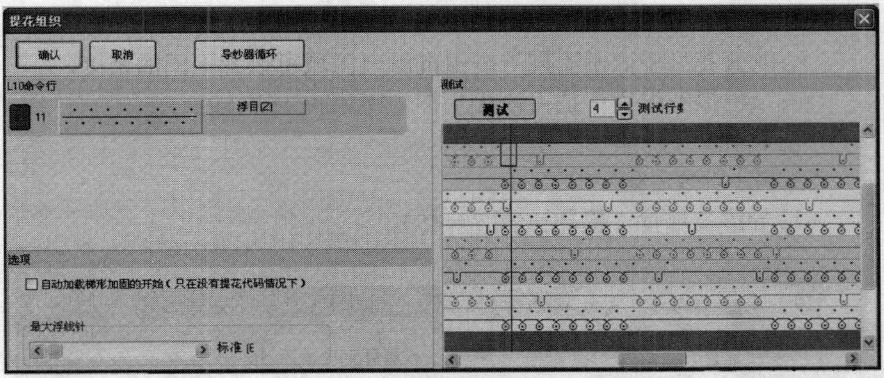

图 7-44 提花组织窗口

背面空气层提花组织(0 为编织,×为不编织):

1 背面全部,0000000000。

2 背面 1×1,0×0。

3 背面 1×2,0××0。

4 背面 1×3,0×××0。

5 背面 1×4,0××××0。

6 背面 1×5,0×××××0。

7 背面 1×6,0××××××0。

8 背面 1×7,0×××××××0。

背面满针提花组织(0 为编织,×为不编织):

101 背面全部,0000000000。

102 背面 1×1,0×0。

103 背面 1×2,0××0。

104 背面 1×3,0×××0。

105 背面1×4,0××××0。

106 背面1×5,0×××××0。

107 背面1×6,0××××××0。

108 背面1×7,0×××××××0。

＊:与功能线L9共同使用。

L11　导纱器顺序与自动提花织物色彩

＊:改变花型中表示不同导纱器的颜色区域可设置不同的密度。

＊:三色提花纱嘴3把可改为6把。

＊:重新安排纱嘴(左、右)。

1..100 段数号码

(1)导纱器顺序(提花)(图7-45)。

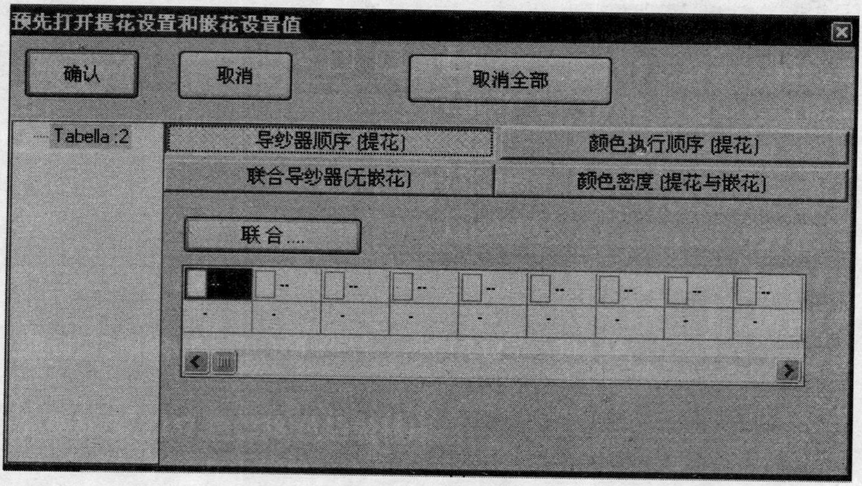

图7-45　导纱器顺序

联合.... 自动安排最佳纱嘴数(3色用6把织,5色用8把织)

指定使用几把纱嘴。

\- 指定纱嘴在起始时的左右位置。

(2)联合导纱器(无嵌花)(图 7-46)。

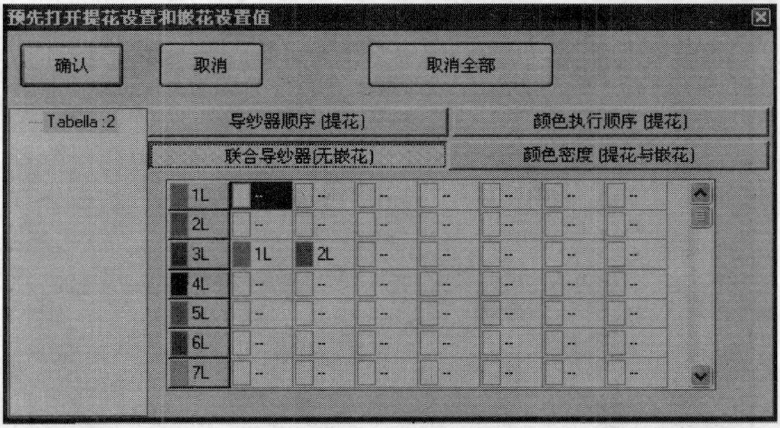

图 7-46 联合导纱器

(3)颜色执行顺序(图 7-47)。

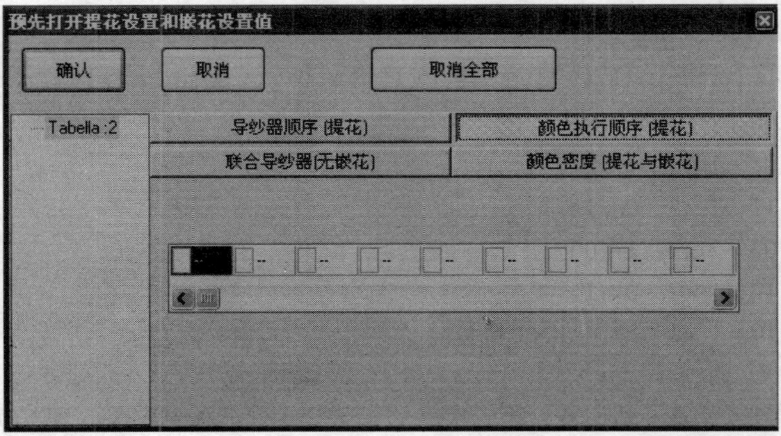

图 7-47 颜色执行顺序

*:可更改现有提花花型导纱器编织的顺序。

(4)颜色密度(提花与嵌花)(图 7－48)。

＊:提花组织色码可使用不同度目（工艺处理后会自动分段）。

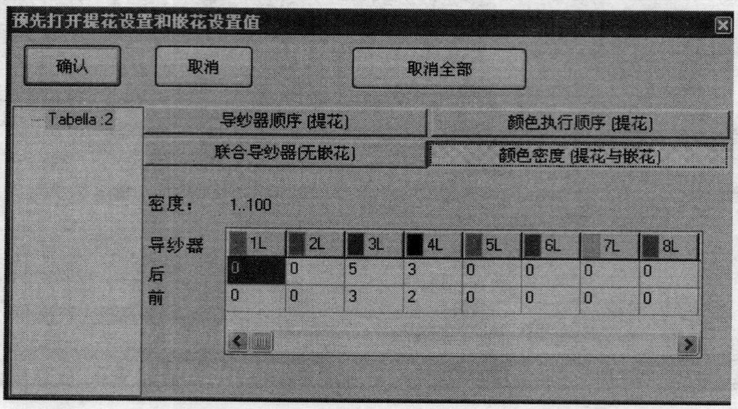

图 7－48　颜色密度(提花与嵌花)

1..100 密度　< 1 导纱器　0 前(密度)　0 后（密度）

L12　2 系统翻针

＊:色码 01 号、11 号、02 号、12 号全部分 2 次翻针(不管是否有摇床动作)。

01 =1 ×1　1 +0

11 =1 ×1　0 +1

02 =2 ×1　1 +00

12 =1 ×2　0 +11

10 =1 ×1 编织再 1 ×1 翻针

＊:例

01 =　△　△　△　第二次　　02 =　△△　△△　第二次

　△　△　△　第一次　　　△　△　第一次

11 =　△　△　△　第二次　　12 =　△　△　第二次

　△　△　△　第一次　　　△△　△△　第一次

＊:10:如编织 1 ×1 ,翻针 1 ×1 分 2 次翻。

```
       ↑         ↑
   ↑        ↑        ↑
   0 × 0 × 0 × 0 × 0
```

L14 多样

用于压脚

1 = 编织

2 = 翻针

3 = 编织 + 翻针

0 = 5 = OFF

L15 移圈未绞经

翻针前后顺序:

1 花型同一行中,先向前翻↓再向后翻↑。

2 花型同一行中,先向后翻↑再向前翻↓。

0 花型同一行中,如有前、后翻时,工艺处理后会自动处理成对翻。

L16 导纱器校正

导纱器离布边的位置,1 ~7 段。

L18 脱圈沉降片

用于有起底板的机器。

L19 夹纱器及剪刀

用于有起底板的机器。

L20 导纱器停

将纱嘴带出/带入:

1 纱嘴带入←。

2 纱嘴带出→。

L21 默认值标记

用来定义花型中特殊区域的功能,同时也用来写编辑特殊信息的机器数据。

250 把所有使用的纱嘴全部带到布边。

L29　254 固定色彩

图样功能线固定色码。

(二)右侧功能线组

R01　254 固定色彩

图样功能线固定色码。

R02　调用第 1 层模块使用

提花、嵌花模块段数(自制提花、嵌花)

1..100 一般常用的(提花或嵌花)段数编号。

235 235 色通常用在嵌花花型(但纱嘴未使用嵌花纱嘴)的模块。

如 250 色使用提花 V 领色码,251 色使用 V 领色码,252 色使用 V 领色码,253 色使用 V 领色码(如图 7－49)。

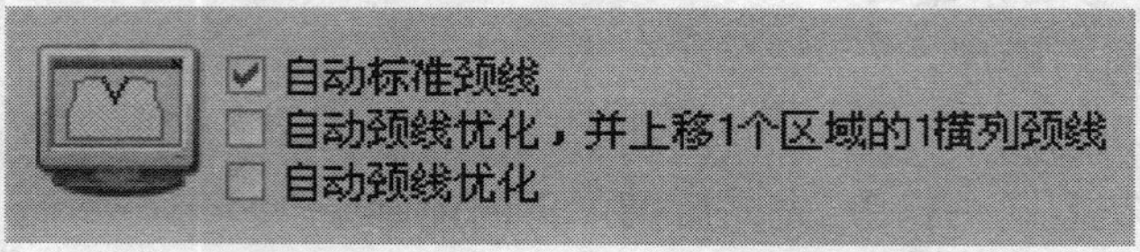

图 7－49　使用 V 领色码

☑自动标准颈线:使用时功能线 R02 自动变为 251 色。

☑自动颈线优化,并上移一个区域的 1 横列颈线:使用时功能线 R02 自动变为 252 色。

☑自动颈线优化:使用时功能线 R02 自动变为 253 色。

＊:提花 V 领时:使用时功能线 R02 为 250 色。

功能线 R02 使用 251 色时

☑自动标准颈线:使用时自动变 251 色。

□自动颈线优化,并上移一个区域的 1 横列颈线,使用时自动变 252 色。

□自动颈线优化:使用时自动变为 253 色(图 7－50)。

R03　系统号

强制编织和翻针动作在某个三角系统进行。

编织系统:

System 1 第一系统编织，依此类推。

翻针系统：

System 1 第一系统翻针，依此类推。

0 自动设定用某个系统编织和翻针。

R 04　方向

强制指定机头运行方向。

0) 单系统自动改变方向 自动。

2) << 1) >> 强制编织方向。

12) << 11) >> 强制翻针方向。

R 05　导纱器

强制使用纱嘴（同花型中所用的导纱器不同）。

1L 1 色，< 1；1R 9 色，>1。

2L 2 色，< 2；2R 10 色，>2。

3L 3 色，<3；3R 11 色，>3。

4L 4 色，<4；4R 12 色，>4。

5L 5 色，<5；5R 13 色，>5。

6L 6 色，<6；6R 14 色，>6。

7L 7 色，<7；7R 15 色，>7。

8L 8 色，<8；8R 16 色，>8。

255 Cast-Off 没有纱嘴（边缘收针空置位和收 V 领空置位的特别色码）。

0 自动。

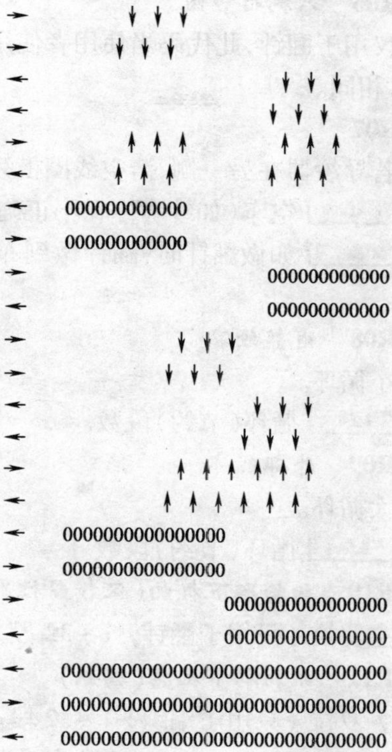

图 7－50　自动颈线优化

R06　只执行移圈

仅用于翻针，此代码当使用者使用特殊编织代码混合翻针时使用。1和11相同。

R07

若导纱器在另一侧，清空线圈横列，脱圈移位内存溢出。

[1] 空车（如纱嘴停在不正确的位置会自动空车带纱嘴）。

[2] 如做翻针时，翻针做到布片外，布片边的针会自动翻针而不接针。

R08　内部经济

小循环。

[1..64] 循环（节约）段数。

R09　外部经济

大循环。

[1..64] 循环（节约）段数。

R10　织物取下机构（仅移圈行）

主罗拉（只用于翻针）1～32段。

R11　织物取下机构（编织）

主罗拉（只用于编织）1～32段。

R12　织物取下机构（直接命令）

R13　机器速度（编织）

机器速度，1～32段

*：编织＋翻针以编织为主。

单一翻针以翻针为主。

如有挑孔时（自动动作）速度进入1号段数。

R14　前面密度

前床密度，1～64段。

R16　机器速度（仅移圈行）

翻针时的速度，1～32段。

*：编织＋翻针以编织为主。

单一翻针以翻针为主。

如有挑孔时(自动动作)速度进入模组内段数。

R17 辅助织物取下(直接命令)

辅助罗拉开、合(翻针),1 ~32 段。

R18 不要以编织(代码 1 和 2)最优化移圈

编织与翻针分别动作。

1 第一系统编织,第二系统翻针,←－O－－|－－↑－－。

＊:0 和 1 功能相同

2 第一行编织,第二行翻针,←－O－－|－－－－－－ －－－|－－↑－→。

＊:分开动作时,要与摇床功能线 L2 共同使用。

R21 自动嵌花导纱器进入/退出类型

编织嵌花组织时,纱嘴进入/带出方式(0、1、2 号色)。其功能同"向导/嵌花",如图 7－51 所示。

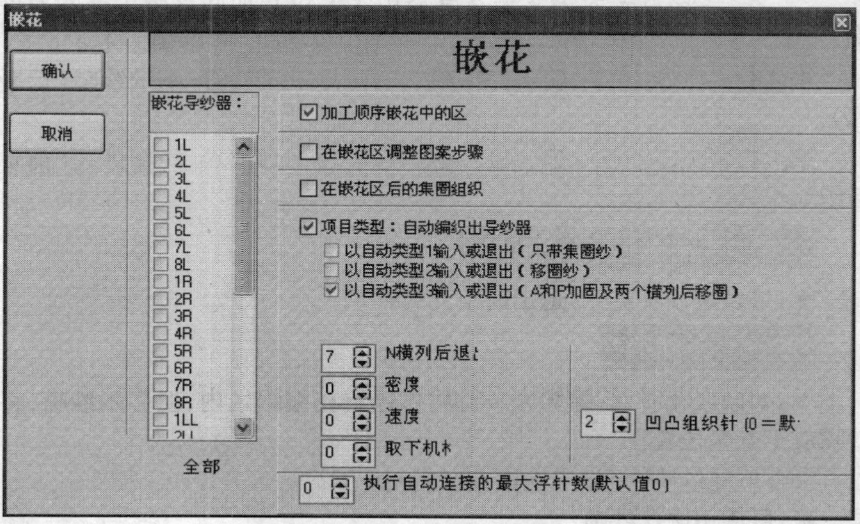

图 7－51 嵌花窗口(导纱器进入/退出)

0 自动进入/带出方式,0 号色。

＊:同☑项目类型:自动编织出导纱器。

☑以自动类型 1 输入或退出(只带集圈纱)。

第一行:⊕——∪——∪——∪——∪ - 纱嘴带入(前集)。

1 自动进入/带出方式,1 号色

＊:同☑项目类型:自动编织出导纱器。

☑以自动类型 2 输入或退出(移圈纱)。

1 如果前或后编织（1、2）时的连接代码

第 4 行	⊙	⊙	⊙	⊙	⊙	不带纱嘴(后脱圈)
第 3 行	↓	↓	↓	↓	↓	后翻前
第 2 行	⊕	⊙	⊙	⊙	⊙	纱嘴带入(后织)
第 1 行	↑	↑	↑	↑	↑	前翻后

2 自动进入/带出方式　1 号色

＊:同☑项目类型:自动编织出导纱器。

☑以自动类型 3 输入或退出（A 和 P 加固及两个横列后移圈）

第 2 行:　⊙　⊙　⊙　⊙　⊙ 不带纱嘴(后脱圈)。

第 1 行:⊕ ⊙　∪　⊙　∪　⊙　∪　⊙　∪　⊙ 纱嘴进入(前集后织)。

2 凹凸组织针 (0＝默

＊:可设定纱嘴进入/退出时空几枚针。

7 N横列后退

＊:如做嵌花时,纱嘴织完一行后可停留在编织区内,但会踢纱嘴,将纱嘴放于安全位置。

10 嵌花纱嘴(可设定在嵌花区内)。

＊:可使用嵌花纱嘴。

10 正常纱嘴(可设定在嵌花区内)。

＊:可使用普通纱嘴。(☑加工顺序嵌花中的区)

R22　不要执行项目,在嵌花区编织出

设定嵌花组织纱嘴自动(自制)进入/退出方法。

[1] 嵌花区域不执行任何自动进入。

[2] 嵌花区域不执行任何自动退出。

[3] 嵌花区域不执行任何自动进或出。

＊:带出如用自制绘图方式,功能线 R22 的 1 号、2 号、3 号色无效。

＊:带出如使用 1 号、2 号、3 号色时,嵌花区域行数一定要为单数。

[12] 执行在此行工作纱嘴的自动退出。

＊:用于一行中所用的纱嘴超过一把时,需要纱嘴按照一定顺序工作。

＊:当使用此代码时不执行自动退出。

R23 嵌花区

嵌花区域边缘是否有连接,参考图 7－52。

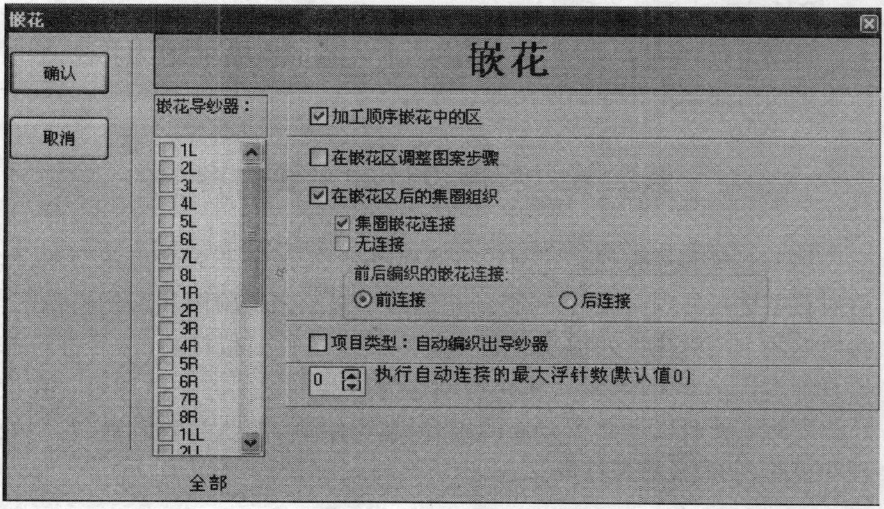

图 7－52 嵌花窗口(嵌花区)

[1] 嵌花区域之间自动采用集圈连接。

☑ 在嵌花区后的集圈组织。

☑ 集圈嵌花连接。

5 嵌花区域之间不连接(无集圈)。

☑ 在嵌花区后的集圈组织。

☑ 无连接。

R24 不要执行比较,用于自动比较的行

*:1 色码、11 色码用于自动特殊编织而取消链接比较的模块中。

*:用 2 色码可建立减针模块、空行等。

R25 自动方式移动选针

R26 只以项目加宽

1 加针时行数不准时可自动调整加针行数。

R27 释放命令

R35 254 固定色彩

花型功能线固定色码。

R36 临时增加(自制组织)

自制提花、自制组织时,如要使用几种不同的模块,需分为几段,同时需设定模组在原主花样中使用的行数。

第二节 程序设计的主要内容

用 Logica 程序设计系统制作花型程序时,一般需要先画出花型图,然后对花型进行处理。此时,可得到花型的编织工艺检验图和织物模拟图,参照这两个图对花型的编织过程和外观效果进行模拟检验,然后进行修改直到确认花型无误,最后将花型创建为机器可识别的文件即可。在设计程序时主要有以下几个方面的内容:花型绘制、工艺参数设置、花型处理和检验、创建机器文件等。

一、花型绘制

图形绘制是程序设计中非常重要的一步,绘图时主要涉及四个方面内容:绘制区域、组织模块、导纱器、绘图工具等。

(1)绘制区域:绘制花型需要在工作区中花型图案区中进行,提花组织需要在命令行中设定提花组织的背面结构。

(2)组织模块:在绘图时,需要从"图库"里的"编码"中选择所要绘制的编织组织模块。"编码"中编织组织模块分类组合,主要有:基本组织模块组,包括一些最基本的结构单元,如正面线圈、反面线圈、双面(四平)线圈、前针床集圈、后针床集圈、前针床编织后针床针集圈和后针床编织前针床集圈等;常用花式组织模块组,如绞花、阿兰花、移圈等,这些模块是系统自带的;翻针模块组,如前针床线圈翻到后针床、后针床线圈翻到前针床等。

(3)导纱器:在"图库"的下方有一个导纱器工具栏,绘图时可选择使用这些导纱器画花型。导纱器分左、右两边位置,1、2、…数字表示导纱器所处的轨道位置。

(4)绘图工具:使用绘图工具,既可以用光标直接画图,又可以在花型中选择区域进行区域操作,还可以对花型区域进行编辑。与各种绘图软件一样,该系统也有一些实用的绘图工具,这些工具可以通过直接点击相应的按钮来激活,包括画笔、画线、画空心或实心矩形、画空心或实心圆形、画空心或实心多边形等图标。为了方便操作,也可以通过选择图形中的一个部分或全部图形进行区域操作,对所选区域可进行拷贝、保护区域、翻转拷贝、连续拷贝等操作。

二、工艺参数设置

Logica 程序设计系统的控制列位于花型区域的左、右两侧,也可称为功能线,每列对应的指令可在"图库"里"命令行"中选择设定。控制列可以设置一些花型编织所需要的工艺参数段,如密度、牵拉、机速、机头方向等。

在 Logica 的控制列中,还可以设定与花型组织相关的一些指令,如绘制提花组织时,需要在相应的控制列中设置提花组织的反面结构等。

1. 线圈长度

密度是工艺设计中的一个重要指标,直接影响到织物的克重,对织物的外观也有影响。在编织花式织物时,特别是编织一些结构花型织物时,线圈长度也影响到织物的平整度、宽度以及编织的效率和难易程度,需要细心调整。密度位于花型图案区右边控制列第 14 列(即 R14)。不同的颜色表示织物中所使用的不同密度区域,与每一编织横列相对应的位置有一种密度颜色。每种颜色对应一个色码。

2. 牵拉值

与线圈长度一样,牵拉值也是影响编织的一个重要参数。通常使用的牵拉控制列为 R10(只用于翻针时的主牵拉),R11(只用于编织时的牵拉)、R17(用于编织时的辅助牵拉)、每一种颜色表示对应其编织横列的牵拉。

3. 机速

机速控制列为 R13(只用于编织时的机速)、R16(只用于翻针时的机速),在选择机速时,可以根据编织的不同部位设置不同的速度。

4. 循环变量

当织物某些部位花型重复时,可只画一个完整花型单元,根据需要在控制列处加入循环变量,以避免重复作图的麻烦。循环变量有小循环(R8)和大循环(R9),大循环内可包含小循环。设置循环时,起点必须是奇数,终点必须是偶数。

其他控制列命令在这里就不一一赘述,在以下介绍花型、成形程序设计时,再详细介绍所用到的控制列的功能和使用。

三、花型处理和检验

花型绘制完后,需要对花型进行处理,也可称为解图,处理之后生成"Test"花型编织工艺检验窗口和织物模拟窗口,可结合这两个窗口对花型进行检验。

花型处理可点击主程序界面右下角的

,出现应用模块窗口,详细内容可参照图 7 - 19。

花型处理后可在"Test"窗口和织物模拟窗口中检验花型。"Test"窗口如图 7 - 53 所示,此图中可以查看花型编织、翻针动作,导纱器运行方向、针床横移等。织物模拟可点击主程序界面右下角

,出现编织模拟窗口(图 7 - 54),图中显示织物的正面结构。

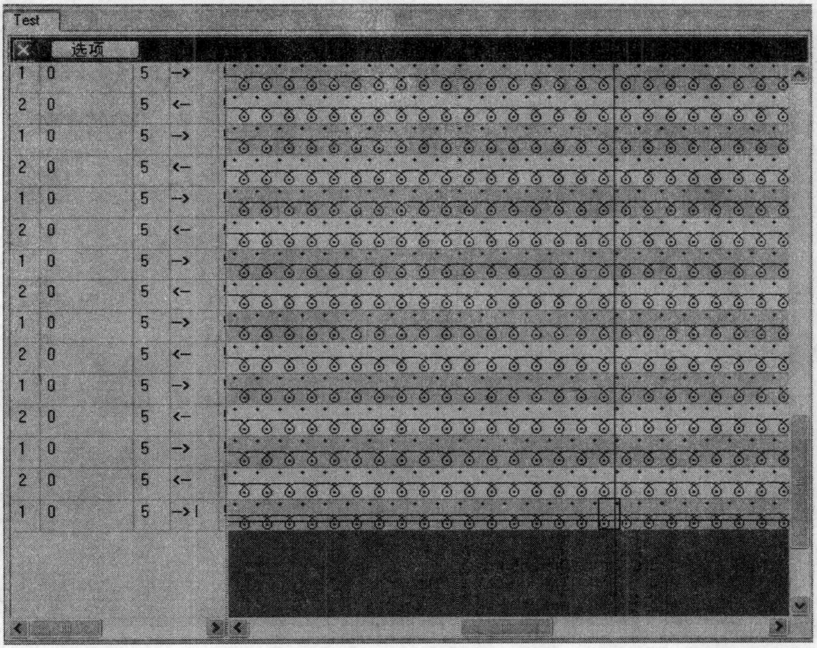

图 7－53 Test 窗口

四、花型程序编制的一般流程

1. 新建花型

首先，双击鼠标左键打开桌面的图标，出现其工作窗口，选择“文件”中的“新建”，出现“新建文档”窗口，参照图 7－3，在该窗口中可以进行下述操作。

(1)选择机型：点击型号空白处，出现机器型号窗口，参照图 7－4，选择所需要的机器型号。

(2)选择是否在图案旁插入命令行：即在工作区显示控制列。

(3)选择是否插入罗纹：如选择插入罗纹，选择“同意”后会出现罗纹组织窗口（图 7－5），在该窗口下选择所需罗纹组织（如 1×1 罗纹、2×2 罗纹等），如不选择插入罗纹，可在设计完组织图后，点击“过程”菜单下的

图7－54　编织模拟窗口

“插入罗纹”来选择起头的组织结构，也可以手绘。

(4)选择成圈工艺：参照图7－6，选择编织类型。

(5)选择织物基本信息：包括花宽(X)和花高(Y)，基本组织，参照图7－3。

之后，点击“同意”，进入花型区。

2. 花型的绘制

先在纸上画出花型的意匠图，根据意匠图选择画图工具在花型视图中绘制花型，花型较简单时可以直接在设计系统中绘制花型。

3. 花型处理

点击

进行工艺处理，出现“应用模块”设置窗口，设置内容可参照第一节[三、(五)过程]，设置完后点击确认，出现“导纱器起始位置确认”窗口，如确认导纱器排列无误，可点击确认，完成处理。

4. 花型检验

程序处理后，工作区出现“Test”窗口，在此窗口中可对编织工艺进行检验，包括导纱器运行轨迹、横移、翻针等；同时，点击

可以查看织物模

拟视图。对 Test 视图和织物模拟视图检验后，如有误，对花型进行修改，重复步骤 3。

5. 工艺参数的设定

选择菜单中“机器设置”，参照第一节［三、(四) 机器设置］设定密度、牵拉、机速、循环等，先设定一个初始值，然后根据上机编织时出现的问题进行调整。

6. 创建机器文件存盘编织

上机编织之前，需将花型创建成机器可识别的文件。参照第一节［三、(四) 机器设置］创建机器文件，生成文件后缀分别为 *. CNT，*. PAT，*. PRM，*. SET 的文件。

第三节　结构花型设计

在进行结构花型设计时，如正反针、移圈网眼、绞花、阿兰花等，可以通过选择导纱器颜色、画图工具和相应的模块，在花型图案区完成。有些组织绘制时，还需配合控制列指令。

一、正反针结构花型

图 7 - 55 为正反针结构花型的画法。线圈结构可选择“图库/编码/代码”。

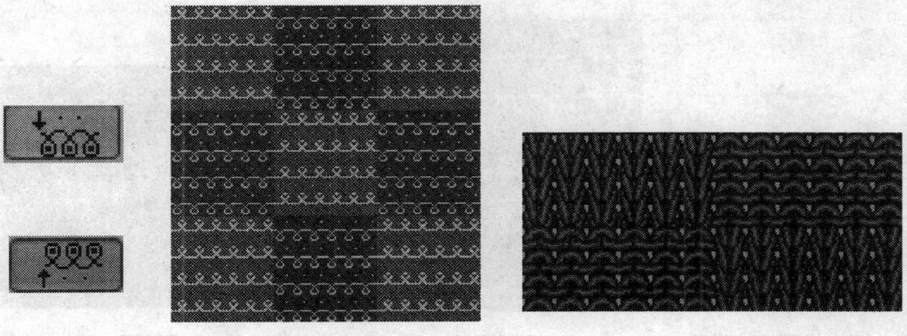

(1) 线圈结构模块　(2) 花型图　(3) 模拟图

图 7 - 55　正反针结构花型的画法

二、移圈网眼

图7－56为移圈网眼结构花型的画法。移圈模块可选择“图库/编码/一次编织成形”(或“两次编织成形”),移圈方向分向左移圈和向右移圈,本例选择的移圈符号分别为向左、向右移1针。

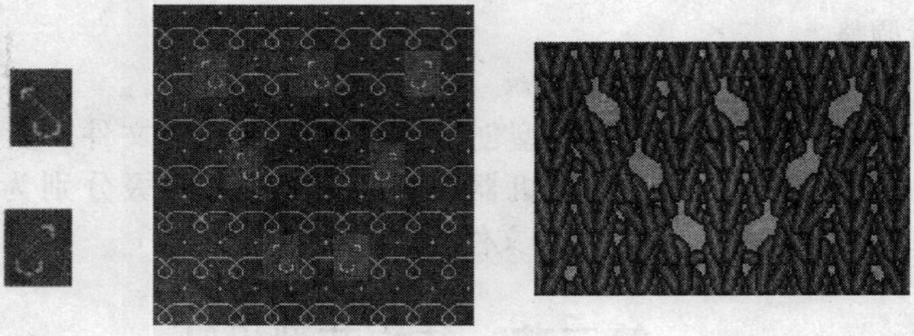

(1) 线圈结构模块　(2) 花型图　(3) 模拟图

图7－56　移圈网眼结构花型的画法

三、绞花花型

图7－57为绞花花型的画法。绞花模块可在“图库/编码/复捻线/Cable”中查找[参照第一节四(六)标准模块]。在做绞花花型时,为了使得绞花花型的效果更加明显,通常要在花型左右两边加几列反针。

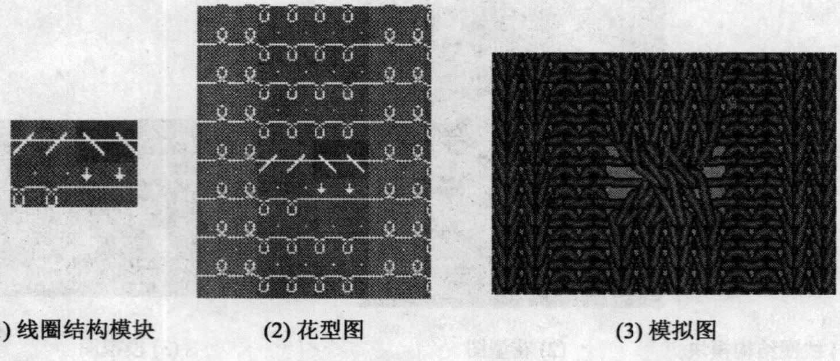

(1) 线圈结构模块　(2) 花型图　(3) 模拟图

图7－57　绞花花型的画法

四、阿兰花

图 7－58 为阿兰花花型的画法。在做阿兰花花型时，花型开始和结束时分别使用“开始模块”和“结束模块”，以便编织顺利进行。为了使菱

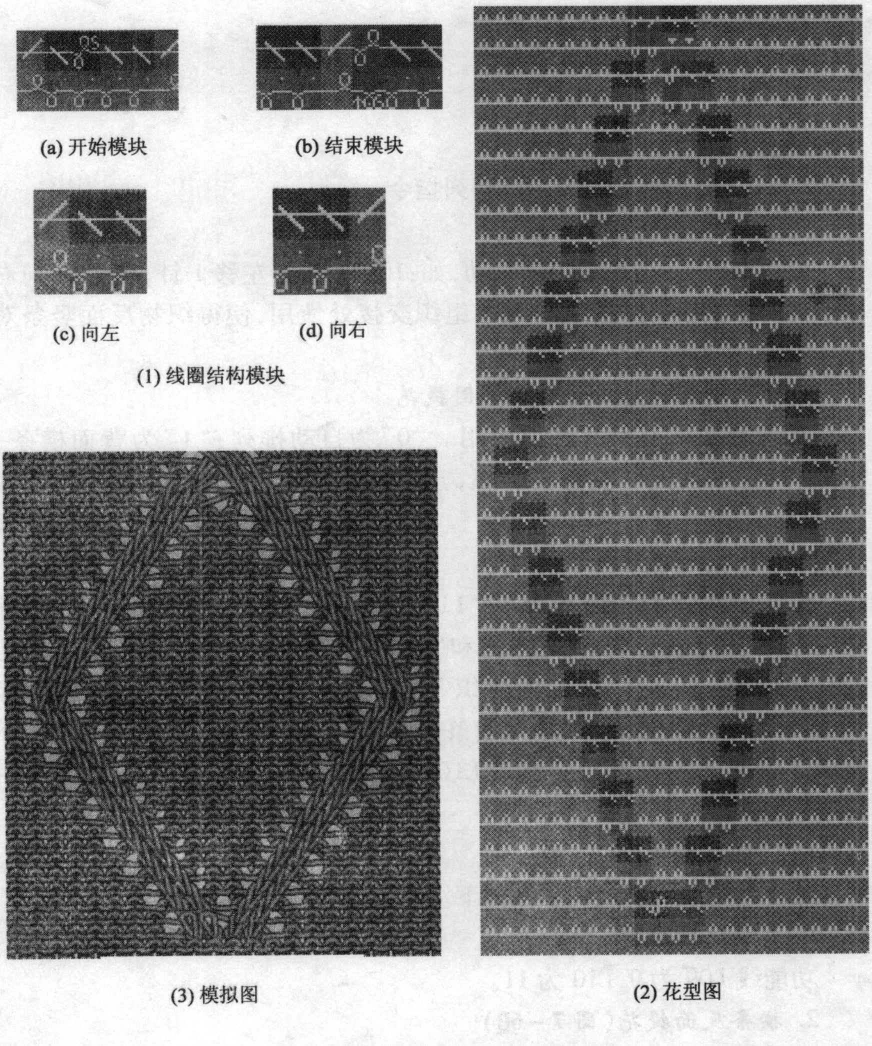

(a) 开始模块　(b) 结束模块

(c) 向左　(d) 向右

(1) 线圈结构模块

(2) 花型图

(3) 模拟图

图 7－58　阿兰花花型的画法

形块上下接口处结合更加紧密,阿兰花的上、下面接口处也可以加入相应的绞花模块。

第四节　色彩花型设计

色彩花型设计主要包括提花花型和嵌花花型。

一、提花组织

(一)与提花组织对应的控制列指令

1. L07 变换提花梯形加圈

提花背面 1×1 组织横向移动,如:101 表示向左移 1 针,11 表示向右移 1 针。一般在下摆罗纹与大身组织交接处使用,使得织物反面竖条对位一致。

2. L09 输入凹凸组织梯形加圈提花

此功能必须与 L10 共同使用。"0"为自动排列;"1"为背面横条;"2"~"10"为背面芝麻点组织,选针方式为 $1\times(n-1)$,令"2"~"10"为 n。

3. L10 输入梯形加圈

提花组织背面出针方式。"11"为单面浮线提花,使用此功能时 L09 为 0。其次,分"管状罗纹"和"前－后织"两种,"管状罗纹"就是空气层反面提花组织,"前－后织"是指不管正面花型为何种图案,背面都按某一规律选针编织,如横条反面和芝麻点反面等。它们又可分为满针编织和隔针编织方式。L10 与 L9 共同使用,详细可参照第一节五、命令行。

(二)提花组织画法举例

几种常用的提花组织举例如下。

1. 单面浮线提花(图 7－59)

功能线 L09 为 0,L10 为 11。

2. 横条反面提花(图 7－60)

功能线 L09 为 1,L10 为 101(前－后织,全出针)。

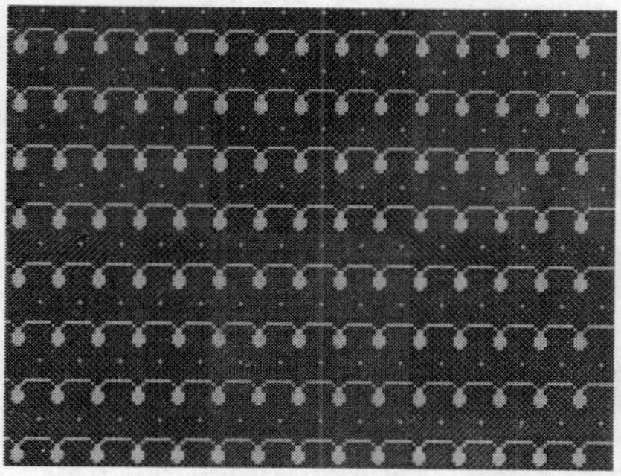

(1) 花型图

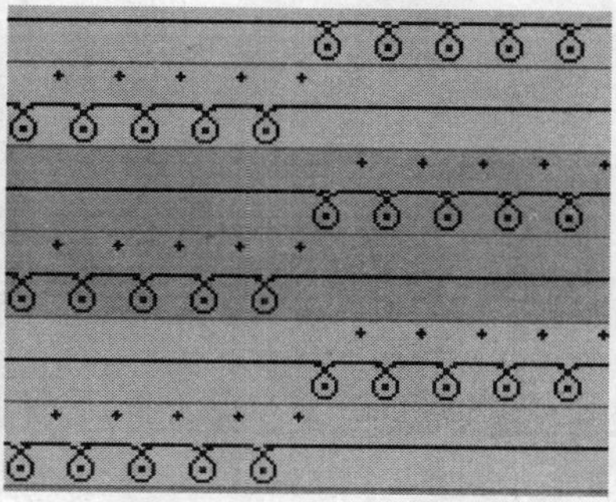

(2) Test图

图 7-59 单面浮线提花

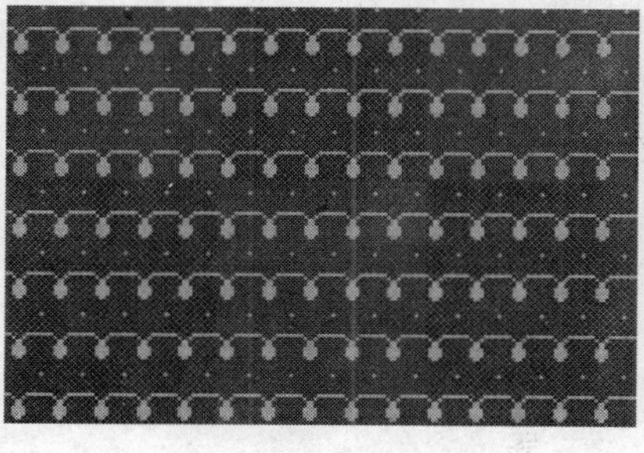

(1) 花型图

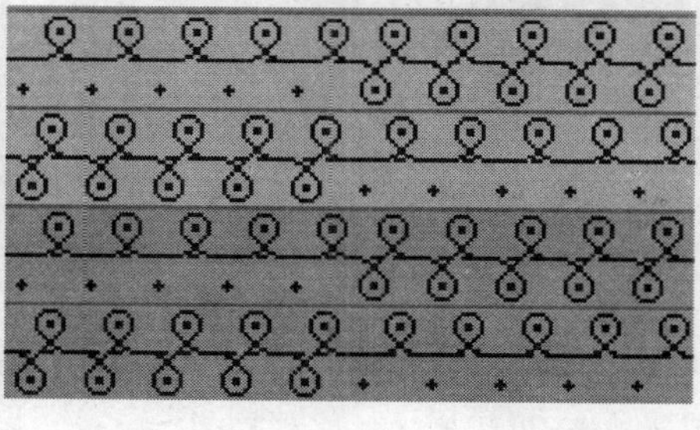

(2) Test图

图 7-60 横条反面提花

3. 芝麻点反面提花(图 7-61)

功能线 L09 为 2,L10 为 101(前-后织,全出针)。

4. 空气层反面提花(图 7-62)

功能线 L09 为 1,L10 为 1(管状罗纹,全出针)。

5. 1×2 空气层反面提花(图 7-63)

功能线 L09 为 1,L10 为 3(管状罗纹,1 隔 2 出针)。

花型绘制完后,点击"应用"处理花型。

(1) 花型图

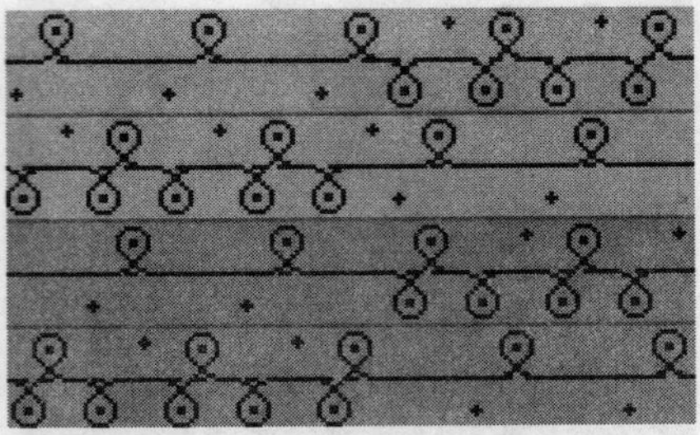

(2) Test图

图 7－61　芝麻点反面

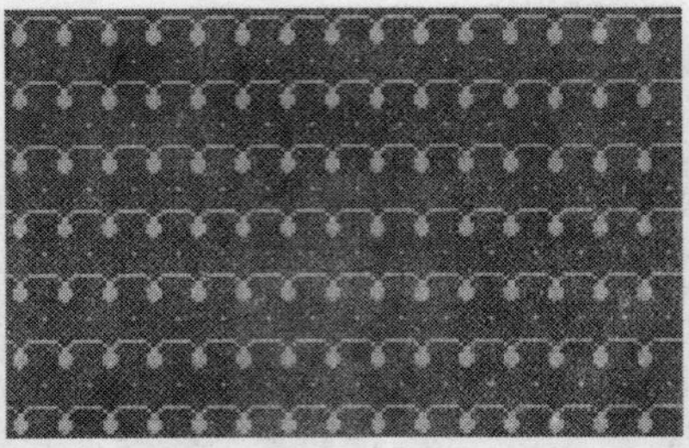

(1) 花型图

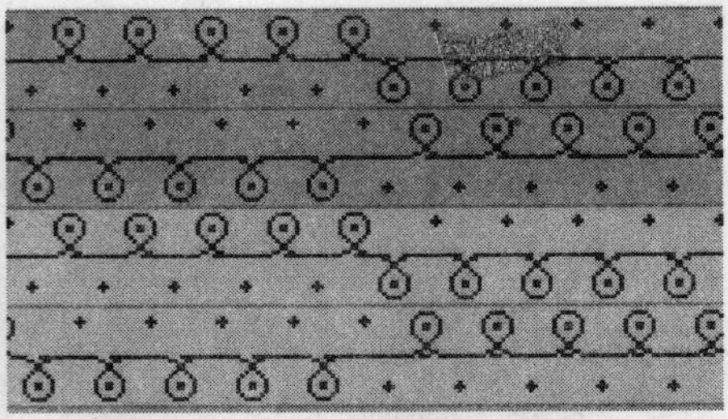

(2) Test图

图 7－62　空气层反面

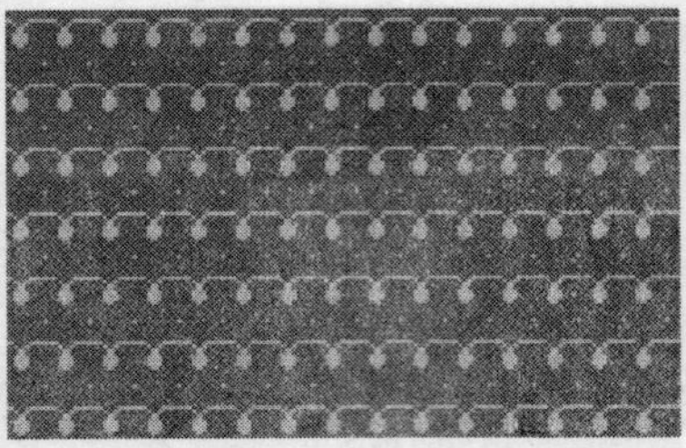

(1) 花型图

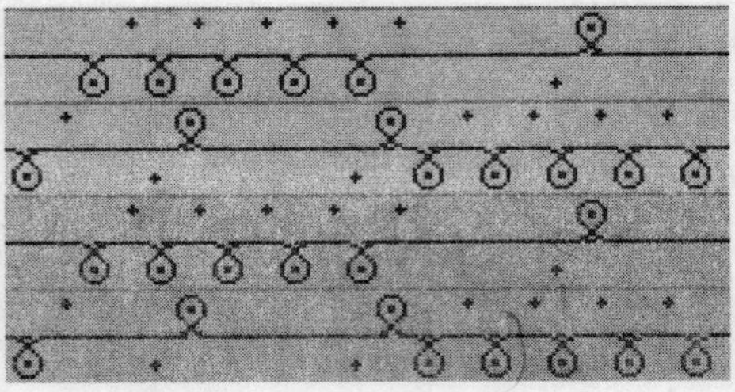

(2) Test图

图 7－63　1×2 空气层反面

二、嵌花组织

嵌花图案的绘制相对比较简单，只需选择不同的导纱器颜色在花型区将所要编织的图案绘制出来，如图 7－64 所示。

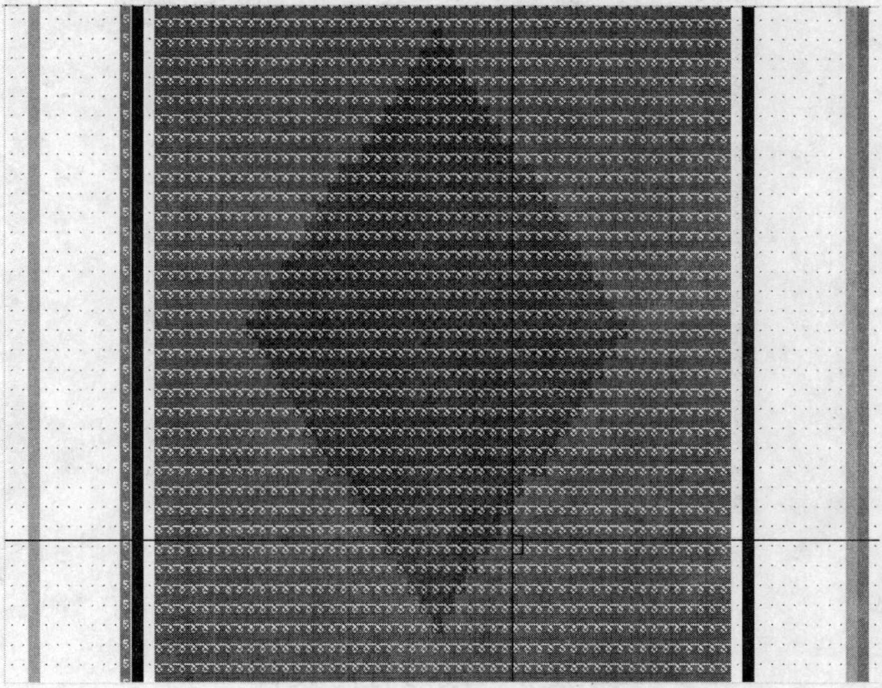

图 7－64 嵌花图案的绘制

图案绘制完后，做嵌花花型处理。首先需要创建嵌花区域，选择嵌花区域（图 7－65），之后，再选择“过程/创建嵌花区域”，出现如图 7－21 所示窗口，选择嵌花初始方向后，点击确认。此时 R23 出现嵌花区段显示色码。

创建完嵌花区域后，可点击“应用”处理花型。

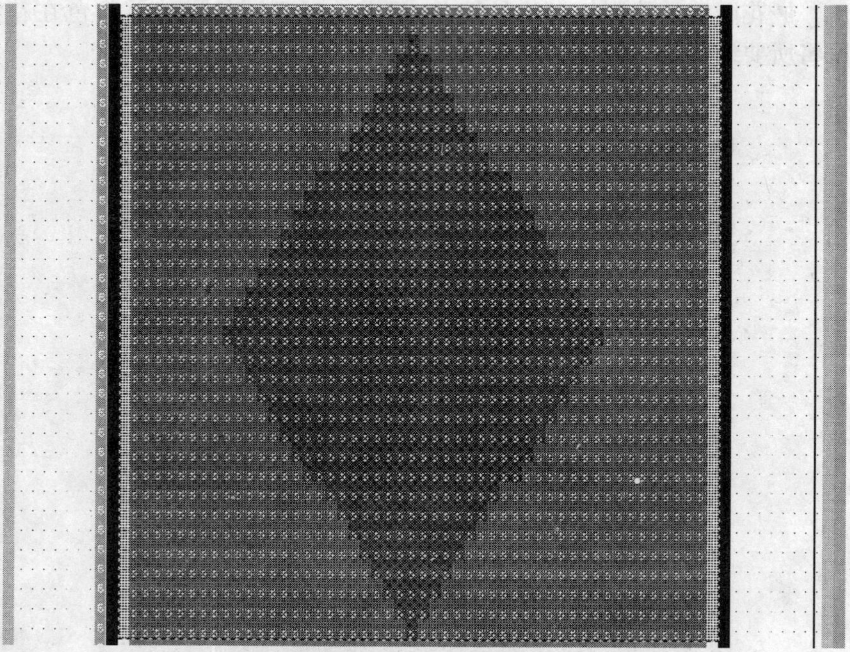

图 7－65 创建嵌花区域

第五节 成形程序设计

在 Logica 程序设计系统中，做成形编织时可以通过调用成形模板来形成相应的成形样板，包括相应的收放针工艺，在此程序设计系统中被称为"成型"。设计系统已经为客户储存了一些通用的成形模板，可供用户使用，但大多数情况下，需要用户自己根据所要编织的衣片大小、织物密度和收、放针要求等情况，自行建立相应的成形模板。

一、成形编辑界面及其主要功能

做成形模板就是用户根据自己所要编织衣片的尺寸大小和所计算的

收、放针工艺编写程序，形成相应的衣片模板，该模板与花型程序复合后就形成了相应的成形编织程序。

做成形模板首先点击“工具列应用程序”中按钮，选择“成型”，弹出相应的成形编辑窗口，如图 7－66 所示。

1. 菜单栏

主要包括文件、编辑、可视化，其使用与通常的应用程序一样。

2. 工具栏按钮

各图标的作用见下表。

成形工具栏按钮

图　标	功　　能
	打开文件
	打开文件（程序自带的形状图库文件）
	储存文件
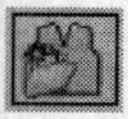	新增图样
	将成形模板应用到花型上

3. 预览窗口

所输入衣片形状的缩略图。

4. 信息窗口

显示衣片各部段的针数和行数。

5. 成形工艺输入

输入衣片工艺。

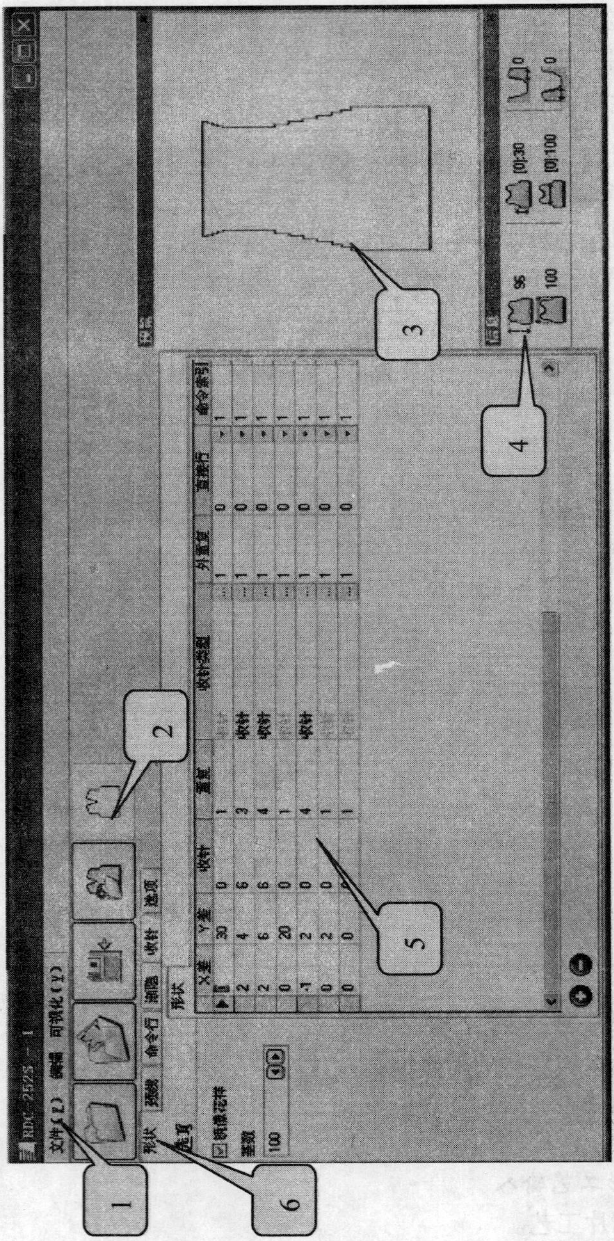

图 7-66 成形编辑窗口

6. 成形指令按钮

成形指令按钮和工艺输入是衣片模型制作的主要部分。包括形状、颈线、命令行、渐隐、收针和选项。

(1)形状。“形状”指输入衣片的基本模型单元,如图 7 - 67 所示。

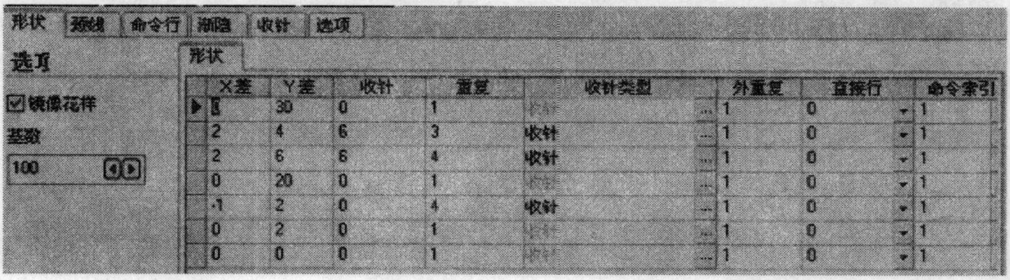

图 7 - 67　“形状”编辑

①镜像花样:衣片左、右对称时,选择镜像花样,只需输入左侧工艺;衣片左、右不对称时,不选择此项,输入工艺时分别输入左侧和右侧收、放针工艺。

②基数:起始针数。

③X 差:表示列的变化,“ - ”表示向左的趋势,“ + ”表示向右的趋势。一次收针超过 4 针时,自动变成拷针。

④Y 差:表示行的高度。

⑤收针:表示收、放针时边缘的针数,即收、放针辫子。

⑥重复:循环前面的操作,一般为收针或加针次数。

⑦收针类型:用于说明编织状态。

⑧外重复:循环前面的编织方式,也可看成是大循环,若两种收针方式组合循环,在此处输入的循环数字需一致。

⑨直接行: 0—正常加针、收针使用;1—弧线加针、收针使用;2—这一段加针、收针不工作。

此外,还有命令索引用来设定功能线号码,以及渐隐、导纱器等功能设定。

(2) 颈线。“颈线”输入开领形状,如图 7 - 68 所示。

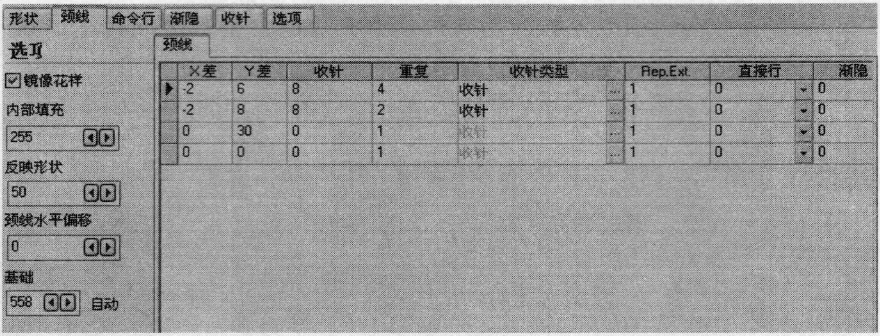

图 7－68 “颈线”编辑

“颈线”输入时，除了以下几点特殊的功能外，其他与“形状”相同。

①内部填充：指开领处空位填入的颜色，一般使用 255 号色。

②反映形状：开领处初始针数（根据此处设定的针数可确定是 V 领还是圆领）。

③颈线水平偏移：开领处距衣片中心的针数，正值向右偏，负值向左偏。

④基础：开领位置距离成形模板底部的行数。

（3）命令行：设定功能线的索引号，一般不需在此设置。

（4）渐隐：可设定边缘组织，在渐隐窗口绘制边缘组织后，在“形状/渐隐”中设置索引号。

（5）选项：可以对成形模板所用导纱器、衣片边缘几枚针不参与工作、收针和花型翻针进行设定。

二、成形模板制作实例

以下面的成形工艺为例，说明模型制作过程：起针 200 针；平摇 60 行；3 行收 2 针收 10 次，两边对称；平摇 30 行；2 行加 1 针共加 4 次，结束。

1. 基本模型

（1）首先输入起始针数，在“基数”内输入 200 针。模型对称，激活“镜像花样”。

(2)进行工艺输入。在编辑行内按工艺输入,先平摇 60 行,在“X 差”处输入“0”,在“Y 差”处输入“60”;在下一行进行 3 行收 2 针收 10 次的收针输入,则在“X 差”输入“2”,在“Y 差”输入“3”,“收针”处输入“6”表示边缘同时有 6 针向里移圈,即有 6 条收针辫子。“重复”输入“10”表示收 10 次;之后,在下一行“X 差”输入“0”,“Y 差”输入“30”,表示平摇 30 行;再进行 2 行加 1 针共加 4 次的输入,则在“X 差”下输入“ -1”,“Y 差”下输入“2”,“重复”输入“4”,如图 7 - 69 所示。

2. 开 V 领模型的制作

V 领工艺如下:开领针数为 4 针,距底边 70 行;3 行收 2 针共收 10 次,同时移圈针数(收针辫子)为 4 针;4 行收 2 针共收 5 次,同时移圈针数(收针辫子)为 4 针;平摇 4 行,结束。

输入 V 领工艺时,首先需要做基本模型,做完基本模型后,选择“颈线”,出现 V 领编辑窗口。

(1)模型对称,则激活“镜像花样”,“内部填充”输入“255”,“反映形状”输入“4”表示开领针数,“基础”输入“70”表示距底边 70 行。

(2)颈线编辑窗口输入 V 领工艺。先输“3 行收 2 针共收 10 次,同时收针数为 4 针”,“X 差”输入“ -2”,“Y 差”输入“3”,“重复”输入“10”,“收针”输入“4”;“X 差”输入“ -2”,“Y 差”输入“4”,“重复”输入“5”,“收针”输入“4”,则为 4 行收 2 针共收 5 次;平摇 4 行在“X 差”输入“0”,“Y 差”输入“4”,如图 7 - 70 所示。

做好的模型要点击“存盘”按钮存盘,用时可随时调用。

三、成形花型程序编制的一般流程

成形花型程序包括花型和模型两部分,然后通过工艺编辑处理生成。模型的调用可分两种情况,一种是模型可以在做花型之前调用,另一种是可以在做完花型之后制作和调用。

以第一种情况为例:

(1)模型做完后,保存到硬盘下。

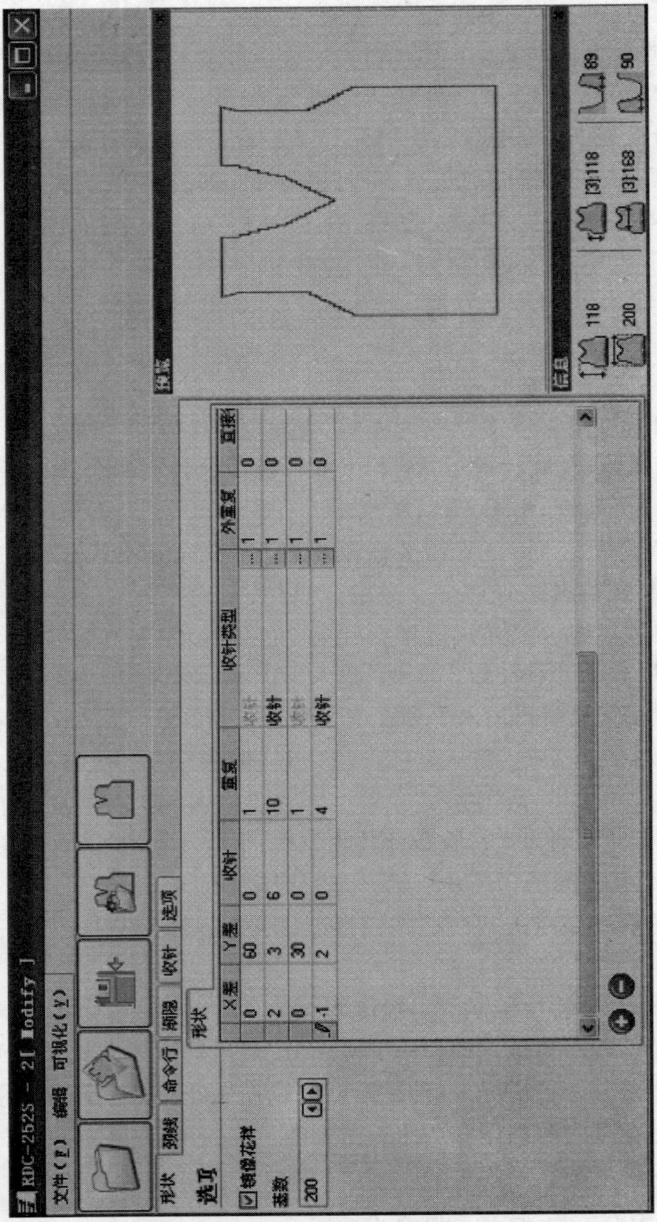

图 7-69 成形模型输入

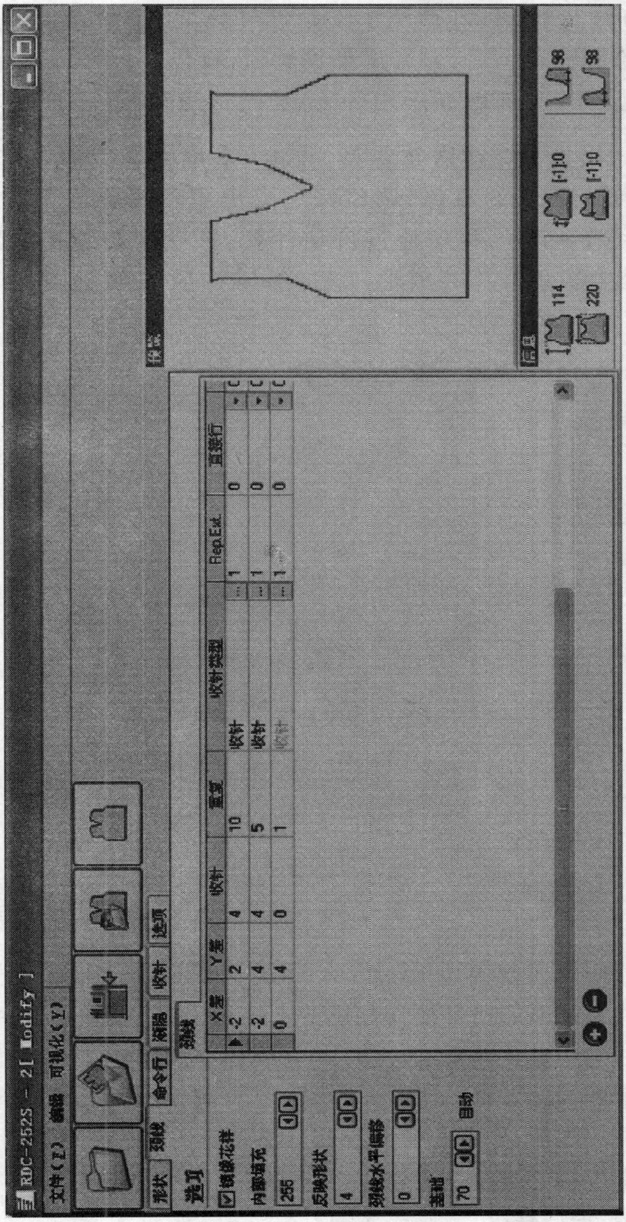

图 7-70 开领操作

(2)新建花型(注:花型尺寸必须大于模型的尺寸),绘制花型。

(3)绘制完花型后,打开成形编辑窗口(图 7－66),调出已存的模型,然后选择,将模型应用在花型上,如果是结构花型,直接点击"应用";如果是提花或嵌花花型,点击"应用提花或嵌花"。此时,可以调整模型与花型的对位,调整好后点击主程序界面"属性"窗口中"应用"(图 7－71),程序通过自动计算,将模型外的花型部分删除,同时加入边缘组织及其成形工艺,形成相应的成形图,如图 7－72 所示。

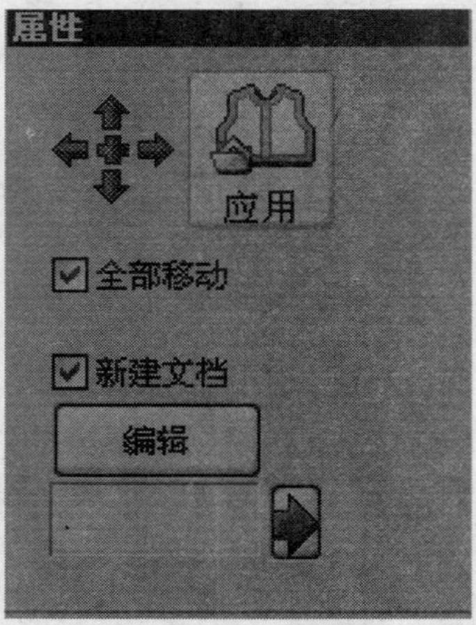

图 7－71　模型应用

当一次收针数较多,如超过 3 针(用户可以自定)时,可以设计程序进行拷针操作。此时的拷针操作如图 7－73 所示,它是从织物的边缘通过将需要减去的织针 2 针 2 针地边织边移圈的方式逐渐收去,从而在织物边缘形成光滑的锁边效果。拷针方式也可选择其他的形式。

模型调用之后,如果收针等没有什么问题,进行花型处理,检验花型和织物模拟图;如检验成形花型无误,这时根据需要修改密度、牵拉、机速等工艺参数,最后存盘。

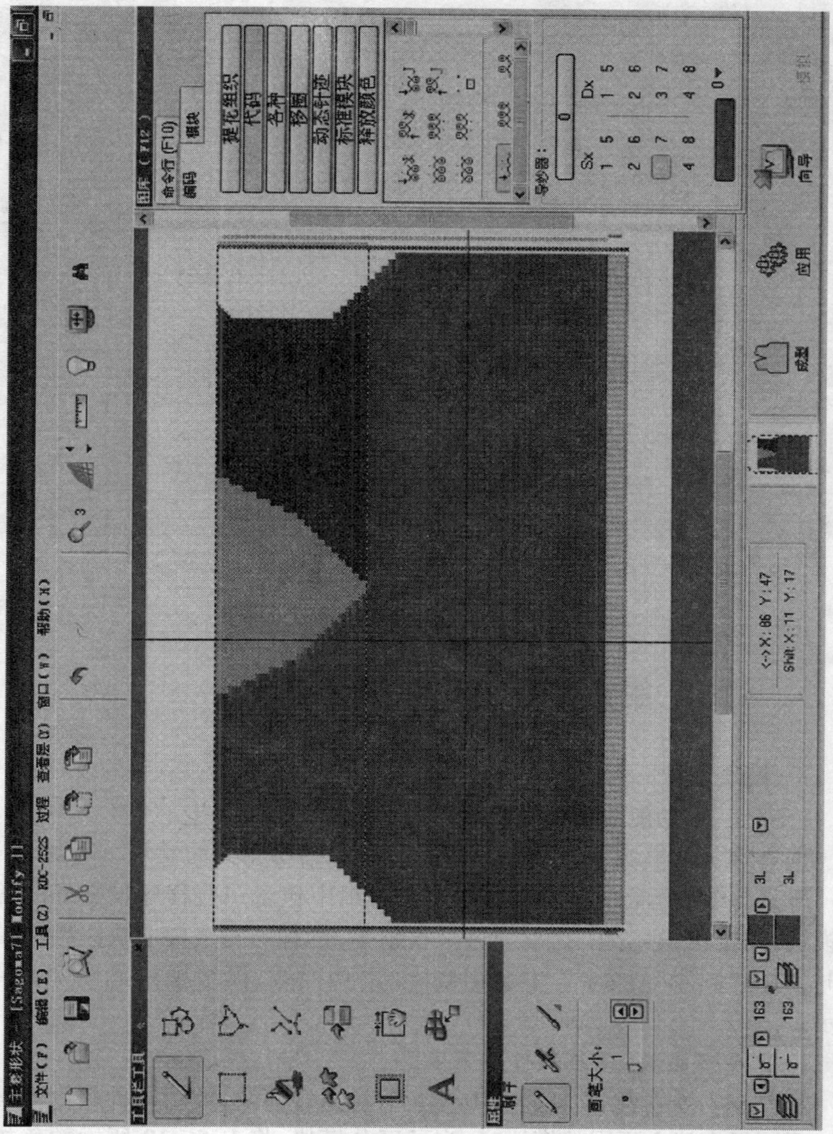
文件(F)
编辑(E)
工具(Z)
帮助(H)
工具栏工具
画笔大小:
提花组织
代码
移圈
动态针迹
标准模块
释放颜色
导纱器:
成型
应用
向导

图 7-72　成形图

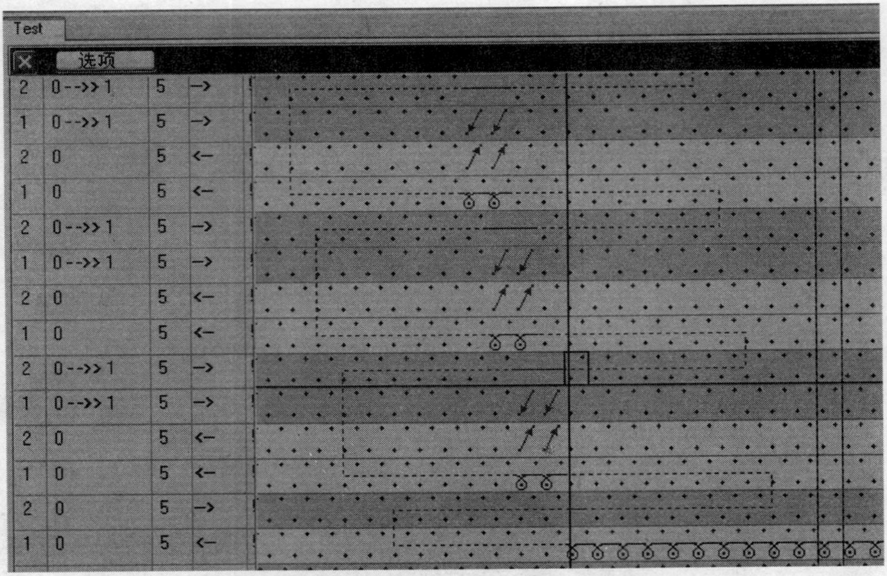

图 7－73　拷针工艺图

第六节　特殊组织程序设计

一、模块设计

(一) 上、下功能线与模组功能

选择“图库/模块”，“结构”一般是与组织结构相关的模块，“导纱器”中一般是与纱嘴运行方向相关的模块。模组中包含一些程序设定好的常用模块，如绞花、阿兰花、拷针、收针、收领等，也有一些空白模块。编辑模块时，对应“图库/命令行”中会出现上、下功能线，模组模式如图 7－74 所示。

1. 上层功能线(上第二行)

用 1～12 号色表示。1、…、10 号色表示适合模块，即用同种颜色代码通过不同组合建立不同的模块时，为了区分模块，将 1、…、10 所示颜色放于顶端第二行，其宽度同模块的宽度，通常使用 1 号色和 2 号色，如绞花、

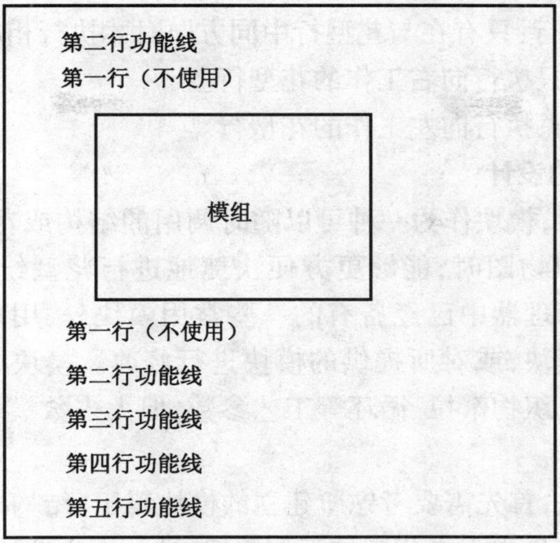

图 7-74 模组模式

阿兰花模块。

11 和 12 号色表示断开行，用它们规定的模块和宽度无关，模块的行可以分开，上、下连接，如拷针模块，其中 11 号色表示向右，12 号色表示向左。当使用 11 号色和 12 号色时，功能线 R40 一定要使用 1 号色。

2. 下层功能线

(1)下第二行：用于指示模块参考色如何在花型中水平循环展开的。

① 1 号色：自开始参考色起从左侧开始循环展开。

② 3 号色：自结束参考色起从右侧开始循环展开。

③ 2 号色：自使用参考色的区域的右侧向左侧开始重复。

④ 4 号色：自使用参考色的区域的右侧向左侧开始重复（背面阶梯提花）。

(2)下第三行：用于指示模块的基准色，可选用 113～124 号色。

(3)下第四行。

① 1 号色：当翻针摇床太多时若有正反针，先把能翻的针全部翻到同一针床上，再执行翻针摇床。

② 11 号色：设置额外模块，如可用来建立嵌花连接，在花型两种颜色

交接处额外搭出一针，使两种颜色区域连接。

(4)下第五行：只有在与花型行中同方向时才执行相应模块。

① 1 号色：只执行向右工作的花型行。

② 2 号色：只执行向左工作的花型行。

(二)模块的设计

绘制花型时，模块作为一种可以随时调用的结构或花型单元，用户在绘制工艺图和织物图时，能够更方便快捷地进行花型绘制，减少重复劳动。除了模块管理器中已经备有的一些常用模块外，用户也可以根据需要建立自己的模块，或对所提供的模块进行修改。模块中可以包含线圈长度、机头速度、织物牵拉、循环等工艺参数，但大多数模块只包括编织的结构和组织。

建立新模块，首先需要考虑所建立的模块属于“结构模块”还是“导纱器循环”，判断好后再点击相应的工作按钮，进入模块设计页面。

1. 结构模块举例

“图库/模块/结构”，右键点击“Empty”，在其下拉菜单中选择“修改”，输入模块的宽度和高度，确定后进入模块绘制窗口。此时，可以在此窗口中用编织符号和所选用的颜色绘制该模块的编织图。自制模块颜色代号可使用“编码”中“释放颜色”里的所有颜色。新模块绘制好后，退出保存。此时，模块就和其他标准模块一样，可以在绘图中使用了。

2. 导纱器循环模块

嵌花不同区域之间集圈连接。图 7 – 75(1)为导纱器循环中建立的模块，图 7 – 75(2)为将模块应用在花型中的编织状况。

二、楔形编织

在进行楔形编织程序设计时，要特别注意导纱器的运行方向，保证纱线在不起针处不会出现过长的浮线，同时保证导纱器带出和进入的方向一致。此外，也可利用选针方式编织两色楔形织物、楔形收肩等产品。电脑横机进行楔形收肩设计时，其方法如图 7 – 76 所示，机头运行方向从左进入。

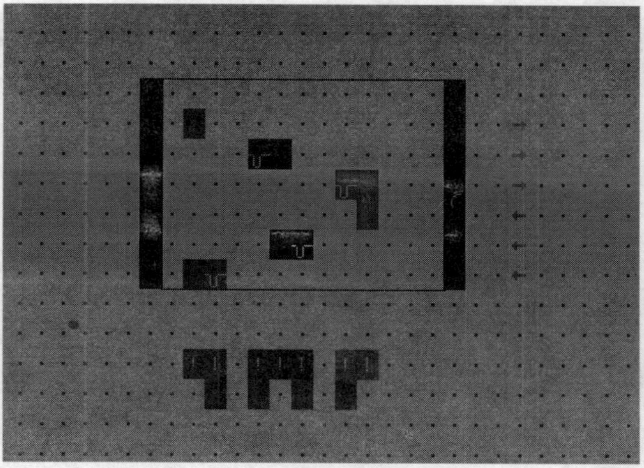

(1)

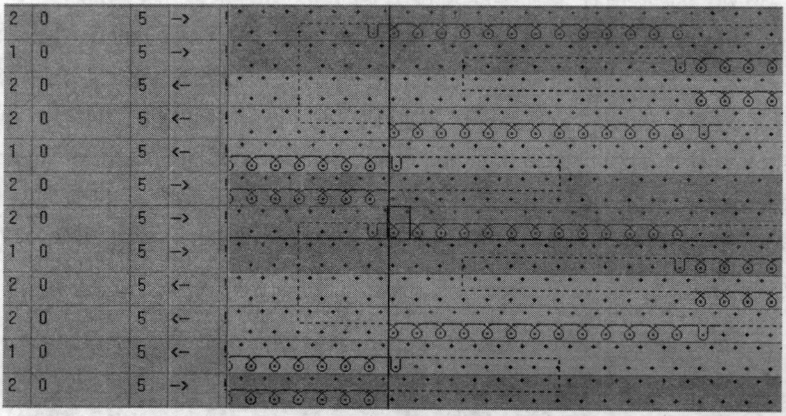

(b)

图 7－75　导纱器循环模块的建立与应用

三、凸条产品编织

当一个针床握持线圈，另一个针床连续编织若干横列时，就可以形成凸起的横条效应。常见的凸条产品有整列凸条、局部凸条产品，此外，还有斜向凸条、提花凸条产品等。

图 7－76　楔形收肩

整列凸条是指在整个编织宽度方向上形成凸条效应，如图 7－77(1) 所示。用电脑横机编织进行程序设计时，如图 7－77(2) 的花型图所示。在一个完全循环的凸条花型中，第 1 横列编织一行四平（色码 161），然后选择不带翻针的前针床编织符号（色码 73），连续在前针床编织 m 横列，后针床不参加编织且握持旧线圈，最后，由前后针床同时编织一个横列的四平。此时，由于在后针床只有两个横列的线圈，而前针床的横列数比后针床横列数多，在下机后，这 m 横列的线圈就会凸起，形成如图 7－77(1) 所示的凸条。

(1) 整列凸条花纹

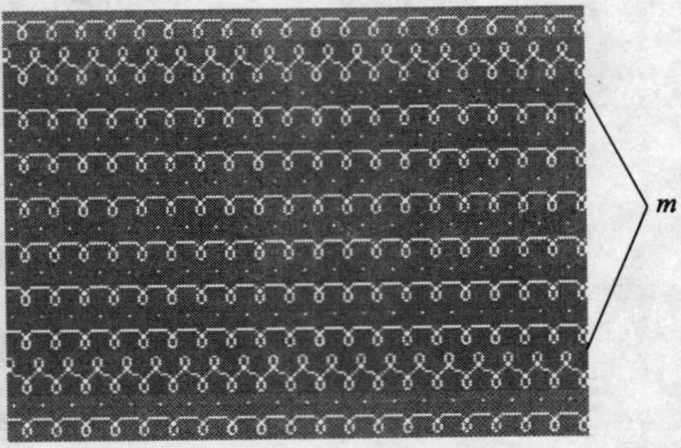

(2) 花型图

图 7－77　整列凸条

第八章　龙星电脑横机程序设计系统

龙星电脑横机程序设计系统是在 Windows 操作系统下运行，是一种色码式程序设计系统，即其所有的编织方式均由色码绘出，不同的色号就代表了不同的编织方式。龙星电脑横机花型设计系统除具有花型和程序的输入、输出及编辑等基本功能之外，主要还有以下几项功能：

绘图功能：通过绘图方式绘制花型图，形成所需要的织物结构。

功能条设置功能：可以设置密度、拉力、速度等基本的参数，以及应用功能条的设置可以编织提花、嵌花、开领等组织。

花型处理及检验：解译图形并将其转换成上机文件，之后通过查看纱嘴方向显示，检查是否有误等。

本章主要介绍龙星电脑横机程序设计系统的绘图功能。

第一节　龙星电脑横机程序设计系统的绘图功能

龙星电脑横机程序设计系统的绘图系统界面如图 8－1 所示，下面分别介绍其主要部分。

1. 菜单栏（图 8－2）

菜单栏包含有档案、编辑、工具列、视窗、选择等工具，它们的作用和界面左边的工具条具有一样的作用，可以新建图形文件或是打开已有文档，并对绘图区进行绘画、复制、粘贴等具体操作，从而得到预期的花型文件。

2. 工具条（图 8－3）

工具条分为两页，使用绘图工具，既可以用光标直接画图，又可以在花型中选择区域，进行区域操作，还可以对花型区域进行编辑。与各种绘

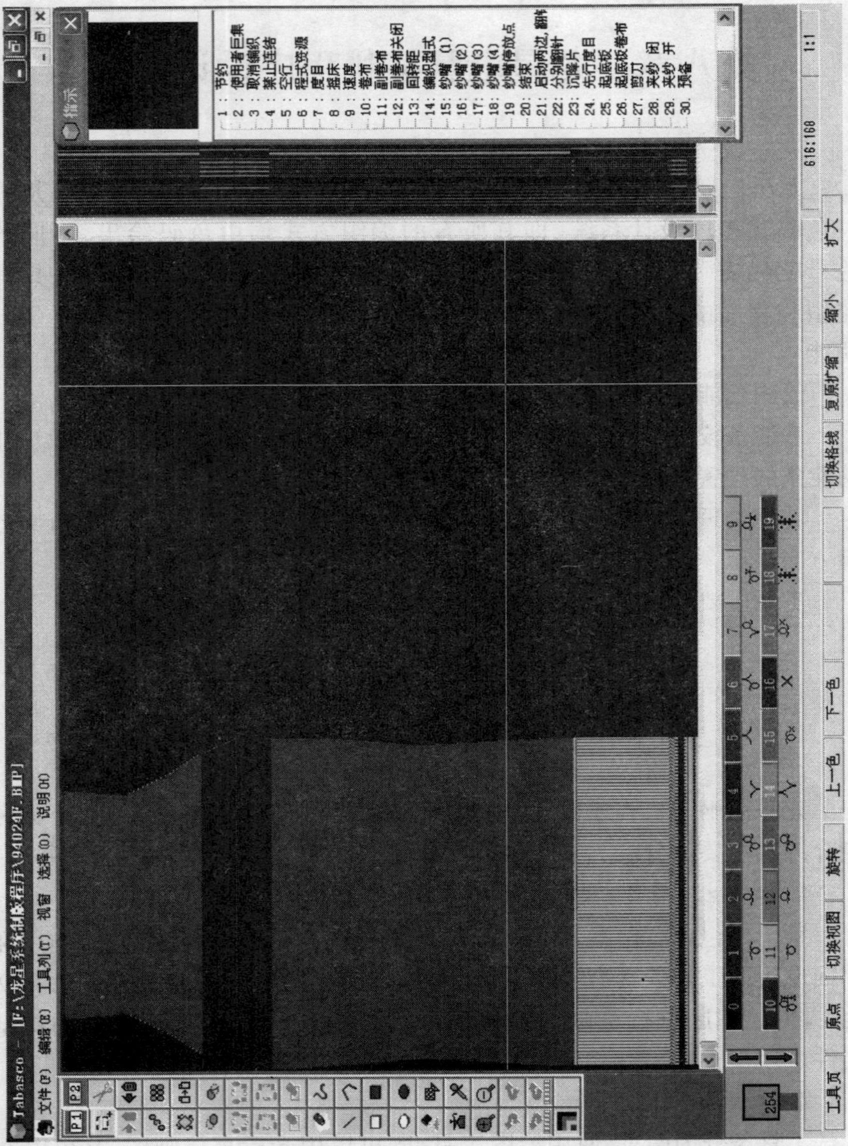

Tabasco - [F:\先显系统制版程序\94024F.BMP]
文件(F) 编辑(E) 工具列(T) 视窗 选择(O) 说明(H)
指示
1 节约
2 使用者巨集
3 取消编织
4 禁止连结
5 空行
6 程式设置
7 度目
8 摇床
9 速度
10 卷布
11 副卷布
12 副卷布关闭
13 回转距
14 编织型式
15 纱嘴 (1)
16 纱嘴 (2)
17 纱嘴 (3)
18 纱嘴 (4)
19 纱嘴停放点
20 结束
21 启动两边 翻针
22 分别翻针
23 沉降片
24 先行度目
25 起底板
26 起底板卷布
27 剪刀
28 夹纱 闭
29 夹纱 开
30 预备
工具页 原点 切换视图 旋转 上一色 下一色 切换格线 复原扩缩 缩小 扩大
616:168
1:1

图 8-1 绘图系统界面

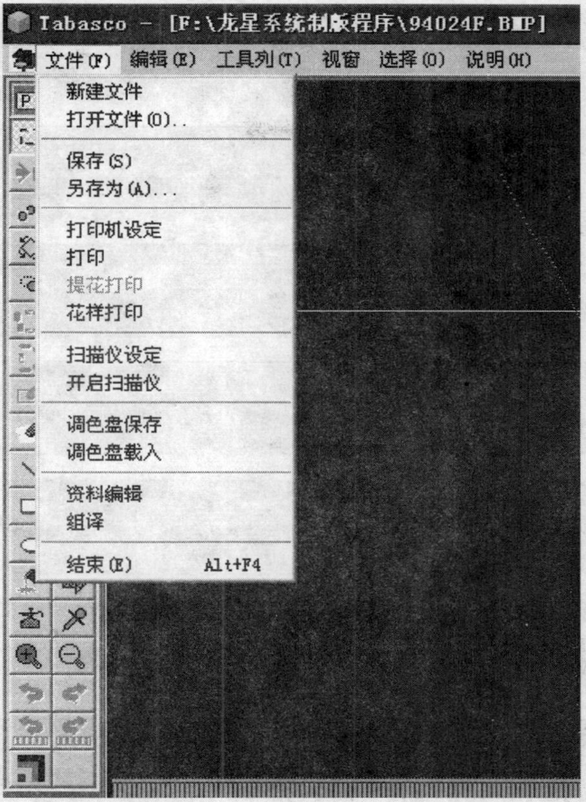

图 8-2 菜单栏

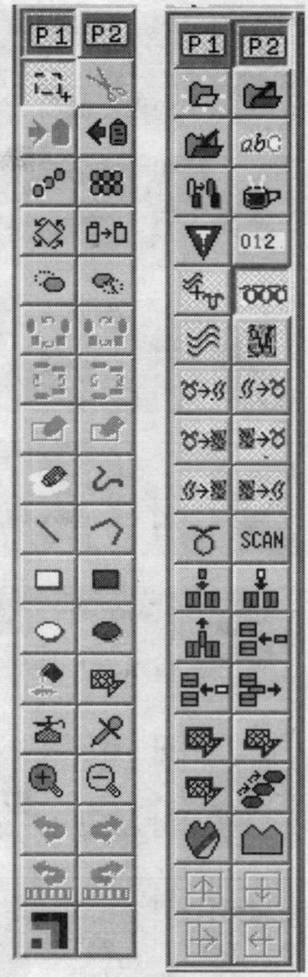

图 8-3 工具条

图软件一样，该系统也有一些实用的绘图工具，这些工具可以通过直接点击相应的按钮来激活，包括画笔、画线、画空心或实心矩形、画空心或实心圆形、画空心或实心多边形等图标。为了方便操作，也可以通过选择图形中的一个部分或全部图形进行区域操作，对所选区域可进行拷贝、保护区域、翻转拷贝、连续拷贝等操作。

3. 色码表(图 8-4)

不同的色码代表不同的编织动作，通过不同编织动作的配合，可以形成不同的花型组织。通过色码的编织符号，可以很容易明白它所代表的编织动作，便于绘图，120 以后的色码用于自定义动作。如不同的挑孔色

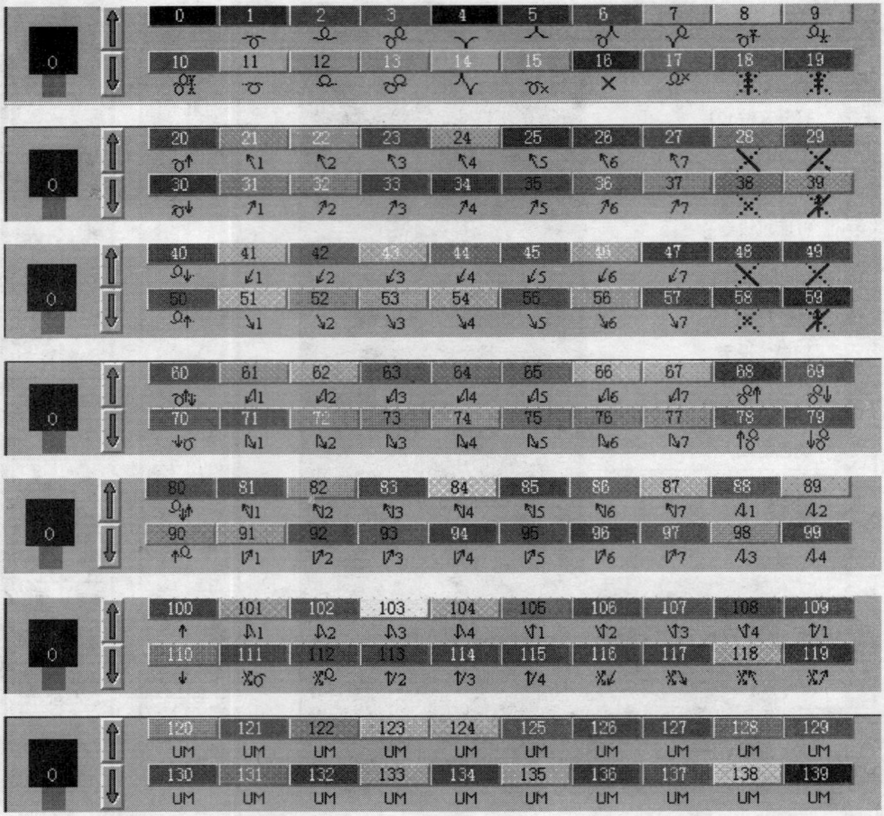

图 8－4　色码表

码的组合可以形成各种不同的图案组织（图 8－5），上下索股的配合可以形成不同的绞花（图 8－6）。

4. 功能条（图 8－7）

可以根据“指示”在功能条中填写相应的数值，控制绘图区的编织行为，如：节约，即重复编织相应的行数；取消编织，对于既有编织又有翻针动作的色码，可以取消编织动作；禁止连结，对于可以自动翻针的色码如 1、2、3，使其不执行自动翻针；编织形式，可以右键选择嵌花、提花、V 领等，使绘图区编织相应的组织。

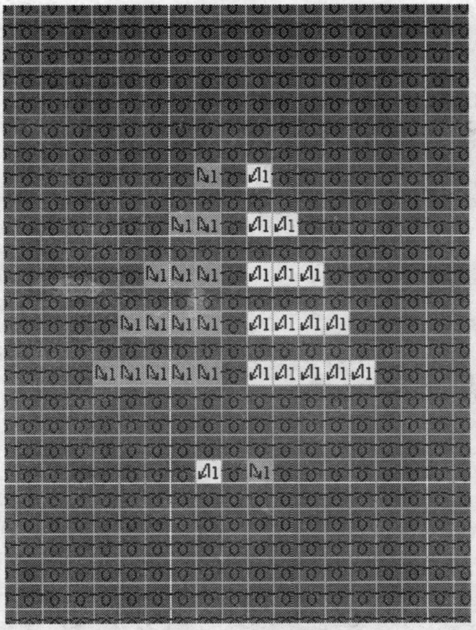

图 8-5　挑孔图

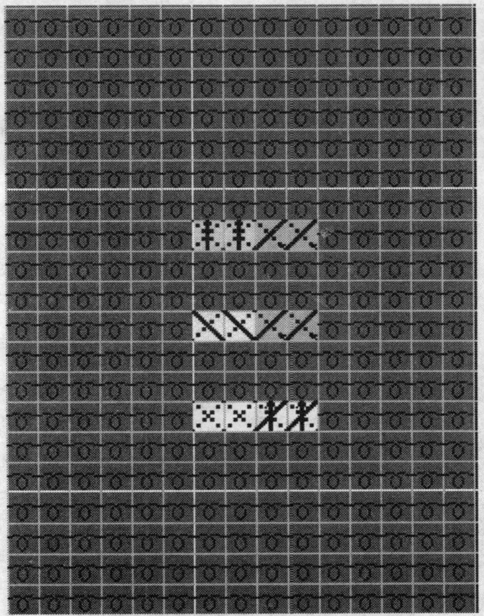

图 8-6　绞花图

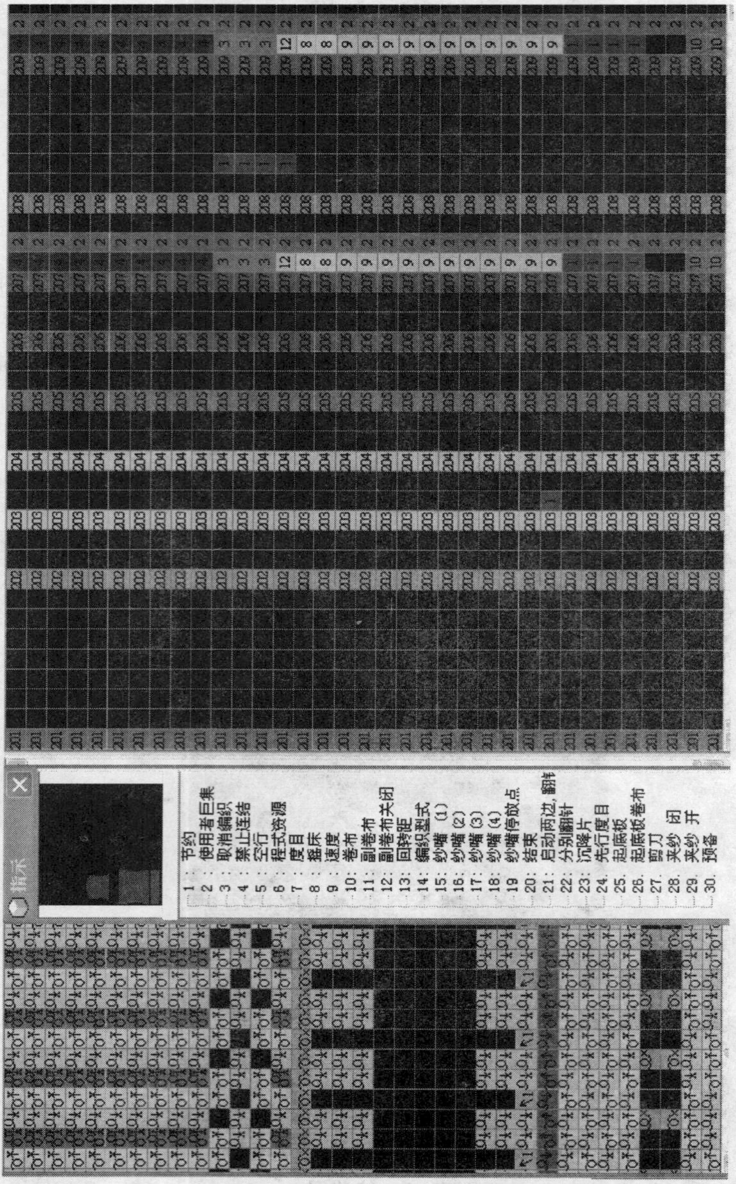
指示
1: 节约
2: 使用者巨集
3: 取消编织
4: 禁止连结
5: 空行
6: 程式资源
7: 度目
8: 摇床
9: 速度
10: 卷布
11: 副卷布
12: 副卷布关闭
13: 回转距
14: 编织型式
15: 纱嘴 (1)
16: 纱嘴 (2)
17: 纱嘴 (3)
18: 纱嘴 (4)
19: 纱嘴停放点
20: 结束
21: 启动两边，翻转
22: 分别翻针
23: 沉降片
24: 先行度目
25: 起底板
26: 起底板卷布
27: 剪刀
28: 夹纱 闭
29: 夹纱 开
30: 预备

图 8－7 功能条

第二节　绘图步骤

新建文件后会出现一个空白的画布，分为两种起底绘制方式，一种是使用起底板功能的绘制方式；另一种是不使用起底板，通过编织一段废纱，实现牵拉起底功能。在绘图区的起始位置先绘制起底及罗纹，而后绘制大身和废纱封口（用于之后的套口或锁边）。

一、起底绘制

1. 起底板牵拉起底

起底板牵拉起底编织符号如图 8－8 所示。

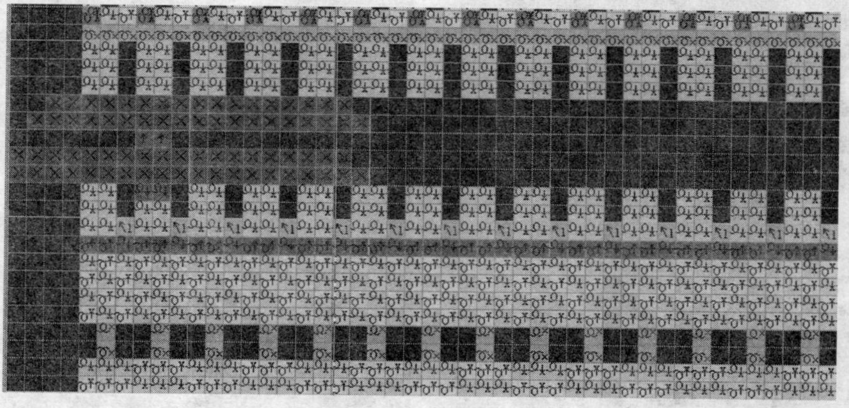

图 8－8　起底板牵拉起底

2. 空转起底

空转起底编织符号如图 8－9 所示。

3. 1×1 罗纹起底

1×1 罗纹起底编织符号如图 8－10 所示。

4. 2×2 罗纹起底

2×2 罗纹起底编织符号如图 8－11 所示。

5. 2×1 罗纹起底

2×1 罗纹起底编织符号如图 8－12 所示。

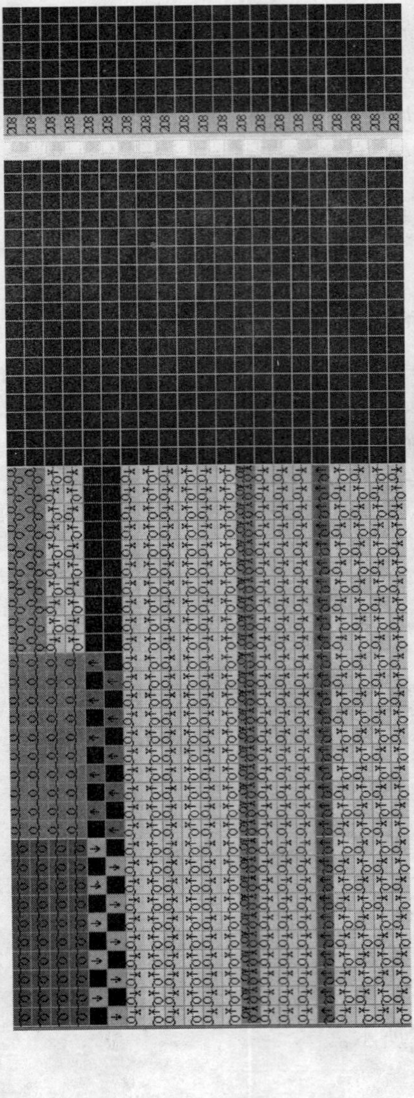

图8－9 空转起底

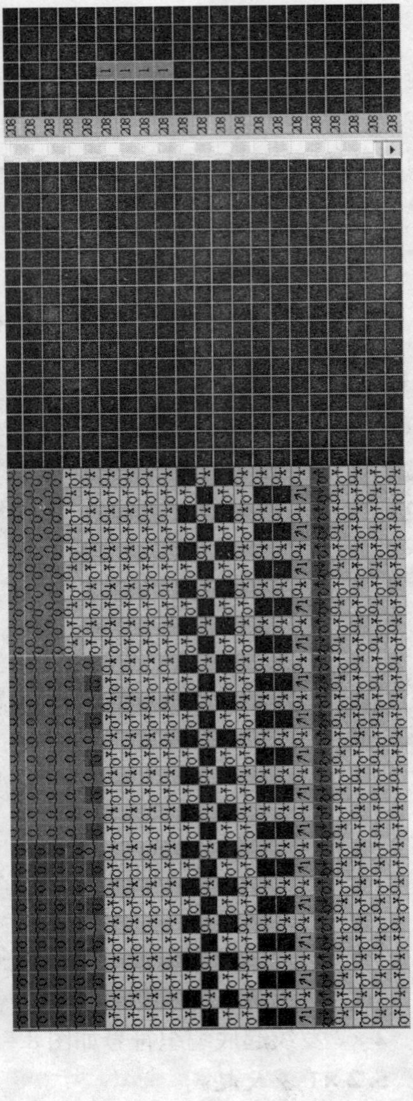

图8－10 1×1 罗纹起底

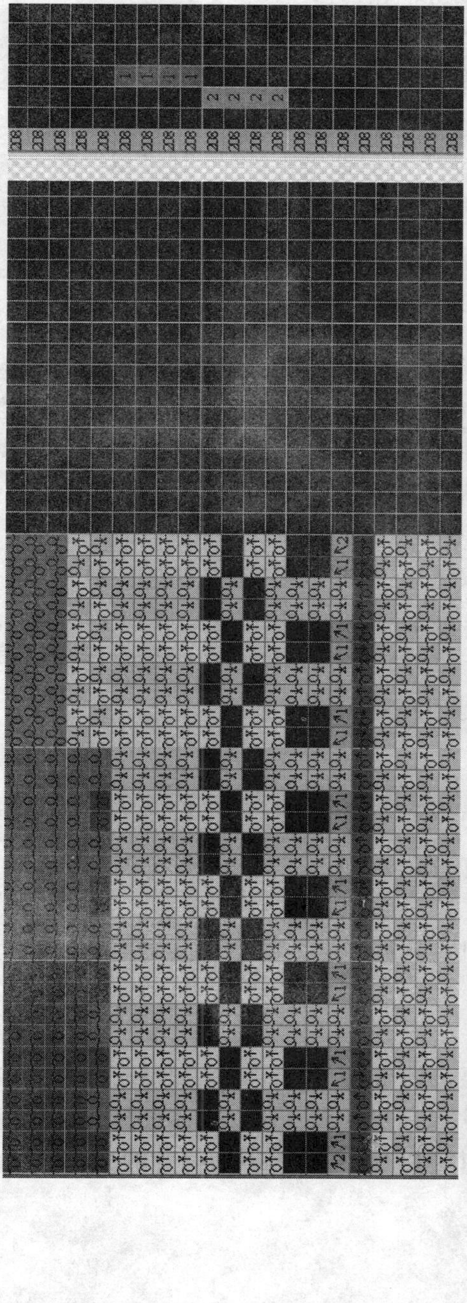

图8-11　2×2罗纹起底

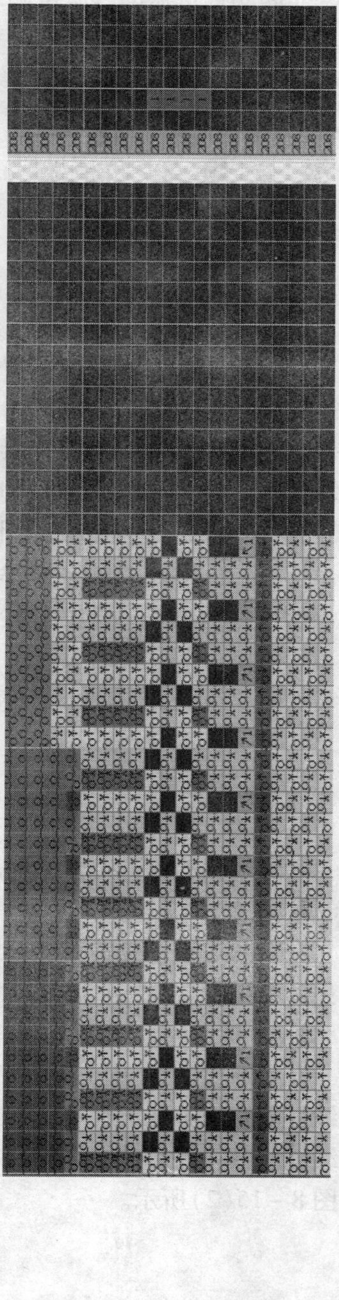

图8-12　2×1罗纹起底

非起底板机器的起底可归结为以下几点。

(1)废纱起底:用8、9号色码交替编织,使用编织区域所有的针。

(2)前后板相互翻针,将线圈设置在自己将要编织的罗纹对应的针上。

(3)编织一小段废纱单面,便于下机后抽去废纱(同时将相邻的不参与编织废纱单面的针上的线圈移除)。

(4)罗纹起底。

(5)罗纹空转。

(6)罗纹编织。

(7)罗纹与大身交接处:罗纹如果接前板或后板单面(除空转罗纹用强制性翻针100、110号色码外),则将无连接作用(即不能自动翻针)的10、9、8号色码用相应的有连接作用(即能自动翻针)的3、2、1号色码替代编织,则可以自行翻成单面。如果罗纹接四平,则用8、9号色码交替编织一转,这样可以避免交接处有孔洞出现。

(8)摇床208功能条的填写很重要:主要是第二列(摇过针数)、第三列(起针对位)的准确填写。注意:第二列的填写从罗纹起底到空转结束,第三列的填写从空转结束行的上一行到罗纹结束(不包括带自动翻针色码编织的罗纹行,即有3、2、1色码的行),参见2×2罗纹。

二、大身绘制

1. 收针

利用相应的收针符号绘图,如图8-13所示(以纬平针为例)。

2. 加针(图8-14)

左右两边最好是错行加针(机头从哪端过来则还在原来一端加针),避免加不上针。

3. 开领

在实际生产中,因为领子需要包领条,为了节约编织时间,一般用织废纱加落布的方法替代平收(拷针)。即将废纱带入,在需要拷针的位置连续编织数行而后落布,如图8-15(1)所示,也可以用拷针的方法开领,如图8-15(2)所示。

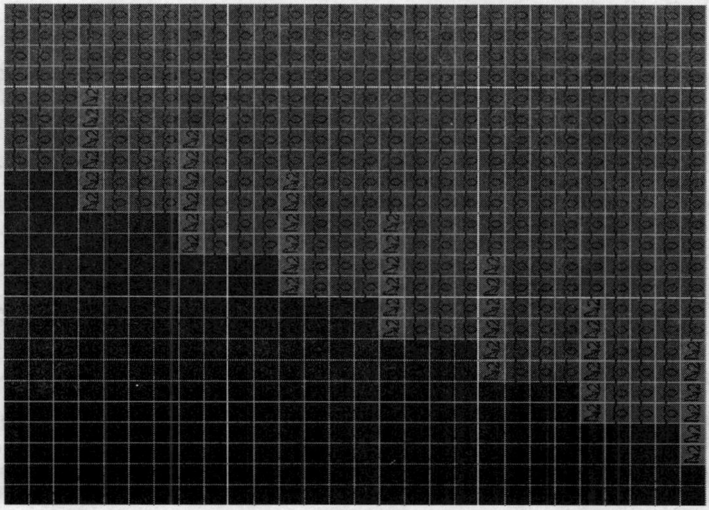

(1) 暗收针

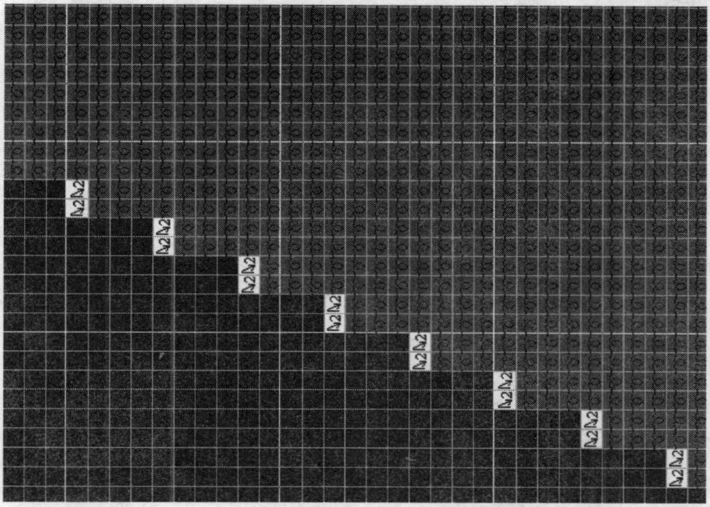

(2) 明收针

图 8－13　收针

图 8 – 14 加针

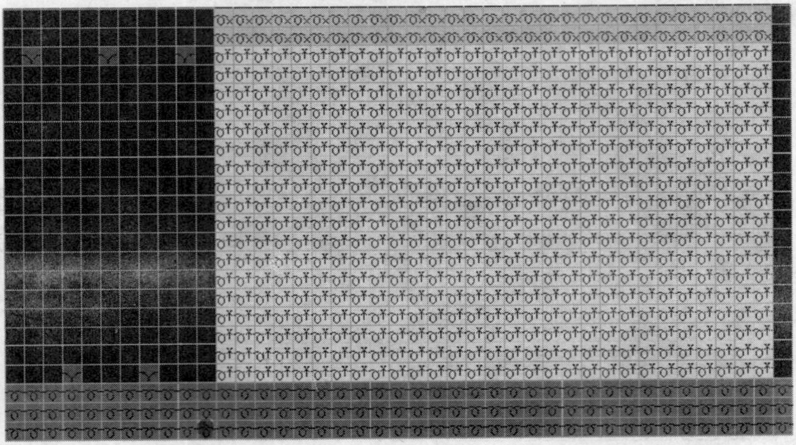

(1)

图 8 – 15

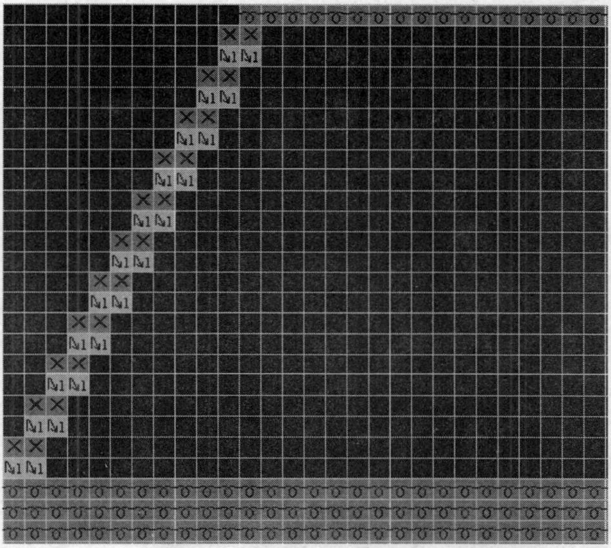

(2)

图 8－15 开领

在用 picasso 打板时需注意，开领处用到两张图即编织图和花样图（该图标浮起为编织图，沉下为花样图），编织图体现编织状态，如前编织、收针。花样图体现参加编织的纱嘴（色码号代表纱嘴号），编织图中显示在纬平针上收针进行开领，如图 8－16（1）、（2）所示；而花样图用 3、5 号色码绘制则代表左边领用 3 号纱嘴编织、右边领用 5 号纱嘴编织，如图 8－16（3）、（4）所示。

利用两张图打板时则需使用功能条 14 编织形式，即在 214 中右键选择编织形式。此处选择“V 领使用者”（图 8－17）。开领时为了避免纱嘴碰到织针，则要把左右两边收针错开一行，机头从左向右运动时收左边，反之收右边。注意：开领时左右要用到两个纱嘴，先把所需的纱嘴带到合适的位置，如用到右边的纱嘴，则需在“选择”处找到纱嘴初始位置设置，进行纱嘴设定。

开领结束后用废纱封口代替锁边，节约编织时间。一个完整衣片的结构如图 8－18 所示。

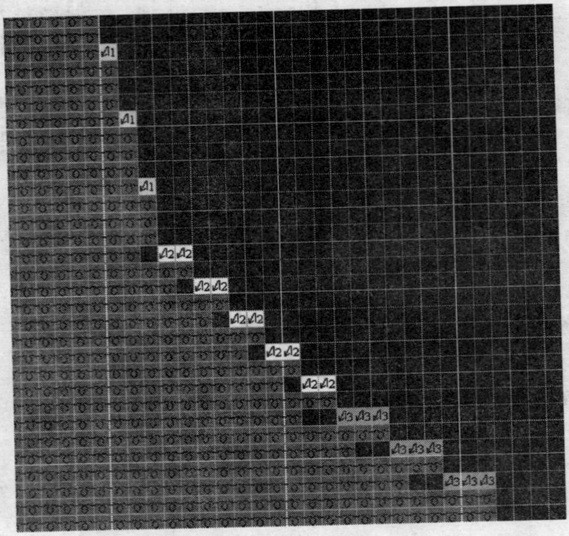

(1)

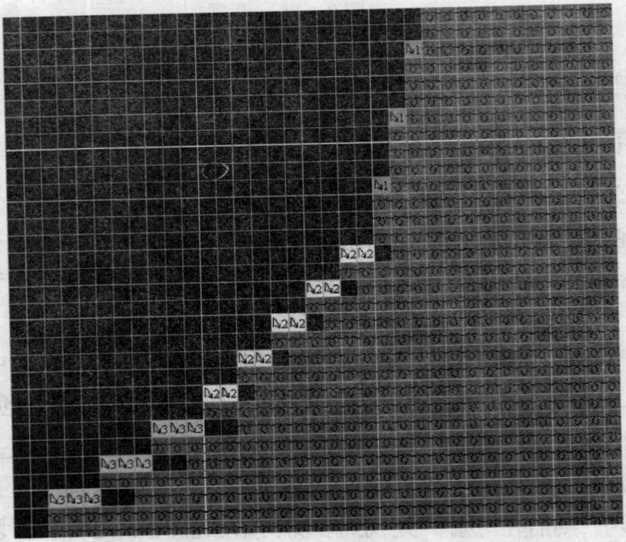

(2)

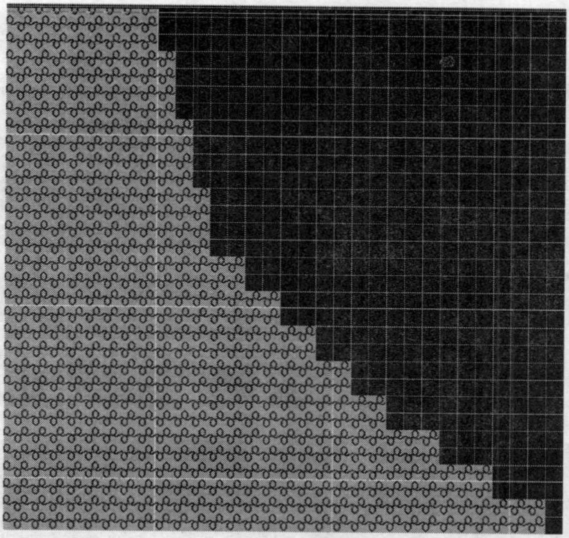

(3)

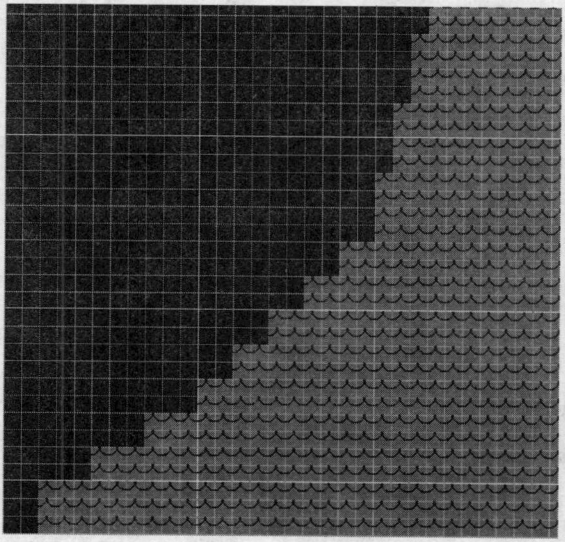

(4)

图 8－16 收领

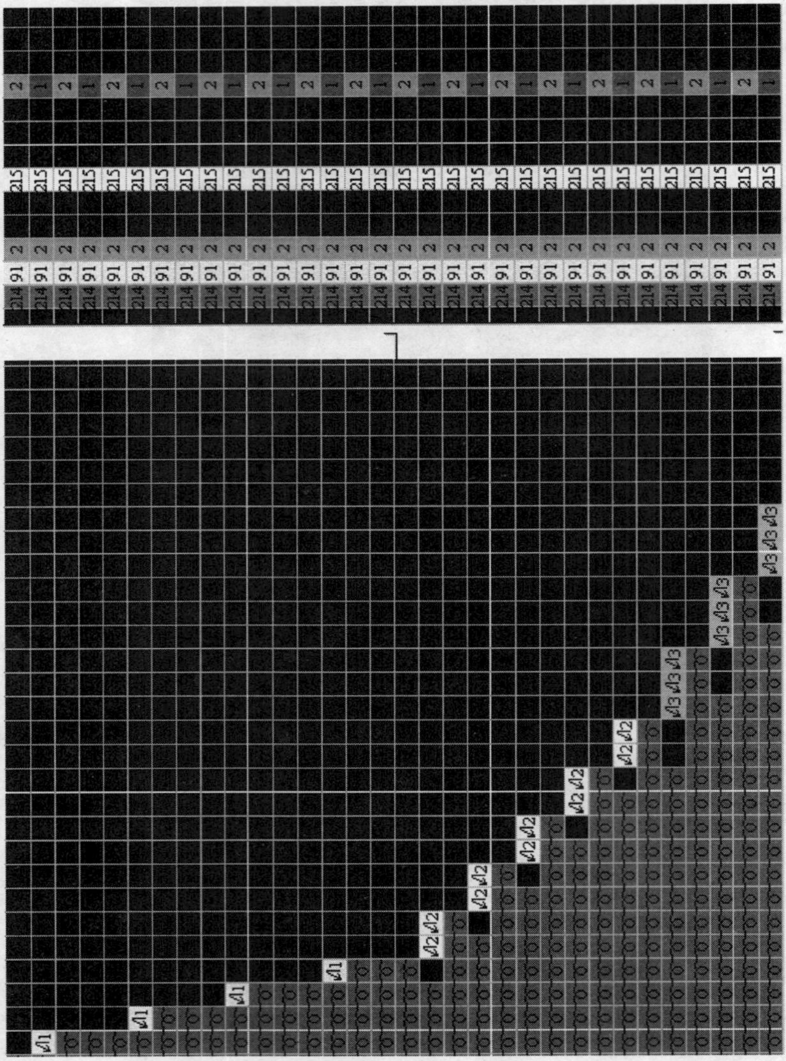

图 8-17 开领功能条设置

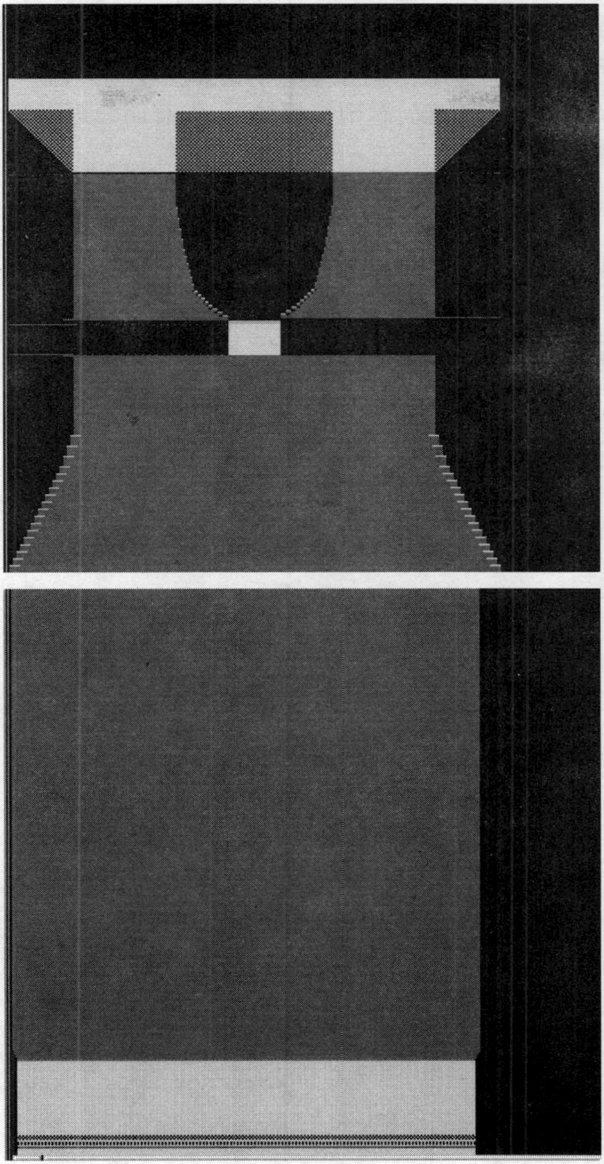

图 8－18　一个完整衣片的结构

画好编织图后,填写功能条。无误后进行解译。在菜单栏“选择”中找到“纱嘴方向显示”,则在215中会显示纱嘴方向,1表示从左向右,2表示从右向左。如无问题则打板结束,如有问题则需要进行细致修改,直到正确为止。

参考文献

[1]天津纺织工学院．针织学[M]．北京:纺织工业出版社,1980.

[2]宋广礼．成型针织产品设计与生产[M]．北京:中国纺织出版社,2006.

[3]龙海如．针织学[M]．北京:中国纺织出版社,2008.

[4]宋广礼,蒋高明．针织物组织与产品设计[M]．第2版．北京:中国纺织出版社,2008.

[5]许吕菘,龙海如．针织工艺与设备[M]．北京:中国纺织出版社,1999.

[6]杨荣贤．横机羊毛衫生产工艺设计[M]．北京:中国纺织出版社,1997.

[7]杨荣贤,宋广礼,杨昆．新型针织[M]．北京:中国纺织出版社,2000.

[8]上海市针织工业公司,天津市针织工业公司．针织手册[M]．北京:中国纺织出版社,2004.

[9]D J SPENCER. Knitting Technology[M]. Oxford(England): Woodheard publishing Limited, 2001.

[10]S RAZ. Flat Knitting[M]. bamberg(Germany).

书目：针织类

书　　名	作　　者	定价(元)
【工具书】		
英汉汉英针织词汇	本书编委会	80.00
针织工业词典	孙　锋	68.00
针织工程手册(经编分册)	本书编委会	45.00
针织工程手册(纬编分册)	本书编委会	45.00
针织工程手册(人造毛皮分册)	本书编委会	45.00
针织工程手册(染整分册)	本书编委会	30.00
羊毛衫生产简明手册(第2版)	孟家光	43.00
【普通高等教育“十一五”国家级规划教材(本科)】		
针织学	龙海如	40.00
针织物组织与产品设计(第2版)	宋广礼　蒋高明	42.00
【普通高等教育“十一五”国家级规划教材(高职高专)】		
针织服装设计与生产	贺庆玉	35.00
【纺织高等教育“十一五”部委级规划教材】		
针织学(双语)	宋广礼　等译	40.00
针织厂设计(第2版)	李　津　等	45.00
针织工艺概论(第2版)	赵展谊	32.00
针织产品设计	张佩华　沈　为	35.00
【纺织高职高专“十一五”部委级规划教材】		
羊毛衫生产工艺(第2版)	丁钟复	28.00
针织服装设计与生产实训教程	彭立云　董　薇	35.00
针织工艺学(第2版)	贺庆玉　刘晓东	42.00
【纺织高等教育“十五”部委级规划教材】		
针织服装设计与生产工艺	李　津	38.00
羊毛衫设计与生产工艺	孟家光	45.00

书目：针织类

书名	作者	定价(元)
【纺织高等教育教材】		
针织服装缝制工艺与设备	刘艳君	35.00
成形针织产品设计与生产	宋广礼	30.00
横机羊毛衫生产工艺与 CAD	姚晓林	32.00
针织英语(第二版)	刘正芹　汪黎明　等	38.00
针织工艺与设备	许吕崧　等	30.00
【纺织职业技术教育教材】		
针织工艺学(经编分册)	沈　雷　等	22.00
针织工艺学(纬编分册)	贺庆玉	28.00
针织服装设计	薛福平	24.00
针织概论(第 2 版)	贺庆玉	20.00
【其他】		
电脑横机的使用与产品设计	郭凤芝　彭　卉	32.00
针织生产计算	朱文俊　许期颐	28.00
针织横机的安装调试与维修	孟海涛　刘立华	29.00
纬编针织产品质量控制	徐　红　丛新婷	29.00
高性能防护纺织品	霍瑞亭	29.00
工业用缝纫机的安装调试与维修	袁新林　徐艳华	26.00
横机羊毛衫生产工艺设计(第 2 版)	杨荣贤	28.00
针织服装跟单	李顺利　等	29.00
针织面料跟单	李志民　等	29.80
针织生产技术 380 问	沈大齐　桂训虞	32.00
经编工艺设计与质量控制	许期颐　等	28.00
针织大圆机的使用与维护	李志民	20.00
针织大圆机新产品开发	李志民　等	28.00

书目：针织类

书　　名	作　　者	定价(元)
羊毛衫加工原理与实践(上、下)	邓秀琴	30.00/20.00
针织服装设计基础	桂继烈	25.00
针织新产品设计	万振江	15.00
针织纤维鉴别手册(第3版)	李青山	26.00

注　若本书目中的价格与成书价格不同,则以成书价格为准。中国纺织出版社图书营销中心函购电话:(010)64168110 或登陆我们的网站查询最新书目。

中国纺织出版社网址:www. c－textilep. com